DAVID ARMANDO
ZAVALETA VILLANUEVA

# CÁLCULO DIFERENCIAL I E APLICAÇÕES

EDITORA
CIÊNCIA MODERNA

*Cálculo Diferencial I e Aplicações*



**Editor:** Paulo André P. Marques
**Produção Editorial:** Dilene Sandes Pessanha
**Capa:** Daniel Jara
**Copidesque:** Equipe Ciência Moderna



**FICHA CATALOGRÁFICA**

**VILLANUEVA, David Armando Zavaleta.**

***Cálculo Diferencial I e Aplicações***

Rio de Janeiro: Editora Ciência Moderna Ltda., 2022.

1. Matemática 2. Cálculo Diferencial
I — Título

ISBN: 978-65-5842-173-3 CDD 510
515.33

**Editora Ciência Moderna Ltda.**
**R. Alice Figueiredo, 46 – Riachuelo**
**Rio de Janeiro, RJ – Brasil CEP: 20.950-150**
**Tel: (21) 2201-6662/ Fax: (21) 2201-6896**
**E-MAIL: LCM@LCM.COM.BR**
**WWW.LCM.COM.BR**

**05/22**

# Prefácio

Na análise matemática, os conceitos fundamentais como a derivada e a integral não são elementares, são precedidos pelas teorias dos números reais, sequências numéricas, limites e funções contínuas. Esta abordagem prévia é indispensável se queremos enunciar esses conceitos fundamentais de forma universal e prática, visando a aplicação da derivada nas diferentes áreas das ciências.

Esse livro foi escrito para alunos de licenciatura e bacharelado em Matemática das universidades brasileiras que cursam as disciplinas Análise I e Cálculo I e para os alunos de Engenharia que cursam as disciplinas Matemática para Engenharia I e Cálculo I, para poder encontrar em um único livro todos os conteúdos relacionados ao cálculo diferencial. Claro, também pensamos nos estudantes que simplesmente gostam e para aqueles que não gostam muito de Cálculo, pois os temas apresentados seguem uma concatenação lógica, numa linguagem clara, simples e concisa. Em alguns casos, ilustramos os resultados com muitos exemplos, e em outros, o rigor matemático não é abandonado.

Este livro será um verdadeiro consultor na hora de resolver "problemas básicos" de Cálculo Diferencial, pois o propósito principal destas notas é mostrar e ensinar ao leitor as primeiras noções básicas do cálculo avançado, como são os números reais, limite de uma suquência numérica, limite de uma função e por fim derivada, assim como as suas aplicações. Ele foi escrito fundamentado na minha experiência como aluno de graduação na universidade de Moscou e mestrado no IME-USP nas disciplinas de Cálculo Diferencial e Integral e Cálculo Avançado respectivamente, assim como ministrante da disciplina Cálculo Avançado no programa de pós-graduação em Matemática e Estatística-PPGMAE, da UFRN, e do ensino de Análise matemática e Cálculo nos cursos de bacharelado e licenciatura em Matemática e Engenharia da UFRN. Não podemos deixar de mencionar a grande influência do livro "Problemas e Exercícios de Análise Matemática" da editora MIR, sob a redação de B. Demidovitch que desde qualquer ponto de vista, norteou a escolha de um grande número de exemplos e exercícos escolhidos no presente livro.

No começo de cada capítulo apresentamos as definições necessárias e uma breve teoria. O material teórico ilustra-se com um grande número de exemplos e problemas de diferentes dificuldades. No possível, os tipos de problema e métodos de sua solução são sistematizados. Em cada final de capítulo é proposta uma série de exercícios que servem para facilitar o entendimento e complementar o texto teórico e que podem ser resolvidos usando os métodos apresentados anteriormente.

Cada teoria matemática tem suas raízes na vida real e o Cálculo Diferencial não é diferente. As noções da derivada de uma função podem ser explicadas para qualquer um que terminou o ensino médio e ingresou à universidade: incluímos neste conjunto, alunos com vocação para física, química, economia, biologia,etc.

O presente livro divide-se em sete capítulos, todos eles concatenados, isto é, cada capítulo é necessário para o entendimento do próximo capítulo.

Assim, no capítulo 1, faremos uma breve introdução à teoria dos conjuntos (pode ser omitido se o aluno já está familiarizado com o assunto) de maneira tal a descrever as ferramentas necessárias para serem utilizado sistematicamente nos capítulos seguintes. Neste mesmo capítulo introduziremos a construção do conjunto dos números reais ($\mathbb{R}$). Primeiramente, definiremos de forma axiomática o conjunto dos números naturais, mediante os axiomas de Peano. Logo estenderemos este conjunto para um conjunto maior, o conjunto dos números inteiros ($\mathbb{Z}$). O conjunto dos números racionais surge de uma forma natural quando queremos estender o conjunto dos inteiros, mas na sua vez o conjunto dos racionais possui algumas deficiências, como por exemplo, o quadrado de um número racional não pode ser igual a 2, nem todo conjunto limitado superiormente em $\mathbb{Q}$ possui supremo em $\mathbb{Q}$, etc. Desta forma precisamos construir um conjunto maior onde possam valer todas as operações em $\mathbb{Q}$ e além disso, as deficiências apontadas em $\mathbb{Q}$ possam ser resolvidas. Assim, apresentamos o conjunto dos números reais $\mathbb{R}$ como um corpo ordenado completo.

No capítulo 2, estudaremos de forma extensa a noção de função, e com ela, as suas propriedades mais importantes. Vamos construir os gráficos de algumas funções elementares valendo-nos das propriedades das funções: paridade, limitação, periodicidade, concavidade, etc. Cabe mencionar que os gráficos construídos aqui representam uma boa aproximação dos gráficos reais que serão construídos mais adiante quando estudaremos a derivada de uma função. É muito recomendável que o leitor use alguns programas matemáticos ou aplicativos computacionais, como por exemplo MATLAB, MAPLE, GEOGEBRA, etc., para visualisar de forma exata os gráficos das funções desejadas.

No capítulo 3, introduziremos as definições de limite de uma sequência numérica, pois ela constitui uma parte importante da análise matemática e do cálculo. Claro também enunciaremos e provaremos na medida do possível, importantes resultados concernentes a convergência se sequências numéricas. No final do capítulo definiremos uma importante constante que aparece em muitos contextos, como a base para logaritmos naturais, estudo do crescimento exponencial, para explicar a decadência radioativa e o estudo dos juros compostos. Esta constante é a constante de Euler $e$.

No capítulo 4, apresentaremos algumas noções básicas de topologia na reta, isto é, estudaremos de forma básica as principais propriedades de subconjuntos dos números reais: aberto, fechado, compacto. Estas noções serão utéis nos capítulos seguintes quando estudaremos conceitos como: limite, continuidade e derivação de funções.

No capítulo 5, estudaremos limites laterais de uma função, limite de uma função, assim como as suas principais propriedades. Vamos nos convencer que o limite de uma função é uma extensão da noção de limite de uma sequência. Também vamos estudar os limites infinitos e limites no infinito e obviamente estas definições estarão acompanhadas de um grande número de exemplos e exercícios.

No capítulo 6, estudaremos as funções contínuas em um ponto $x_o$, como sendo o limite de uma função $y = f$ quando $x$ tende ao ponto $x_o$. Enunciaremos e provaremos algumas propriedades importantes de uma função contínua. Essencialmente estudaremos aqui, o Teorema do Valor Intermediário e algumas de suas interessantes aplicações.

Finalmente, no capítulo 7, vamos direcionar nossa atenção a um dos conceitos centrais da matemática: a definição da derivada. A ideia da derivada surge de maneira natural a partir de problemas na mecânica, na geometria e em outras áreas das ciências aplicadas. Sua definição está ligada ao cálculo de um determinado limite. Assim, podemos definir a derivada como sendo a taxa de variação de uma função. Com o propósito de ilustrar a teoria e motivar o aluno vamos incorporar várias aplicações usando a derivada. Também, neste capítulo usaremos as propriedades das funções deriváveis para construir de forma mais precisa os seus gráficos.

No final desses capítulos encontra-se uma selcta bibliografia de livros avançados que permitirão fundamentar e aprofundar a teoria desenvolvida aqui.

Espero que você, aluno, encontre na leitura destas notas tanto prazer quanto eu encontrei em escrevê-las.

Finalmente, considero muito importante expressar meus sinceros agradecimentos aos professores do Departamento de Matemática do CCET-UFRN, em particular aos professores Carlos Alexandre Gomes da Silva e Roosewelt Fonseca Soares, pela titânica tarefa de revisar de forma total e completa o presente livro, colaborando com importantes sugestões para melhorar a presente edição. Também agradeço novamente ao Prof. Carlos Alexandre Gomes da Silva por contribuir com a elaboração de um grande número dos gráficos que aparcem neste livro.

Natal 24 de fevereiro de 2022

David Zavaleta Villanueva

# Sumário

# Lista de Figuras

# Capítulo 1

# Conjunto dos Números Reais

## 1.1 Elementos da Teoria de Conjuntos

Para fundamentar as bases do curso de Matemática precisamos que todas as definições usadas sejam exatas. Cada definição, exatamente descreve e caracteriza determinado conhecimento $(I)$ com ajuda de outra definição $(II)$, que pode ser considerado conhecido ou mais simples que $(I)$. Também, a definição $(II)$ deve ser estritamente definida e sua definição contém a definição $(III)$, mais simples que $(II)$ e assim por diante. Por isso, é claro que para a construção de uma teoria matemática, com definições exatas é necessário possuir um "conjunto" de definições "mais simples" e "mais elementares" possíveis, que sirvam de base para definir as outras definições e não precisem ser definidas.

Com relação à noção de conjunto, podemos dizer que a ideia de conjunto, além de ser um ponto inicial para elaboração de teorias matemáticas, desempenha um papel importante na matemática. Há muitos séculos a noção de conjunto considerava-se como alguma coisa"inerente"e algo natural e por tal motivo, não era capaz de receber uma estrutura propriamente dita. A ciência matemática só conseguiu superar esse ponto de vista no século XIX, graças aos excelentes trabalhos de Cantor[1] e Dedekind[2] que elaboraram e desenvolveram a teoria moderna dos conjuntos.

Figura 1.1: Georg Cantor e Richard Dedekind

A ideia de conjunto é intuitiva e tão ampla que é impossível dar uma definição exata, motivo pelo qual é comum associar a palavra "conjunto"com expresões do tipo: coleção, classe, sistema, etc. Assim, podemos dizer que um conjunto é uma coleção de objetos, de natureza arbitrária. Esses objetos chamam-se elementos do conjunto.

[1]Georg Ferdinand Ludwig Philipp Cantor (1845-1918), grande matemático russo de origem alemã
[2]Richard Dedekind (1831-1916), matemático alemão

É comum designar os conjuntos com letras maiúsculas: $A, B, C, \ldots$ e seus elementos com letras minúsculas: $a, b, c, \ldots$. Dizer que o elemento $a$ pertence ao conjunto $A$, significa que $a$ é um elemento de $A$, e denota-se por $a \in A$, e se o elemento $a$ não pertence ao conjunto $A$, o denotamos por $a \notin A$.

**Definição 1.1** *Dizemos que um conjunto $A$ é subconjunto de $B$, ou, equivalentemente, $A$ é parte de $B$ quando todos os elementos que pertencem a $A$, também pertencem a $B$(não está excluído o caso $A = B$).*

*Se além disso, existe um elemento de $B$ que não pertence a $A$, então dizemos que $A$ é um subconjunto próprio de $B$.*

A notação que usamos para dizer que $A$ é subconjunto de $B$ é $A \subset B$. Dizemos que dois conjuntos $A$ e $B$ são iguais quando $A \subset B$ e $B \subset A$, ou seja,

$$A = B \iff A \subset B \text{ e } B \subset A.$$

### 1.1.1 Conjunto Vazio

É conveniente introduzir um conjunto que não possua elemento algum, que chamaremos de conjunto vazio e que denotaremos por $\emptyset$.

Figura 1.2: Representação do conjunto vazio

Assim, o conjunto de todos os países da América que fazem fronteira com os países da Africa, e o conjunto, cujos elementos $n \in \mathbb{N}$ satisfazem a equação $3 + 2n = 2$, ou seja $\{n \in \mathbb{N};\ 3 + 2n = 2\}$, são exemplos de conjuntos vazios, pois nenhum país de América tem fronteira com algum país africano e não existe algum número natural que satisfaça a equação $3+2n = 2$.

**Proposição 1.1** *O conjunto vazio $\emptyset$ é um subconjunto de qualquer conjunto $A$, isto é, $\emptyset \subset A$.*

**Demonstração** De fato, suponhamos que o conjunto vazio não seja um subconjunto de $A$, isto significa que o conjunto $\emptyset$ possui ao menos um elemento que não pertença a $A$. Mas, isto contradiz a definição de conjunto vazio. ■

Vamos chamar de cardinalidade de um conjunto, ao número total de elementos do conjunto dado. Assim, como o conjunto vazio não contém elementos, segue que a sua cardinalidade é igual a zero.

Aqui cabe fazer a diferença entre $\emptyset$ e $\{\emptyset\}$. Enquanto $\emptyset$, representa o conjunto vazio, $\{\emptyset\}$ é um conjunto com um elemento: o conjunto vazio.

### 1.1.2 Operações sobre Conjuntos

Para poder realizar operações entre conjuntos, devemos admitir a existência de um conjunto universo $U$, isto é, um conjunto que contenha todos os conjuntos arbitrários com os quais desejamos trabalhar.

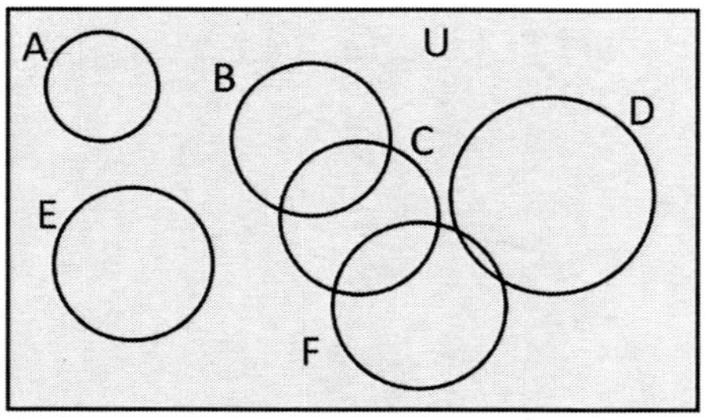


Figura 1.3: Conjunto Universo

Por exemplo, na geometria plana o conjunto universo é o conjunto de todos os pontos do plano, no estudo da população marinha o conjunto universo é o conjunto de todas as espécies que habitam no mar. Na copa mundial de futebol, o conjunto universo são todos os países afiliados a FIFA, etc.

1. **União de Conjuntos**

Sejam $A$ e $B$ dois conjuntos arbitrários. Chama-se união de $A$ e $B$, ao conjunto $A \cup B$ formado pelos elementos que pertencem pelo menos a um dos conjuntos $A$ ou $B$.

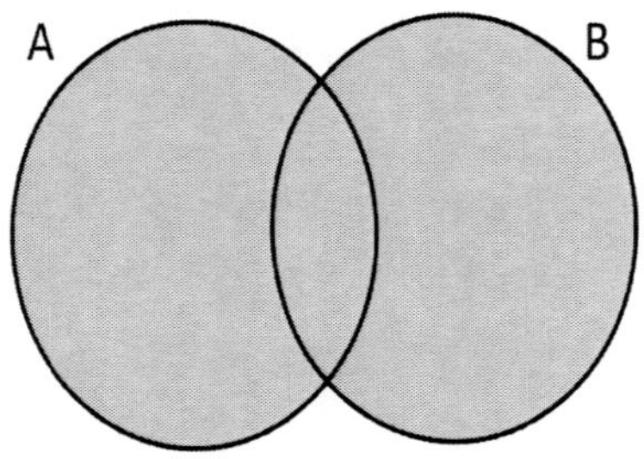


Figura 1.4: União de $A$ com $B$, $A \cup B$

Em notação matemática podemos escrever a união de $A$ e $B$ como sendo o conjunto

$$A \cup B = \{x \in U; \quad x \in A \quad \text{ou} \quad x \in B\}.$$

Analogamente, podemos definir a união de qualquer número (finito ou infinito) de conjuntos; se $A_\alpha$, $\alpha \in I$, onde $I = \{1, 2, 3, \ldots\}$, são conjuntos arbitrários, então $\cup_{\alpha \in I} A_\alpha$ é a coleção de elementos, cada um dos quais pertence ao menos a um dos conjuntos $A_\alpha$.

**Exemplo 1.1** *Sejam* $\mathbb{P} = \{2, 4, 6, \ldots, 2n, \ldots\}$ *o conjunto dos números inteiros positivos pares e* $\mathbb{I} = \{1, 3, 5, \ldots, 2n - 1, \ldots\}$ *o conjunto dos números inteiros positivos ímpares, com* $n \in \mathbb{N}$ *o conjunto dos números naturais, então*

$$\mathbb{P} \cup \mathbb{I} = \mathbb{N}.$$

2. **Interseção de Conjuntos**

Sejam $A$ e $B$ dois conjuntos arbitrários, chama-se interseção de $A$ e $B$, ao conjunto $A \cap B$ formado pelos elementos que pertencem tanto ao conjunto $A$ como ao conjunto $B$. Em notação matemática podemos escrever a interseção de $A$ e $B$ como sendo o conjunto

$$A \cap B = \{x \in U; \;\; x \in A \;\text{ e }\; x \in B\}.$$

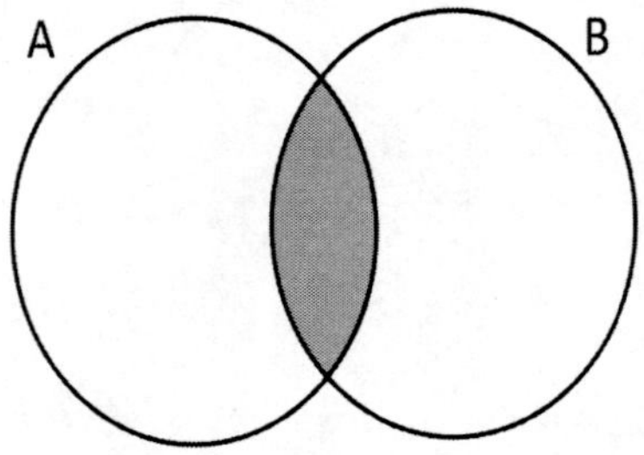


Figura 1.5: Interseção de $A$ com $B$, $A \cap B$

Analogamente podemos definir a interseção de qualquer número (finito ou infinito) de conjuntos; se $A_\alpha$, $\alpha \in I$, onde $I = \{1, 2, 3, \ldots\}$, são conjuntos arbitrários, então $\cap_{\alpha \in I} A_\alpha$ é a coleção de elementos, cada um dos quais pertence a cada um dos conjuntos $A_\alpha$.

**Exemplo 1.2** *Sejam* $A = \{3, 5, 8, 12, 15, 18\}$ *e* $B = \{1, 5, 6, 9, 14, 15\}$*, então*

$$A \cap B = \{5, 15\}.$$

Uma noção importante na interseção de conjuntos é a definição de conjuntos disjuntos: diz-se que dois conjuntos $A$ e $B$ são disjuntos quando sua interseção é vazia, isto é, quando $A \cap B = \emptyset$.

Evidentemente, podemos estender esta definição para uma família de conjuntos: uma família de conjuntos $A_\alpha$ é dita de conjuntos disjuntos se $\cap_{\alpha \in I} A_\alpha = \emptyset$.

**Exemplo 1.3** *Sejam* $A = \{4, 5, 9\}$ *e* $B = \{-2, 3, 6\}$*, então* $A$ *e* $B$ *são disjuntos, pois*

$$A \cap B = \emptyset.$$

3. **Diferença de dois Conjuntos**

Sejam $A$ e $B$ dois conjuntos arbitrários, chama-se diferença de $A$ e $B$, ao conjunto $A \backslash B$ formado pelos elementos que pertencem ao conjunto $A$ mas não pertencem ao conjunto $B$.

Em notação matemática podemos escrever a diferença de $A$ e $B$ como sendo o conjunto

$$A \backslash B = \{x \in U; \;\; x \in A \;\text{ e }\; x \notin B\}.$$

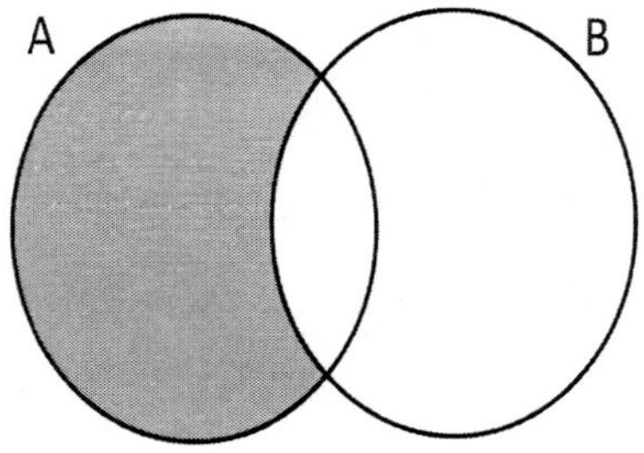


Figura 1.6: Diferença de $A$ com $B$, $A\backslash B$

**Exemplo 1.4** *Sejam* $A = \{-2, 1, 3, 5, 8\}$ *e* $B = \{3, 4, 8, 11\}$, *então*

$$A\backslash B = \{-2, 1, 5\}.$$

É conveniente introduzir, por exemplo, na teoria da medida, a chamada diferença simétrica de dois conjuntos.

Sejam $A$ e $B$ dois conjuntos arbitrários; chama-se diferença simétrica de $A$ e $B$, ao conjunto $A \bigtriangleup B$ formado pela união das diferenças $A\backslash B$ e $B\backslash A$. Em notação matemática podemos escrever a diferença simétrica de $A$ e $B$ como sendo o conjunto

$$A \bigtriangleup B = (A\backslash B) \cup (B\backslash A).$$

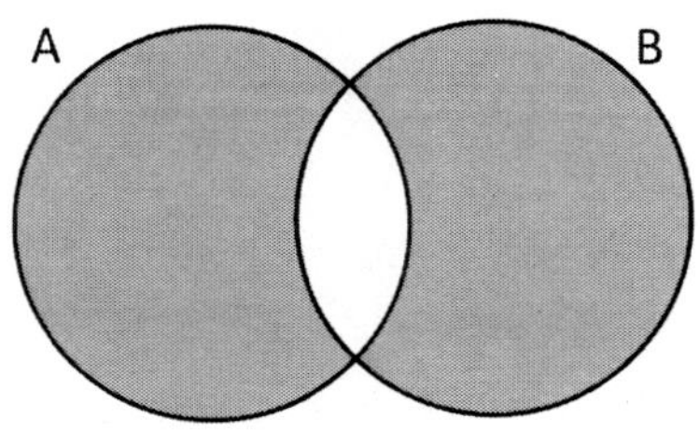


Figura 1.7: Diferença Simétrica, $A \bigtriangleup B$

**Exemplo 1.5** *Sejam* $A = \{-3, 1, 4, 7\}$ *e* $B = \{1, 4, 8, 10\}$, *então*

$$A\backslash B = \{-3, 7\},\ B\backslash A = \{8, 10\} \text{ e } A \bigtriangleup B = \{-3, 7, 8, 10\}.$$

## 4. Complementar de um Conjunto

Seja $A$ um conjunto arbitrário. O complementar de $A$, $A^c$, é o conjunto diferença $U\backslash A$.

**Exemplo 1.6** *Sejam* $U = \{1, 2, 3, 4, 5, 6, 7, 8, 9\}$ *e* $A = \{1, 3, 5, 8\}$, *então* $A^c = \{2, 4, 6, 7, 9\}$.

No caso do complementar entre dois conjuntos, a definição é feita da seguinte forma; Sejam $A$ e $B$ dois conjuntos tais que $A \subset B$; chama-se conjunto complementar de $A$ em relação a $B$, ao conjunto $\mathcal{C}_B A$ definido por

$$\mathcal{C}_B A = B\backslash A.$$

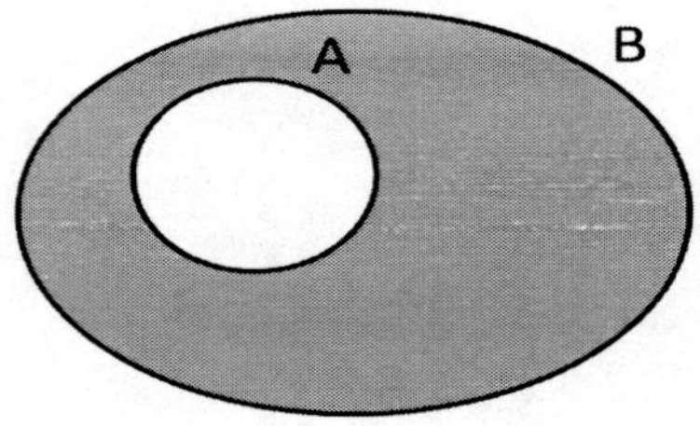


Figura 1.8: Complementar de $A$ em $B$

**Exemplo 1.7** *Sejam* $A = \{-2, 0, 1, 3, 5, 9\}$ *e* $B = \{0, 2, 3, 7, 9\}$.
*Encontre*

$$A \cup B,\ A \cap B,\ \mathcal{C}_B A,\ A \backslash B.$$

$$\begin{aligned} &A \cup B = \{-2, 0, 1, 2, 3, 5, 7, 9\}\\ &A \cap B = \{0, 3, 9\}\\ &\mathcal{C}_B A = \{2, 7\}\\ &A \backslash B = \{-2, 1, 5\} \end{aligned}$$

**Exemplo 1.8** *Determine os conjuntos* $A \cup B,\ A \cap B,\ A \setminus B,\ B \setminus A$ *e* $A \Delta B$, *se:*

$$A = \{x;\ 0 < x < 3\},\quad B = \{x;\ 2 \leq x \leq 4\}.$$

$$\begin{aligned} &A \cup B = \{x;\ 0 < x < 3 \text{ ou } 2 \leq x \leq 4\} = \{x;\ 0 < x \leq 4\}.\\ &A \cap B = \{x;\ 0 < x < 3 \text{ e } 2 \leq x \leq 4\} = \{x;\ 2 \leq x < 3\}.\\ &A \setminus B = \{x;\ x \in (0,3) \text{ e } x \notin [2,4]\} = \{x;\ 0 < x < 2\}.\\ &B \setminus A = \{x;\ x \in [2,4] \text{ e } x \notin (0,3)\} = \{x;\ 3 \leq x \leq 4\}.\\ &A \Delta B = \{x;\ (0 < x < 2) \text{ ou } (3 \leq x \leq 4)\}. \end{aligned}$$

### 1.1.3 Conjunto das Partes de um Conjunto

Consideremos um conjunto $X$ arbitrário. A partir dele, formemos um novo conjunto; o conjunto das partes de $X$, cujos elementos são todos os subconjuntos de $X$.
Vamos indicar este novo conjunto por $P(X)$, isto é,

$$P(X) = \{Y;\ Y \subset X\}.$$

**Exemplo 1.9** *Seja* $M = \{1, 2, 3\}$, *então*

$$P(M) = \{\emptyset, \{1\}, \{2\}, \{3\}, \{1,2\}, \{1,3\}, \{2,3\}, \{1,2,3\}\}.$$

*Como podemos observar,* $M$ *possui 3 elementos, enquanto* $P(M)$ *possui 8 elementos.*

É fácil provar que, se um conjunto possui n elementos, então o conjunto das partes deste conjunto possui $2^n$ elementos. Formalizemos este resultado.

**Teorema 1.1** *Se o número de elementos do conjunto* $X$ *é* $n$, *então o número de elementos de* $P(X)$ *é* $2^n$.

**Prova:** Antes de provar o teorema, introduzimos a seguinte notação: $C_k^n = \dfrac{n!}{k!(n-k)!}$, é o número de subconjuntos de $k$ elementos diferentes de um conjunto de $n$ elementos diferentes.

Como $X$ possui n elementos, então temos $C_1^n$ quantidade de conjuntos unitários, $C_2^n$ quantidade de conjuntos com dois elementos, $\ldots, C_{n-1}^n$ quantidade de conjuntos com $n-1$ elementos, e $C_n^n$ quantidade de conjuntos com n elementos. Também observa-se que $\emptyset \subset X$ e, portanto, $C_0^n = 1$.

Assim,

$$n\,(P(X)) = \sum_{k=0}^{n} C_k^n = C_0^n + C_1^n + C_2^n + \ldots C_n^n.$$

Como o lado direito da igualdade acima é o desenvolvimento do binômio $(1+1)^n$, temos

$$2^n = (1+1)^n = \sum_{k=0}^{n} C_k^n 1^{n-k} 1^k = \sum_{k=0}^{n} C_k^n,$$

então

$$n\,(P(X)) = C_0^n + C_1^n + C_2^n + \ldots C_n^n = 2^n. \quad \blacksquare$$

## 1.2 Regras das Operações com Conjuntos

Sejam $A$, $B$, e $C$ três conjuntos arbitrários, então das definições de união, interseção e complementar valem as seguintes afirmações:

1. Lei Comutativa
$$A \cap B = B \cap A$$
$$A \cup B = B \cup A$$

2. Lei Associativa
$$(A \cap B) \cap C = A \cap (B \cap C)$$
$$(A \cup B) \cup C = A \cup (B \cup C)$$

3. Lei Distributiva
$$A \cap (B \cup C) = (A \cap B) \cup (A \cap C)$$
$$A \cup (B \cap C) = (A \cup B) \cap (A \cup C)$$

4. Lei Idempotente
$$A \cap A = A$$
$$A \cup A = A$$

5. Leis de Identidade
$$A \cup \emptyset = A$$
$$A \cap U = A$$
$$A \cup U = U$$
$$A \cap \emptyset = \emptyset$$

6. Lei de Involução
$$(A^c)^c = A$$

7. Lei do Complemento
$$A \cup A^c = U$$
$$A \cap A^c = \emptyset$$
$$U^c = \emptyset$$
$$\emptyset^c = U.$$

8. Leis de De Morgan

   Uma ferramenta muito importante na teoria dos conjuntos e suas aplicações é o chamado Príncipio de Dualidade ou Leis de De Morgan[3]:

   (a) O complementar da união é igual a interseção dos complementares
$$\left(\bigcup_{\alpha} A_\alpha\right)^c = \bigcap_{\alpha}(A_\alpha)^c.$$
   (b) O complementar da interseção é igual a união dos complementares
$$\left(\bigcap_{\alpha} A_\alpha\right)^c = \bigcup_{\alpha}(A_\alpha)^c.$$

Figura 1.9: Augustus De Morgan

A modo de exemplo, provemos algumas das 8 afirmações enunciadas acima:
1. $A \cup B = \{x \in U;\ \ x \in A \text{ ou } x \in B\} = \{x \in U;\ \ x \in B \text{ ou } x \in A\} = B \cup A.$
2.
$$\begin{aligned}&(A \cap B) \cap C = \{x \in U;\ \ (x \in A \cap B) \text{ e } x \in C\} = \\ &= \{x \in U;\ \ (x \in A \text{ e } x \in B) \text{ e } x \in C\} = \{x \in U;\ \ x \in A \text{ e } (x \in B \text{ e } x \in C)\} = \\ &= A \cap (B \cap C)\end{aligned}$$
3.
$$\begin{aligned}&A \cup (B \cap C) = \{x \in U;\ x \in A \text{ ou } (x \in B \text{ e } x \in C)\} = \\ &= \{x \in U;\ (x \in A \text{ ou } \in B) \text{ e } (x \in A \text{ ou } x \in C)\} = \\ &= \{x \in U;\ (x \in A \cup B) \text{ e } (x \in (A \cup C))\} = (A \cup B) \cap (A \cup C).\end{aligned}$$
5.
$$A \cup \emptyset = \{x \in U;\ x \in A \text{ ou } x \in \emptyset\} \subset A.$$
Como $A \subset A \cup \emptyset$, segue que $A \cup \emptyset = A$.
$$A \cap U = \{x \in U;\ x \in A \text{ e } x \in U\} \supset A.$$
Como $A \cap U \subset A$, segue que $A \cap U = A$.
É fácil ver que das inclusões $\emptyset \subset A \cap \emptyset \subset \emptyset$, segue $A \cap \emptyset = \emptyset$.
6. $(A^c)^c = \{x \in U;\ x \notin A^c\} = \{x \in U;\ x \in A\} = A.$
8.
$(a)$
$$\left(\bigcup_{\alpha} A_\alpha\right)^c = \bigcap_{\alpha}(A_\alpha)^c.$$

[3]Augustus De Morgan (1806-1871), matemático e lógico inglês

Primeiramente mostremos que $(\cup_\alpha A_\alpha)^c \subset \cap_\alpha (A_\alpha)^c$. De fato, seja $x \in (\bigcup_\alpha A_\alpha)^c$, isto é, $x \notin (\bigcup_\alpha A_\alpha)$, ou seja $x$ não pertence a nenhum dos conjuntos $A_\alpha$. Portanto $x$ pertence a cada um dos complementares $(A_\alpha)^c$, por isso $x \in \bigcap_\alpha (A_\alpha)^c$. Agora mostremos que $\cap_\alpha (A_\alpha)^c \subset (\cup_\alpha A_\alpha)^c$. Suponhamos que $x \in \bigcap_\alpha (A_\alpha)^c$, isto é, $x$ pertence a cada um dos conjuntos complementares $(A_\alpha)^c$, ou seja $x \notin A_\alpha$, segue daqui que $x \notin \bigcup_\alpha A_\alpha$, logo $x \in (\bigcup_\alpha A_\alpha)^c$. Assim, pela definição de igualdade de conjuntos, a afirmação fica demonstrado. ∎

$(b)$

$$\left(\bigcap_\alpha A_\alpha\right)^c = \bigcup_\alpha (A_\alpha)^c.$$

Suponhamos que $x \in (\bigcap_\alpha A_\alpha)^c$, isto é, $x \notin (\bigcap_\alpha A_\alpha)$, ou seja, $x \in (A_\alpha)^c$, portanto, $x \in \bigcup_\alpha (A_\alpha)^c$. Isto mostra que $(\cap_\alpha A_\alpha)^c \subset \cup_\alpha (A_\alpha)^c$.

Por outro lado, seja $x \in \bigcup_\alpha (A_\alpha)^c$, isto é, $x$ pertence pelo menos a um dos conjuntos complementares $(A_\alpha)^c$, ou seja, $x \notin A_\alpha$. Segue daqui que $x \notin \bigcap_\alpha (A_\alpha)$, logo $x \in (\bigcap_\alpha A_\alpha)^c$. Com isto mostramos que $\cup_\alpha (A_\alpha)^c \subset (\cap_\alpha A_\alpha)^c$. Assim, fica demonstrado a segunda igualdade de De Morgan. ∎

### 1.2.1 Produto Cartesiano

Pelo conceito de igualdade de conjuntos, a ordem em que os elementos de um conjunto são enumerados não é importante. Por exemplo, os conjuntos $\{2, 5, 7\}$ e $\{5, 7, 2\}$ são iguais, apesar que a ordem de seus elementos são distintos. Entretanto, existem alguns conceitos em matemática em que a ordem dos elementos é importante. Um desses conceitos é o denominado par ordenado.

**Definição 1.2** *Dados dois elementos $a$ e $b$. O par ordenado $(a, b)$ é definido quando fica determinado que $a$ será o primeiro elemento e que $b$ será o segundo elemento.*

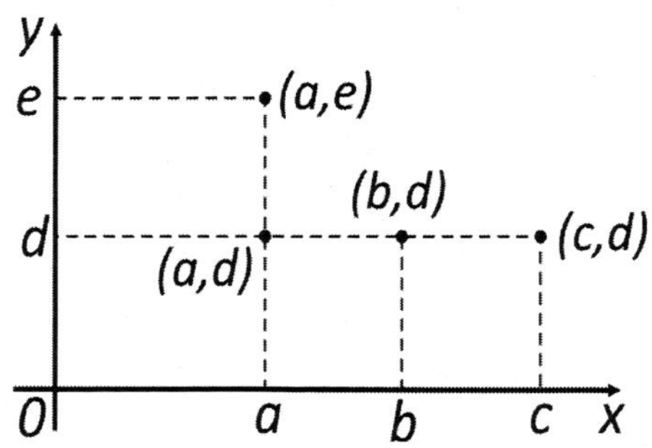


Figura 1.10: Pares Ordenados $(a, d), (a, e), (b, d), (c, d)$

Por exemplo, em Geometria Analítica o par ordenado $(2, 5)$ indica que 2 é a primeira coordenada e 5 a segunda coordenada, e é diferente do par ordenado $(5, 2)$.

Assim,

$$(a, b) = (c, d) \iff a = c \text{ e } b = d.$$

**Definição 1.3** *Sejam $A$ e $B$ dois conjuntos. O produto cartesiano dos conjuntos $A$ e $B$ é o conjunto $A \times B$ definido como*

$$A \times B = \{(a, b);\ a \in A \text{ e } b \in B\}.$$

**Exemplo 1.10** *Consideremos os conjuntos* $A = \{2, 5, 8\}$ *e* $B = \{3, 9\}$. *Teremos então;*

$$A \times B = \{(2,3), (2,9), (5,3), (5,9), (8,3), (8,9)\}, \text{ e}$$
$$B \times A = \{(3,2), (3,5), (3,8), (9,2), (9,5), (9,8)\}.$$

É fácil ver:

1. $A \times \emptyset = \emptyset$;

2. $A \times (B \cup C) = (A \times B) \cup (A \times C)$;

3. $(A \cup B) \times C = (A \times C) \cup (B \times C)$.

Se $n(A)$ representa o número de elementos do conjunto $A$ e $n(B)$ o número de elementos do conjunto $B$, então é fácil ver que o número de elementos de $A \times B$ é igual a $n(A).n(B)$.

## 1.3 Conjuntos Finitos e Infinitos

Quando estudamos conjuntos de diferentes naturezas, ou podemos determinar seus elementos, indicar a propriedade que os seus elementos têm ou indicar o número de elementos que compõem o conjunto. Por exemplo, o conjunto dos alunos da disciplina de Análise Matemática do curso noturno de licenciatura da UFRN no ano 2016-2, o conjunto dos sortudos que ganharam a loteria federal nos últimos 30 anos, o conjunto dos países campeões mundiais de futebol, etc. Em todos estes conjuntos é possível indicar o número exato de elementos. Tais conjuntos são exemplos de conjuntos finitos.

Podemos comparar entre si dois conjuntos finitos pelo número de seus elementos, e julgar se este número é igual ou se num conjunto há mais elementos que no outro. No caso de ser igual o número de elementos dos dois conjuntos, podemos estabelecer uma correspondência biunívoca(bijeção) entre eles, isto é, estabelecer uma ligação que a cada elemento de um conjunto corresponda um e somente um elemento do outro e vice-versa. Por exemplo, para verificar se o número de ciclistas e o número de bicicletas é igual, podemos pedir, sem contar o número de ciclistas e bicicletas, que ciclistas distintos sentem em bicicletas distintas. Se todos os ciclistas estão sentados em sua respectiva bicicleta e não há bicicleta sobrando, então estabelecemos uma correspondência biunívoca entre estes dois conjuntos, e isto significa que eles têm o mesmo número de elementos.

Agora, introduziremos brevemente a definição de função, que usaremos para descrever formalmente conjuntos finitos e infinitos.

### 1.3.1 Funções

O conceito de função é introduzido da seguinte maneira: dados dois conjuntos, A e B, e uma regra ou lei que associa cada elemento x de A a um, e só um, elemento y de B. Esta lei ou regra é chamada de função

A notação que usaremos para denotar que $f$ é uma função de $A$ em $B$ é a seguinte;

$$\begin{aligned} f:\ & A \to B \\ & x \mapsto f(x) \end{aligned}$$

onde a notação $x \mapsto f(x)$ é para indicar que $f$ faz corresponder o elemento $x$ ao elemento $f(x)$. Nesta tripla $(f, A, B)$, $A$ chama-se domínio e $B$ de contradomínio da função $f$.

**Definição 1.4** *Seja $X \subset A$. O conjunto Imagem de $X$ pela função $f$, $Im(f) \subset Y$ é o conjunto formado por todos os valores de $y$, tal que para cada um deles existe ao menos um $x \in X$ com $y = f(x)$.*

**Definição 1.5** *Uma função $f : A \to B$ chama-se injetiva(injetora) quando $\forall x, y \in A$, com $f(x) = f(y)$ segue que $x = y$.*

**Definição 1.6** *Uma função $f : A \to B$ chama-se sobrejetiva(sobrejetora) se verificamos que $Im(f) = B$, ou em outras palavras, para todo $y \in B$ existe pelo menos um $x \in A$, tal que $f(x) = y$.*

É conveniente fazer o seguinte esclarecimento: Diz-se que $f$ é uma função do conjunto $A$ "sobre"o conjunto $B$ se $f(A) = B$. No caso geral, quando $f(A) \subset B$, dizemos que $f$ é uma função de $A$ "em"$B$.

**Definição 1.7** *Uma função $f : A \to B$ chama-se bijetiva(bijetora) quando é simultaneamente injetiva e sobrejetiva.*

Esclarecemos aqui que, o termo bijeção é equivalente a expressão, correspondência biunívoca usado no final da seção 1.3.

No capítulo 2, faremos um estudo mais profundo sobre funções. A pequena introdução básica feita aqui será de utilidade para enunciar a definição de conjunto finito e algumas propriedades dos números naturais, dos números inteiros, racionais e reais que introduziremos ainda neste capítulo.

**Definição 1.8** *Diz-se que o conjunto $X$ é finito se ele é o conjunto vazio ou existe uma bijeção*

$$\psi : I_n \to X, \text{ onde } I_n = \{1, 2, 3, \ldots, n\}.$$

De uma maneira geral, os conjuntos finitos são os conjuntos mais simples entre todos os conjuntos. A cada conjunto $X$ finito corresponde um número natural $n$, de tal forma que os elementos de $X$ podem representar-se como:

$$x_1, x_2, \ldots, x_n$$

Obviamente, $n$ é o número de elementos do conjunto $X$. Também é usual dizer que $n$ é a cardinalidade de $X$.

**Exemplo 1.11** *No conjunto*

$$X = \{\text{todos as nações campeões mundiais de futebol}\}$$

*a cardinalidade de $X$ é 8, pois até agora apenas 8 países diferentes foram campeões.*

**Definição 1.9** *Dizemos que um conjunto $X$ é infinito quando ele não é finito, ou seja, quando não existe uma bijeção entre $I_n$ e o conjunto $X$, seja qual for $n \in \mathbb{N}$.*

Exemplos de conjuntos infinitos são: o conjunto dos números naturais, o conjunto de retas no plano, o conjunto de polinômios (definição que será dada no capítulo 2) com coeficientes racionais, o conjunto de pontos no segmento $\overline{AB}$, etc.

A seguir, apresentaremos uma afirmação importante [9], cuja demonstração precisa do conceito dos números naturais com sua indução, que será definido mais adiante. Sendo assim, apenas enunciaremos a seguinte afirmação.

**Proposição 1.2** *Todo subconjunto de um conjunto finito é finito.*

## 1.4 Conjuntos Enumeráveis

**Definição 1.10** *Diz-se que um conjunto é enumerável se é finito ou existe uma correspondência biunívoca entre ele e o conjunto dos números naturais* $\mathbb{N}$*, isto é, seus elementos podem escrever-se como uma sequência infinita:* $a_1, a_2, \ldots, a_n, \ldots$.

Para o caso em que o conjunto $A$ seja finito, podemos escrever $A$ como sendo

$$A = \{a_1, a_2, \ldots, a_n\}.$$

**Exemplo 1.12** *Seja* $T$ *o conjunto dos números naturais múltiplos de* 3*. Então a bijeção* $\varphi : \mathbb{N} \to T$*, definido por* $\varphi(n) = 3n$ *mostra que o conjunto* $T$ *é enumerável.*

### 1.4.1 Propriedades dos Conjuntos Enumeráveis

Consideremos algumas propriedades elementares dos conjuntos enumeráveis.

**Proposição 1.3** *Todo subconjunto de um conjunto enumerável ou é finito ou é enumerável.*

**Prova:** Sejam $A$ um conjunto enumerável e $B$ um subconjunto qualquer de $A$. Podemos escrever $A$ como sendo $A = \{a_1, a_2, \ldots, a_n, \ldots\}$.
Podemos supor que o conjunto $B$ obtém-se do conjunto $A$ quando eliminamos alguns de seus elementos. Por exemplo

$$B = A \setminus \{a_2, a_4, a_7\} = \{a_1, a_3, a_5, a_6, a_8, \ldots, a_n, \ldots\}.$$

Assim, cada elemento de $B$ possui um índice que não é maior que o índice em $A$. Aqui, $a_1$ é o elemento 1, $a_3$ é o elemento 2, $a_5$ é o elemento 3 e assim sucessivamente. ■

**Proposição 1.4** *A união de qualquer família de conjuntos enumeráveis é enumerável.*

**Prova:** Suponhamos que $A_\alpha$, $\alpha \in \{1, 2, 3, \ldots\}$, seja uma família de conjuntos enumeráveis disjuntos dois a dois, pois, caso contrário, poderiamos considerar os conjuntos $A_1, A_2 \setminus A_1, A_3 \setminus (A_2 \cup A_1), \ldots$ cuja união seria igual a $\bigcup_\alpha A_\alpha$.

Como os $A_\alpha$ são enumeráveis, então podemos escrevê-las na forma:

$$\begin{aligned}
A_1 &= \{a_{11}, a_{12}, \ldots, a_{1n}, \ldots\} \\
A_2 &= \{a_{21}, a_{22}, \ldots, a_{2n}, \ldots\} \\
A_3 &= \{a_{31}, a_{32}, \ldots, a_{3n}, \ldots\} \\
&\vdots \\
A_n &= \{a_{n1}, a_{n2}, \ldots, a_{nn}, \ldots\} \\
&\vdots
\end{aligned}$$

Agora passemos a enumerar todos os elementos da união $\bigcup_\alpha A_\alpha$ seguindo o sentido das setas como se indicam no gráfico da seguinte forma:

Tomemos o primeiro elemento $a_{11}$, o segundo elemento $a_{12}$, o terceiro elemento $a_{21}$, o quarto elemento $a_{31}$, e assim sucessivamente.

Desta forma, cada elemento de cada conjunto estará em correspondência com um número natural determinado, e assim fica estabelecido uma correspondência biunívoca entre $\bigcup_\alpha A_\alpha$ e o

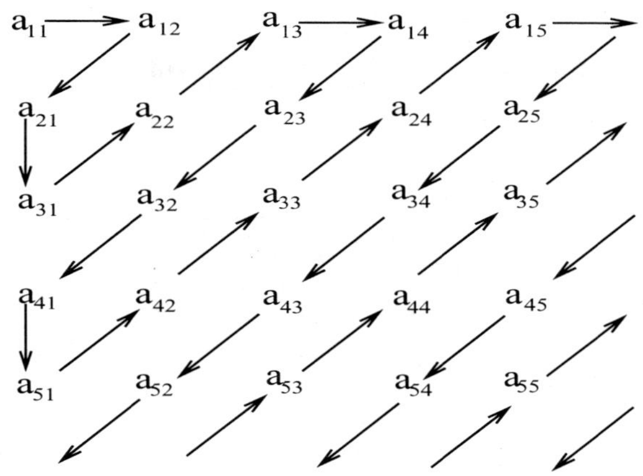


Figura 1.11: Conjuntos Enumeráveis

conjunto dos números naturais. Para uma maior visualização, podemos escrever $\bigcup_\alpha A_\alpha$, como sendo

$$\bigcup_\alpha A_\alpha = \{a_{11}, a_{12}, a_{21}, a_{31}, a_{22}, a_{13}, \ldots\}. \quad \blacksquare$$

Mais adiante, mostraremos que o conjunto dos números inteiros $\mathbb{Z}$ e o conjunto dos números racionais $\mathbb{Q}$ são conjuntos enumeráveis, o mesmo não se verifica para o conjunto dos números reais.

## 1.5 Números Naturais

Nesta seção estabeleceremos a definição axiomática dos números naturais. Suponhamos a existência de um conjunto não vazio $\mathbb{N}$, chamado de conjunto dos números naturais, para o qual valem os seguintes axiomas de Peano[4]:

1. 1 é um número natural

2. Cada número natural $n$ possui um único sucessor, que denotaremos por $n'$, tal que
$$n' = n + 1.$$

3. O número natural 1 não é sucessor de nenhum outro número natural, $1 \neq n'$.

   Estes três axiomas indicam que $\mathbb{N} = \{1, 1', (1')', ((1')')', \ldots\}$.

4. Se $n$ e $s$ são números naturais tais que $n' = s'$, então $n = s$.

5. *Princípio de Indução*: se um subconjunto $M \subset \mathbb{N}$ contém o número natural 1 bem como o sucessor de todos os seus elementos, então $M = \mathbb{N}$.

   Muitas vezes, o Princípio da Indução é enunciado numa versão que facilite provar afirmações no conjunto dos números naturais e para definir funções definidas em $\mathbb{N}$:

[4]Giuseppe Peano (1858-1932), matemático italiano

Figura 1.12: Giuseppe Peano

*Princípio de Indução:* Seja $A(n)$ uma afirmação sobre $n \in \mathbb{N}$, que cumpra as seguintes condições:

- $A(1)$ é verdadeira, isto é, a afirmação vale quando $n = 1$ (algumas vezes a afirmação vale a partir de um certo $n > 1$);

- se $A(k)$ é verdadeira, isto é, supondo que a afirmação vale para $n = k$ arbitrário, e for possível provar qua a afirmação vale para $n = k + 1$, então, nestas condições a afirmação $A(n)$ é verdadeira para qualquer $n \in \mathbb{N}$.

**Observação 1.5.1** *Assim, se* $1' = 2, (1')' = 3, ((1')')' = 4$, *podemos escrever* $\mathbb{N} = \{1, 2, 3, 4, \ldots, \}$.

Definem-se em $\mathbb{N}$ duas operações: Adição $(+)$ e Multiplicação $(\cdot)$. Estas duas operações gozam das seguintes propriedades:

- **Comutatividade:** Sejam $n, m \in \mathbb{N}$, então

$$n + m = m + n, \quad \text{e} \quad n \cdot m = m \cdot n.$$

- **Associatividade:** Sejam $n, m, s \in \mathbb{N}$, então

$$n + (m + s) = (n + m) + s, \quad \text{e} \quad n(m \cdot s) = (n \cdot m)s.$$

- **Lei do Cancelamento:** Sejam $n, m, s \in \mathbb{N}$, se

$$n + s = m + s, \quad \text{então} \quad n = m, \qquad n \cdot s = m \cdot s, \quad \text{então} \quad n = m.$$

- **Distributividade:** Sejam $n, m, s \in \mathbb{N}$, então

$$n \cdot (m + s) = n \cdot m + n \cdot s.$$

**Teorema 1.2** $\mathbb{N}$ *é fechado com relação a adição.*

**Prova:** Dizer que $\mathbb{N}$ é fechado com relação a adição, significa que $\forall n, m \in \mathbb{N}$, o resultado da operação $n + m$ está em $\mathbb{N}$.

Consideremos o seguinte conjunto,

$$M = \{n \in \mathbb{N}; \quad n + m \in \mathbb{N}, \quad \forall m \in \mathbb{N}\}.$$

Usemos o príncipio de indução para mostrar o teorema.

De fato, observamos que $1 \in M$, pois $m + 1 \in \mathbb{N}$ desde que $m \in \mathbb{N}$.
Suponhamos que $n \in M$ e para qualquer $m \in \mathbb{N}$, temos $n + m \in \mathbb{N}$. Então precisamos mostrar que $n + 1 \in M$. De fato,

$$(n + 1) + m = 1 + (n + m) = (n + m) + 1 = (n + m)' \in \mathbb{N},$$

assim, $n + 1 \in M$ e isto mostra que $M = \mathbb{N}$. ■

**Teorema 1.3** $\mathbb{N}$ *é fechado com relação a multiplicação.*

**Prova:** De novo, como no caso anterior, usemos o príncipio de indução para mostrar o resultado. De fato, consideremos o conjunto,

$$M = \{n \in \mathbb{N}; \quad nm \in \mathbb{N}, \quad \forall m \in \mathbb{N}\}.$$

Observamos que $1 \in N$, pois $1m = m \in \mathbb{N}$ desde que $m \in \mathbb{N}$.
Suponhamos que $n \in M$ e $m \in \mathbb{N}$ tal que $mn \in \mathbb{N}$.

Queremos mostrar que $(n + 1)m \in \mathbb{N}$. De fato,

$(n+1)m = mn+m$, pela propriedade distributiva da multiplicação dos números naturais.

Como $n \in M$, $nm \in \mathbb{N}$ e pela propriedade de fechamento da adição em $\mathbb{N}$, temos que $nm + m \in \mathbb{N}$, assim, $n + 1 \in M$ e isto mostra que $M = \mathbb{N}$. ■

**Potência de um Número Natural.** Por indução matemática, podemos definir a potência de um número natural da seguinte forma:
Sejam $n, m \in \mathbb{N}$, com $n^1 = n$ e $n^{m+1} = n.n^m$. Assim, $n^2 = n.n$, $n^3 = n.n^2 = n.n.n$, etc. Logo

$$n^m = n.n^{m-1} = n.n.n^{m-2} = \ldots = \underbrace{n.n.n \cdots n}_{m \text{ algarismos}}.$$

Agora podemos elencar algumas propriedades da potência:

1. Dados $n, m, s \in \mathbb{N}$, segue $n^m.n^s = n^{m+s}$. De fato,

$$n^m.n^s = \underbrace{n.n.n \cdots n}_{m \text{ algarismos}} \underbrace{n.n.n \cdots n}_{s \text{ algarismos}} = \underbrace{n.n.n \cdots n}_{m+s \text{ algarismos}} = n^{m+s}.$$

2. Para quaisquer números naturais $m, n, s \in \mathbb{N}$, temos $(s^m)^n = s^{mn}$.
   De fato,

$$(s^m)^n = \underbrace{s^m.s^m \ldots s^m}_{n} = s^{m+m+\ldots+m} = s^{mn}.$$

3. Para quaisquer números naturais $m, n, s \in \mathbb{N}$, segue $(ms)^n = m^n.s^n$
   De fato,

$$(ms)^n = \underbrace{(ms).(ms) \ldots (ms)}_{n} = \underbrace{m.m \ldots m}_{n} \underbrace{s.s \ldots s}_{n} = m^n.s^n.$$

### 1.5.1 Relação de Ordem em $\mathbb{N}$

Definimos no conjunto $\mathbb{N}$ a relação de ordem " $<$ " da seguinte forma: Dados dois números naturais $n, m$, a desigualdade $n < m$ (ou $m > n$) significa que existe um único $s \in \mathbb{N}$ tal que $n + s = m$. Dizemos neste caso que $n$ é menor que $m$ (ou $m$ é maior que $n$). Quando escrevemos $n \leq m$, significa que $n < m$ ou $n = m$. Esta relação de "ordem"possui as seguintes propriedades:

1. **Tricotomia:** Dados $n, m \in \mathbb{N}$, vale uma e somente uma, das seguintes afirmações:
$$n = m, \quad \text{ou} \quad n < m, \quad \text{ou} \quad m < n.$$

2. **Monotonicidade:** Dados $n, m, s \in \mathbb{N}$ com $n < m$, então
$$n + s < m + s \text{ e } sn < sm.$$

3. **Transitividade:** Dados $n, m, s \in \mathbb{N}$ com $n < m, m < s$, então
$$n < s.$$

A relação de ordem também possui uma propriedade muito importante, chamada *Princípio da Boa Ordenação.*

**Princípio da Boa Ordenação.** Todo subconjunto não vazio de $\mathbb{N}$ tem um menor elemento, isto significa que se $M \subset \mathbb{N}$ é um conjunto, então existe $m_o \in M$ tal que $m_o \leq m$ para todo $m \in M$.

**Prova:** Vamos supor que $1 \notin M$, pois caso contrário, 1 seria o menor elemento de M. Consideremos os seguintes conjuntos, $I_n = \{1, 2, 3, \ldots n\}$ e $X = \{n \in \mathbb{N};\ I_n \subset \mathbb{N} \setminus M\}$. Observa-se que todos os elementos de $M$ são maiores que $n$ e, portanto, $n + 1 \notin X$. Segue que $n + 1 \in M$ e como $n + 1$ é o sucessor de $n$, concluímos que $n + 1 = m_o$ é o menor elemento de $M$. ■

### 1.5.2 Exemplos Sobre o Princípio de Indução

Usemos o príncipio de indução para mostrar a veracidade de algumas fórmulas que valem para os números naturais.

**Exemplo 1.13** *Verifiquemos a seguinte fórmula*
$$\frac{1}{1 \times 2} + \frac{1}{2 \times 3} + \frac{1}{3 \times 4} + \ldots + \frac{1}{n \times (n+1)} = \frac{n}{n+1}, \ \forall n \in \mathbb{N}.$$

Podemos mostrar esta afirmação de duas formas. Ambas precisam das operações no conjunto dos números racionais, por este motivo podemos pular este exemplo e voltar mais tarde.
No primeiro caso, escrevamos os termos $\dfrac{1}{n \times (n+1)}$ da seguinte forma:
$$\frac{1}{1 \times 2} = 1 - \frac{1}{2}, \quad \frac{1}{2 \times 3} = \frac{1}{2} - \frac{1}{3}, \quad \ldots, \quad \frac{1}{n \times (n+1)} = \frac{1}{n} - \frac{1}{n+1}.$$

Então,

$$\begin{aligned}
&\frac{1}{1\times 2}+\frac{1}{2\times 3}+\frac{1}{3\times 4}+\ldots+\frac{1}{n\times(n+1)}=\\
&=\left(1-\frac{1}{2}\right)+\left(\frac{1}{2}-\frac{1}{3}\right)+\left(\frac{1}{3}-\frac{1}{4}\right)+\ldots+\left(\frac{1}{n}-\frac{1}{n+1}\right)\\
&=1-\frac{1}{n+1}\\
&=\frac{n}{n+1}.
\end{aligned}$$

Já no segundo caso, usemos indução para provar a fórmula acima. Seja $P(n)$ a afirmação

$$\frac{1}{1\times 2}+\frac{1}{2\times 3}+\frac{1}{3\times 4}+\ldots+\frac{1}{n\times(n+1)}=\frac{n}{n+1},\quad \forall n\in\mathbb{N}.$$

- $P(1)$ é verdadeira, isto é, a proposição vale para $n=1$, $\quad \dfrac{1}{1\times 2}=\dfrac{1}{1+1}.$

- Suponhamos que a afirmação $P(k)$ é verdadeira, isto é,

  $$\frac{1}{1\times 2}+\frac{1}{2\times 3}+\frac{1}{3\times 4}+\ldots+\frac{1}{k\times(k+1)}=\frac{k}{k+1},$$

  e mostremos que $P(k+1)$ é verdadeiro. De fato,

  $$\begin{aligned}
  &\frac{1}{1\times 2}+\frac{1}{2\times 3}+\frac{1}{3\times 4}+\ldots+\frac{1}{k\times(k+1)}+\frac{1}{(k+1)\times(k+2)}=\\
  &=\frac{k}{k+1}+\frac{1}{(k+1)\times(k+2)}\\
  &=\frac{(k+1)^2}{(k+1)\times(k+2)}\\
  &=\frac{k+1}{k+2}\\
  &=\frac{(k+1)}{(k+1)+1}.
  \end{aligned}$$

- Logo $P(n)$ é verdadeira para todo $n\in\mathbb{N}$.

**Exemplo 1.14** *Seja $P(n)$ a seguinte afirmação,*

$$n^3-n \ \text{ é múltiplo de três}, \quad \forall n\geq 2.$$

Apliquemos de novo o método de indução.

- A proposição vale para $n=2$, isto é, $P(2)$ é verdadeira, pois $2^3-2=6$ é múltiplo de 3.

- Suponhamos que a afirmação $P(k)$ é verdadeira, e mostremos que $P(k+1)$ é verdadeira. De fato,

  $$\begin{aligned}
  (k+1)^3-(k+1) &= k^3+3k^2+3k+1-k-1\\
  &= k^3+3k^2+2k\\
  &= k^3+3k^2-k+3k\\
  &= k^3-k+3(k^2+k),
  \end{aligned}$$

  como $k^3-k$ é multiplo de três e $3(k^2+k)$ também, então a soma de dois múltiplos de três também é múltiplo de três.

- Logo $P(n)$ é verdadeira para todo $n \geq 2$.

**Exemplo 1.15** *Seja $P(n)$ a seguinte afirmação,*

$$1 + 2 + 3 + \ldots + n = \frac{n(n+1)}{2} \quad \forall n \in \mathbb{N}.$$

Por indução, temos

- A proposição vale para $n = 1$, isto é, $P(1)$ é verdadeira, $1 = \dfrac{1(1+1)}{2}$

- Suponhamos que a afirmação $P(k)$ é verdadeira, e mostremos que $P(k+1)$ é verdadeira. De fato,

$$\begin{aligned} 1 + 2 + 3 + \ldots + k + (k+1) &= \frac{k(k+1)}{2} + (k+1) \\ &= \frac{k(k+1) + 2(k+1)}{2} \\ &= \frac{(k+1)[k+2]}{2} \\ &= \frac{(k+1)[(k+1)+1]}{2}. \end{aligned}$$

- Logo $P(n)$ é verdadeira para todo $n \in \mathbb{N}$.

**Exemplo 1.16** *Seja $P(n)$ a seguinte afirmação,*

$$2^n > n^2, \quad \forall n \geq 5.$$

Por indução, temos

- A proposição vale para $n = 5$, isto é, $P(5)$ é verdadeira, $2^5 = 32 > 5^2 = 25$.

- Suponhamos que a afirmação $P(k)$ é verdadeira, e mostremos que $P(k+1)$ é verdadeiro, isto é, $2^{k+1} > (k+1)^2$. De fato, escrevendo $2^{k+1} = 2 \times 2^k > 2k^2$, basta provar que

$$2k^2 \geq (k+1)^2 \text{ ou } 2k^2 - (k+1)^2 \geq 0.$$

  Assim,

$$\begin{aligned} &2k^2 \geq (k+1)^2 = k^2 + 2k + 1 \iff k^2 \geq 2k + 1 \iff \\ &\iff k^2 - 2k + 1 \geq 2 \iff (k-1)^2 \geq 2 \end{aligned}$$

  que vale para $k \geq 5$.

- Logo $P(n)$ é verdadeira para todo $n \geq 5$.

Como exercício deixamos a verificação da seguinte desigualdade

**Exercício 1.1** *Mostre que*

$$n! > 2^{n-1}, \quad n = 3, 4, \ldots$$

## 1.6 Números Inteiros

O sistema dos números naturais apresenta uma grande deficiência quando tentamos encontrar uma solução de uma equação simples de primeiro grau, isto é, dada uma equação da forma $m + x = n$ com $n, m \in \mathbb{N}$. Esta equação nem sempre possui uma solução em $\mathbb{N}$. Por exemplo a equação $4 + x = 9$ tem como solução $x = 5 \in \mathbb{N}$, mas, a equação $7 + x = 6$, não tem solução no conjunto dos números naturais. Como superar esta dificuldade?

Esta dificuldade pode ser"superada"se ampliarmos o conjunto dos naturais $\mathbb{N}$ para um conjunto maior onde possamos resolver equações do tipo acima. Assim, podemos construir o conjunto dos números inteiros $\mathbb{Z}$ como o conjunto que contém o conjunto dos números naturais, e no qual estão definidas as operações de adição e multiplicação herdadas de $\mathbb{N}$, e além disso, $\mathbb{Z}$ possua as seguintes propriedades:

- $\mathbb{Z}$ possui um elemento neutro chamado zero, que denotaremos por 0, com a seguinte propriedade, $n + 0 = 0 + n = n, \quad \forall n \in \mathbb{Z}$.

- Toda equação da forma $n + x = m$ admite uma única solução em $\mathbb{Z}$, para quaisquer $n, m \in \mathbb{Z}$.

Se $m = 0$, temos $n + x = 0$ e dizemos que $x$ é o oposto de $n$ e o denotamos por $-n$.

Como antes, o elemento $1 \in \mathbb{N}$ também é o elemento neutro com relação à multiplicação em $\mathbb{Z}$, isto é, dado $m \in \mathbb{Z}$, $1m = m1 = m$.

Definindo $-\mathbb{N} = \{\ldots, -3, -2, -1\}$, podemos escrever em linguagem matemática o conjunto dos inteiros como sendo:
$\mathbb{Z} = \mathbb{N} \cup \{0\} \cup (-\mathbb{N})$, ou seja,

$$\mathbb{Z} = \{\ldots, -3, -2, -1, 0, 1, 2, 3, \ldots\}.$$

**Proposição 1.5** *O conjunto dos números inteiros $\mathbb{Z}$ é enumerável.*

**Prova:** Para verificar este fato, basta estabelecer uma correspondência entre todos os números inteiros e todos os números naturais. Por exemplo, o seguinte esquema estabelece essa correspondência;

$$\begin{array}{cccccc} 0 & -1 & 1 & -2 & 2 & \ldots \\ 1 & 2 & 3 & 4 & 5 & \ldots \end{array}$$

Em geral, podemos escrever explicitamente essa correspondência como uma função $f : \mathbb{Z} \to \mathbb{N}$ bijetora da seguinte forma;

$$f(n) = \begin{cases} 2n + 1, & \text{se } n \geq 0, \\ 2|n|, & \text{se } n < 0, \end{cases}$$

onde, $|n|$ representa o módulo ou valor absoluto de um número inteiro $n$, e é definido como sendo o maior valor entre o número $n$ e seu elemento oposto $-n$. ■

O sistema dos números inteiros apresenta a seguinte deficiência óbvia: dada uma equação da forma $mx = n$ com $n, m \in \mathbb{Z}$, vemos que nem sempre estas equações possuem uma solução em $\mathbb{Z}$. Por exemplo a equação $6x = 12$ tem como solução $x = 2 \in \mathbb{Z}$, mas, a equação $8x = 5$ não tem solução no conjunto dos números inteiros. Como sanar essa dificuldade?

## 1.7 Números Racionais

Como vimos na seção anterior, nem sempre equações da forma $nx = m$ possuem solução em $\mathbb{Z}$ dados $n, m \in \mathbb{Z}$. Esta dificuldade pode ser "suprida"se ampliarmos o conjunto dos inteiros $\mathbb{Z}$ para um conjunto maior onde possamos resolver equações do tipo acima. Assim, podemos construir o conjunto dos números racionais $\mathbb{Q}$ como o conjunto que contém o conjunto dos números inteiros, isto é,

$$\mathbb{Q} = \{\frac{m}{n};\ m, n \in \mathbb{Z},\ n \neq 0\}.$$

Uma fração da forma $\frac{m}{1}$ pode ser identificada com o inteiro $m$. Esta identificação, permite dizer que $\mathbb{Q}$ contém $\mathbb{Z}$ como um subconjunto próprio, e além disso,

$$\mathbb{N} \subset \mathbb{Z} \subset \mathbb{Q}.$$

Definimos as operações de adição, multiplicação e igualdade em $\mathbb{Q}$ da seguinte forma:

- **Adição:** $\dfrac{m}{n} + \dfrac{s}{t} = \dfrac{mt + ns}{nt}, \quad n \neq 0, t \neq 0.$

- **Multiplicação:** $\dfrac{m}{n} \cdot \dfrac{s}{t} = \dfrac{ms}{nt}, \quad n \neq 0, t \neq 0.$

- **Igualdade:** $\dfrac{m}{n} = \dfrac{s}{t} \quad \Longleftrightarrow mt = ns, \quad n \neq 0, t \neq 0.$

Esta última operação nos permite escrever um número racional de infinitas formas.

Além de gozar das propriedades associativa, comutativa e existência dos elementos neutros (0 para a adição e 1 para a multiplicação), $\mathbb{Q}$ satisfaz as propriedades de existência do elemento inverso aditivo e do inverso multiplicativo, isto é, se $p \in \mathbb{Q}$, então $-p \in \mathbb{Q}$, e se $0 \neq p \in \mathbb{Q}$, então $\frac{1}{p} \in \mathbb{Q}$, ou seja,

$$p + (-p) = 0, \qquad p(\frac{1}{p}) = 1.$$

Podemos definir um subconjunto $\mathbb{Q}_+$ em $\mathbb{Q}$ como sendo,

$$\mathbb{Q}_+ = \{\frac{m}{n};\ m, n \in \mathbb{Z},\ \ n \neq 0,\ \ mn \in \mathbb{N}\},$$

isto é, o subconjunto dos racionais positivos. Este conjunto possui as seguintes propriedades:

1. $\mathbb{Q}_+$ é fechado com relação as operações de adição e multiplicação em $\mathbb{Q}$, isto é,
$$p, q \in \mathbb{Q}_+, \text{ então } p + q, \ \ pq \in \mathbb{Q}_+.$$

2. Dado $p \in \mathbb{Q}$, temos que uma das afirmações a seguir é verdadeira:
$$\text{ou } p = 0 \ \text{ ou } \ \ p \in \mathbb{Q}_+ \ \text{ ou } \ \ -p \in \mathbb{Q}_+.$$

A relação de ordem " $<$ " introduzida em $\mathbb{Q}$ : $p < q$, se $q - p \in \mathbb{Q}_+$, generaliza a relação de ordem introduzida em $\mathbb{Z}$ que por sua vez generalizou a relação de ordem introduzida em $\mathbb{N}$.

De forma análoga, como foi feito nos Teoremas 1.2 e 1.3, na página 14 podemos mostrar o seguinte;

**Teorema 1.4** *O conjunto $\mathbb{Q}$ é fechado com relação as operações de adição e multiplicação.*

De tudo o que foi dito acima, para o conjunto dos números racionais, destacamos a seguinte propriedade importante:

*O conjunto $\mathbb{Q}$, munido das operações de adição e multiplicação e satisfazendo os axiomas da relação de ordem constitui um corpo ordenado.*

A seguir daremos duas propriedades importantes de $\mathbb{Q}$.

**Proposição 1.6** *Se $p$ e $q$ são números racionais, tais que $p < q$, então podemos encontrar infinitos números racionais entre $p$ e $q$.*

**Prova** Sendo $p < q$, podemos escolher um número racional $r = \dfrac{q-p}{n}$, onde $n \in \mathbb{N}$ tal que os números racionais

$$p + r, p + 2r, \ldots, p + (n-1)r$$

estão entre $p$ e $q$. Em virtude de $n$ ser um número natural qualquer, segue a afirmação. ∎

Em particular se $n = 2$, temos

$$p < p + r = \frac{p+q}{2} < q.$$

**Exemplo 1.17** *Se $a, b, c, d$ são números positivos tais que $\dfrac{a}{b} < \dfrac{c}{d}$, então*

$$\frac{a}{b} < \frac{a+c}{b+d} < \frac{c}{d}.$$

Da desigualdade $\dfrac{a}{b} < \dfrac{c}{d}$ segue que $ad < bc$:

1.
$$\begin{aligned} &ad + ab < bc + ab \\ &a(b+d) < b(a+c) \\ &\frac{a}{b} < \frac{a+c}{b+d} \end{aligned}$$

2.
$$\begin{aligned} &ad + dc < bc + dc \\ &d(a+c) < c(b+d) \\ &\frac{a+c}{b+d} < \frac{c}{d}. \end{aligned}$$

Donde segue que

$$\frac{a}{b} < \frac{a+c}{b+d} < \frac{c}{d}. \quad ∎$$

**Proposição 1.7** *O conjunto dos números racionais $\mathbb{Q}$ é enumerável.*

**Prova:** Seja $\alpha = \dfrac{p}{q}$, $q > 0$ um número racional arbitrário. Para evitar números repetidos, suponhamos que $\alpha$ seja irredutível, isto é, $p$ e $q$ são primos entre si ($mdc(p, q) = 1$). Chamaremos altura do número racional $\alpha$ a soma $|p| + q$, onde o módulo ou valor absoluto de um número racional $p$ é o maior valor entre o número $p$ e o seu elemento oposto $-p$, ou seja $|p| = \max\{-p, p\}$.

Da definição de altura, observamos que o número de frações de altura dada é finita. Por exemplo, à altura 3 correspondem 4 frações: $\frac{2}{1}, \frac{1}{2}, \frac{-2}{1}, \frac{-1}{2}$. Agora podemos organizar todos os números racionais segundo sua altura, isto é, primeiro os números de altura 1, depois os números de altura 2, etc. Desta forma cada número racional possui seu número, e isto significa que está estabelecida uma correspondência biunívoca entre $\mathbb{N}$ e o conjunto dos números racionais $\mathbb{Q}$. ■

### 1.7.1 Supremo e Ínfimo de um Conjunto em $\mathbb{Q}$

Infelizmente o conjunto dos números racionais $\mathbb{Q}$ apresenta algumas deficiências algébricas que serão mostradas mais à frente. Mas antes, vamos introduzir as seguintes definições.

**Definição 1.11** *Um subconjunto $E$ de $\mathbb{Q}$ é dito limitado superiormente se existe um número $M$ tal que $x \leq M$ para todo $x \in E$.*

O número $M$ nas condições da definição anterior chama-se cota superior. É claro que números maiores que $M$ também são cotas superiores para $E$.

**Definição 1.12** *Um subconjunto $E$ de $\mathbb{Q}$ é dito limitado inferiormente se existe um número $K$ tal que $x \geq K$ para todo $x \in E$.*

O número $K$ nas condições da definição anterior chama-se cota inferior. É claro que números menores que $K$ também são cotas inferiores para $E$.

**Definição 1.13** *Um subconjunto $E$ de $\mathbb{Q}$ é dito limitado se ele é limitado inferiormente e superiormente simultaneamente.*

Segue destas definições que, se para qualquer número positivo $M$ existe $x_o \in E$ tal que $x_o > M$, então dizemos que o conjunto $E$ é ilimitado. Também, se para qualquer número negativo $M_1$ existe $x_1 \in E$ tal que $x_1 < M_1$, então dizemos que o conjunto $E$ é ilimitado.

**Definição 1.14** *Diz-se que $\alpha \in \mathbb{Q}$ é um elemento mínimo(máximo) de $E \subset \mathbb{Q}$ se é uma cota inferior(superior) e além disso $\alpha \in E$.*

**Definição 1.15** *Diz-se que o número $\beta \in \mathbb{Q}$ é o supremo de um conjunto limitado superiormente $E \subset \mathbb{Q}$, se é a menor das cotas superiores. Matematicamente, se $\sigma$ é outra cota superior para $E$, então $\beta \leq \sigma$.*
*Esta condição pode ser substituída por:*

1. *Para todo $x \in E$, cumpre-se $x \leq \beta$;*

2. *Se dado $\varepsilon > 0$ arbitrário, então existe $x \in E$ tal que $\beta - \varepsilon < x$.*

Usaremos a notação $\beta = \sup E$ para denotar o supremo de $E$.

**Proposição 1.8 (Unicidade)** *Se um conjunto $E \subset \mathbb{Q}$ é limitado superiormente e possui supremo, ele é único.*

**Prova:** Sejam $\beta_1$ e $\beta_2$ dois supremos de $E$. Para qualquer $\varepsilon > 0$ obtém-se de 1, que $\beta_1 - \varepsilon < x$ para algum $x \in E$. E por definição de supremo, $x \leq \beta_2$, então $\beta_1 - \varepsilon < \beta_2$, isto é, $\beta_1 < \beta_2 + \varepsilon$. Isto significa que $\beta_1 \leq \beta_2$. De maneira análoga, trocando $\beta_1$ e $\beta_2$, obtemos $\beta_2 \leq \beta_1$. Portanto $\beta_1 = \beta_2$. ■

Analogamente define-se ínfimo de um subconjunto limitado inferiormente de $\mathbb{Q}$.

**Definição 1.16** *Diz-se que o número $\alpha \in \mathbb{Q}$ é o ínfimo de um conjunto limitado inferiormente $E \subset \mathbb{Q}$ se é a maior das cotas inferiores. Matematicamente, se $\sigma$ é outra cota inferior para $E$, então $\alpha \geq \sigma$.*
*Esta condição pode ser substituída por:*

1. *Para todo $x \in E$, cumpre-se $x \geq \alpha$;*

2. *Se dado $\varepsilon > 0$ arbitrário, então existe $x \in E$ tal que $\alpha + \varepsilon > x$.*

Usaremos a notação $\alpha = \inf E$ para denotar o ínfimo de $E$.

**Proposição 1.9** *Se um conjunto $E \subset \mathbb{Q}$ é limitado inferiormente e possui ínfimo, ele é único.*

**Prova:** A demonstração é análoga à prova da Proposição 1.8.

**Exemplo 1.18**

$$\sup[a,b] = b, \quad \inf(a,b] = a, \quad \inf\{\frac{1}{n}; n \in \mathbb{N}\} = 0.$$

Observamos que o supremo e ínfimo de um conjunto podem pertencer ou não ao conjunto.

**Proposição 1.10** *Para qualquer número racional $q$, sempre existe um número inteiro $n$, tal que $q < n$.*

Esta afirmação também é conhecida como Propriedade Arquimediana[5] de $\mathbb{Q}$.
**Prova:** Vamos negar a tese, isto é, existe $q \in \mathbb{Q}$ tal que $n \leq q$ para todo $n \in \mathbb{N}$. Ou seja $q$

Figura 1.13: Arquimedes

é uma cota superior de $\mathbb{N}$, e pela Definição 1.15, existe $\beta \in \mathbb{Q}$ tal que $\beta = \sup \mathbb{N}$. Isto significa que para o número $\beta - 1$ existe $n \in \mathbb{N}$ tal que $n > \beta - 1$. Mas, então $n + 1 > \beta$ e $n + 1 \in \mathbb{N}$, o que contradiz o fato que $\beta = \sup \mathbb{N}$. ■

**Corolário 1.1** *Se $p$ e $q$ são dois números racionais com $p > 0$, então existe um inteiro positivo $n$ tal que $np > q$.*

[5]Arquimedes de Siracusa (287-212 a.c.), matemático grego

**Prova:** Como $p \neq 0$, então existe o número racional $\dfrac{q}{p}$, e pela Proposição 1.10 encontramos um inteiro $n$ tal que $n > \dfrac{q}{p} \iff np > q$. ∎

Uma grande deficiência do corpo dos racionais é dada pela seguinte afirmação,

**Proposição 1.11** *Não existe um número racional cujo quadrado seja igual a 2.*

**Prova:** De fato, seja $r = \dfrac{p}{q} \in \mathbb{Q}$, onde $p$ e $q$ são primos[6] entre si, isto é, o $MDC(p,q) = 1$. Suponhamos que $\left(\dfrac{p}{q}\right)^2 = 2$, então $p^2 = 2q^2$. Como todo número inteiro multiplicado por 2 é par, resulta que $p^2$ é par, logo $p$ é par, ou seja $p = 2k$, $k \in \mathbb{Z}$. Portanto, de $p^2 = (2k)^2 = 2 \cdot 2k^2 = 2q^2$, segue que $2k^2 = q^2$. Daqui concluímos que $q$ é par. Absurdo, pois $p$ e $q$ são números primos. Portanto, a suposição acima é falsa, e isto implica que não existe $r \in \mathbb{Q}$ tal que, $r^2 = 2$. ∎

### 1.7.2 Números Irracionais

Para definir o conceito de número irracional, vamos introduzir a teoria dos cortes de Dedekind para os números racionais.

**Definição 1.17** *Os conjuntos $A$ e $B$ chamam-se cortes de $\mathbb{Q}$ se:*

1. *Cada classe $A$ ou $B$ é um conjunto não vazio;*

2. *Cada número racional pertence a uma e somente uma das classes $A$ ou $B$;*

3. *Se $a \in A$, $b \in B$, então $a < b$ $\quad (A \cap B = \emptyset)$.*

A classe $A$ chama-se menor e a classe $B$ chama-se maior.
Da definição de corte, segue que qualquer número racional menor que o número $a$ pertencente à classe menor, também pertence à classe menor. Analogamente, qualquer número racional maior que o número $b$ pertencente à classe maior, também pertence à classe maior.

**Exemplo 1.19** *Se escolhemos o conjunto $A$ como sendo o conjunto de todos os números racionais $a$, tais que $a < 2$, e o conjunto $B$ como sendo o conjunto de todos os números racionais $b$,tais que $b \geq 2$, obtemos um corte de Dedekind.*

**Exemplo 1.20** *Se escolhemos o conjunto $A$ como sendo o conjunto de todos os números racionais $a$, tais que $a \leq 2$, e o conjunto $B$ como sendo o conjunto de todos os números racionais $b$,tais que $b > 2$, obtemos um corte de Dedekind.*

Agora consideremos o seguinte exemplo:

**Exemplo 1.21** *Consideremos os seguintes conjuntos;*

$$\begin{aligned} E &= \{x \in \mathbb{Q};\ \ x > 0 \ e \ \ x^2 < 2\} \cup \{0\} \cup \{x \in \mathbb{Q};\ \ x < 0\} \\ F &= \{y \in \mathbb{Q};\ \ y > 0 \ e \ \ y^2 > 2\}. \end{aligned}$$

[6] um número é primo quando é divisível por 1 e por ele mesmo

É fácil observar que estes conjuntos formam um corte de Dedekind. O conjunto $E \subset \mathbb{Q}$ é limitado superiormente mas não possui supremo e o conjunto $F \subset \mathbb{Q}$ é limitado inferiormente mas não possui ínfimo.
Primeiramente mostremos que $E$ não possui supremo. Seja $\alpha$ um número positivo de $E$, então $\alpha^2 < 2$. É possível escolher um número natural $n$ tal que

$$(\alpha + \frac{1}{n})^2 < 2$$

e o número $\alpha + \dfrac{1}{n} \in E$. De fato, desenvolvendo o binômio quadrático, obtemos

$$\alpha^2 + \frac{2\alpha}{n} + \frac{1}{n^2} < 2. \tag{1.1}$$

Se trocarmos $\dfrac{1}{n^2}$ por $\dfrac{1}{n}$ em (1.1), a desigualdade ainda vale:

$$\alpha^2 + \frac{2\alpha}{n} + \frac{1}{n} < 2, \quad \text{donde} \quad \frac{2\alpha + 1}{n} < 2 - \alpha^2.$$

Assim, escolhendo $n > \dfrac{2\alpha + 1}{2 - \alpha^2}$ pelo Princípio de Arquimedes, mostramos que existe um número maior que $\alpha$ que ainda está em $E$.
Agora mostremos que $F$ não possui ínfimo. Seja $\alpha$ um número positivo de $F$, então $\alpha^2 > 2$. É possível escolher um número natural $n$ tal que

$$(\alpha - \frac{1}{n})^2 > 2$$

e o número $\alpha - \dfrac{1}{n} \in F$. De fato, desenvolvendo o binômio, obtemos

$$\alpha^2 - \frac{2\alpha}{n} + \frac{1}{n^2} > 2. \tag{1.2}$$

Se trocarmos $\dfrac{1}{n^2}$ por $\dfrac{1}{n}$ em (1.2), a desigualdade ainda vale:

$$\alpha^2 - \frac{2\alpha}{n} + \frac{1}{n} > 2, \quad \text{donde} \quad \frac{2\alpha - 1}{n} < \alpha^2 - 2$$

Assim, escolhendo $n > \dfrac{2\alpha - 1}{\alpha^2 - 2}$, mostramos que existe um número menor que $\alpha$ que ainda está em $F$.

Para maiores detalhes sobre estes conjuntos, revisar [1], [9], [8], [5].

Dos exemplos citados acima, podemos ver que os cortes de Dedekind podem ser de três tipos:

1. Ou na classe $A$ não existe o maior elemento e na classe $B$ existe o menor elemento;

2. Ou na classe $A$ existe o maior elemento e na classe $B$ não existe o menor elemento;

3. Ou nem na classe menor encontra-se o maior elemento nem na classe maior existe o menor elemento.

Nos dois primeiros casos, os cortes são originados por números racionais, mas no terceiro caso, o corte é definido por um *número irracional*, tais como nos exemplos 1.19, 1.20 e 1.21 respectivamente.

**Definição 1.18** *Um número chama-se irracional se não é racional.*

A notação que usamos para denotar o conjunto dos números irracionais é $\mathbb{R}\backslash\mathbb{Q}$. Na seção anterior vimos que $\sqrt{2}$ é um número irracional. Existem infinitos números irracionais, entre eles os mais famosos são: o número $\pi$ e o número de Euler $e$.

**Teorema 1.5** *Se $p$ é um número primo positivo, então $\sqrt{p}$ é irracional.*

**Prova:** Já foi provado acima a afirmação para um caso particular quando $p = 2$. Vamos supor que $\sqrt{p}$ não seja irracional. Então $\sqrt{p} = \dfrac{m}{n}$ com $MDC(m, n) = 1$. Elevando ao quadrado $\sqrt{p}$, temos $p = \left(\dfrac{m}{n}\right)^2$, ou seja $n^2p = m^2$. Como $m$ e $n$ são primos entre si, segue que $p\big|m^2$($p$ divide $m^2$) e portanto $p\big|m$, ou seja $m = pl$, $l \in \mathbb{Z}$. Substituindo $m$ na igualdade acima, temos $n^2p = p^2l^2$ e simplificando obtemos $n^2 = pl^2$. Isto significa que $p\big|n^2$, portanto $p\big|n$. Segue portanto que $p$ é um fator comum dos números $m$ e $n$. Absurdo, pois $MDC(m, n) = 1$. E isto mostra que $\sqrt{p}$ é irracional. ■

**Exercício 1.2** *Mostre que $\sqrt[3]{18}$ é um número irracional.*

## 1.8 Números Reais

A teoria desenvolvida até aqui, nos permite apontar duas grandes deficiências no corpo dos racionais: a primeira, não existe um racional cujo quadrado seja igual a 2(o número 2 é simbólico, poderíamos citar outros números, como por exemplo, 7, 12, etc.), e a segunda, existem conjuntos limitados superiormente que não possuem supremo e conjuntos limitados inferiormente que não possuem ínfimo pertencentes ao conjunto dos números racionais.

Agora, queremos definir(vamos supor a existência dele) um novo corpo ordenado que contenha propriamente $\mathbb{Q}$, chamado de corpo dos números reais $\mathbb{R}$, para o qual vale o resultado, conhecido como cortes de Dedekind, [14], [11], [8].

**Teorema 1.6 (Princípio de Dedekind)** *Se o conjunto $\mathbb{R}$ dos números reais é dividido em dois conjuntos não vazios disjuntos, isto é,*

$$\mathbb{R} = A \cup B, \quad A \cap B = \emptyset$$

*tais que, todo $a \in A$ é menor que qualquer $b \in B$, então ou existe um número $\sigma$ que é o maior entre todos os números pertencentes a $A$ e o conjunto $B$ não tem menor elemento, ou existe um número $\sigma$ que é o menor entre todos os números pertencentes a $B$, e o conjunto $A$ não tem maior elemento.*

Uma forma equivalente de expressar o teorema anterior é mediante a seguinte afirmação;

**Teorema 1.7** *Todo subconjunto $E \subset \mathbb{R}$ limitado superiormente(inferiormente), possui supremo(ínfimo).*

Um corpo ordenado para o qual vale o teorema anterior, chama-se corpo ordenado completo. Assim $\mathbb{R}$ é um corpo ordenado completo.

Como o conjunto dos racionais $\mathbb{Q}$ e o conjunto dos irracionais $\mathbb{R}\backslash\mathbb{Q}$ são disjuntos, temos

$$\mathbb{R} = \mathbb{Q} \cup \mathbb{R}\backslash\mathbb{Q}.$$

**Observação 1.1** *Gostaríamos de deixar registrado aqui, que existem vários métodos que permitem construir os números reais, sendo os mais conhecidos, via cortes de Dedekind e vias sequências racionais de Cauchy. Nós apenas vimos alguns aspectos dos cortes de Dedekind quando apresentamos a construção dos números reais. Um enfoque mais profundo sobre os números reais, são estudados na disciplina de Análise Matemática no curso de bacharelado em matemática. Para quem tem algum interesse na construção dos números reais via sequência de Cauchy, vou deixar algumas referências que vão lhe ajudar a mergulhar no assunto [15] [7] [14] e [16].*

### 1.8.1 Propriedade Arquimediana de $\mathbb{R}$

A Propriedade Arquimediana apresentada para os números racionais também vale para o corpo dos reais.

**Teorema 1.8 (Princípio de Arquimedes)** *Para qualquer $r \in \mathbb{R}$ existe $n \in \mathbb{N}$ tal que $n > r$.*

**Prova:** Suponhamos que a tese do Teorema não seja verdadeira. Isto significa que existe $r \in \mathbb{R}$; $n \leq r$ para todo $n \in \mathbb{N}$. Ou seja $r$ é uma cota superior de $\mathbb{N}$, e pelo Teorema 1.7, existe $\alpha \in \mathbb{R}$ tal que $\alpha = \sup \mathbb{N}$. Isto significa que para o número $\alpha - 1$ existe $n \in \mathbb{N}$ tal que $n > \alpha - 1$. Mas, então $n + 1 > \alpha$ e $n + 1 \in \mathbb{N}$, o que contradiz o fato que $\alpha = \sup \mathbb{N}$. ∎

**Corolário 1.2** *Sejam $a, b \in \mathbb{R}$ com $a > 0$, então existe um $n \in \mathbb{N}$ tal que $na > b$.*

**Prova:** Basta multiplicar a desigualdade $n > r$ na tese do Princípio de Arquimedes, pelo número real positivo $a$ e denotar $a.r$ por $b$. ∎

Antes de estabelecermos duas propriedades importantes do $\mathbb{R}$, sobre a densidade do conjunto dos números racionais $\mathbb{Q}$ e do conjunto dos números irracionais $\mathbb{R}\backslash\mathbb{Q}$ em $\mathbb{R}$, vamos introduzir agora o conceito de densidade no conjunto $\mathbb{R}$.

**Definição 1.19** *Um conjunto $X \subset \mathbb{R}$ chama-se denso em $\mathbb{R}$ quando todo intervalo aberto $(a, b)$ contém algum ponto de $X$.*

Ver a definição de intervalo aberto $(a, b)$ na subseção 1.8.3.

**Proposição 1.12 (Densidade dos Racionais em $\mathbb{R}$)** *Sejam $a$ e $b$ dois números reais arbitrários tais que $a < b$, então existe um $s \in \mathbb{Q}$ tal que $a < s < b$.*

**Prova:** Como $b > a$, então $b - a > 0$. Podemos aplicar a propriedade Arquimediana para os números $b - a$ e 1. Então existe um número natural $n_o$ tal que, $n_o(b - a) > 1$, donde $b > a + \frac{1}{n_o}$.

Consideremos o conjunto $M = \{m \in \mathbb{N}; m > n_o a\}$. Pelo Príncipio da Boa Ordenação, existe $m_o \in \mathbb{N}$ tal que $m_o > n_o a$ e $m_o - 1 \leq n_o a$.
Segue daqui que

$$a < \frac{m_o}{n_o} \leq \frac{1}{n_o} + a < b.$$

Podemos escolher $r = \dfrac{m_o}{n_o} \in \mathbb{Q}$, e concluir que $a < r < b$. ∎

**Proposição 1.13 (Densidade dos Irracionais em $\mathbb{R}$)** *Sejam $a$ e $b$ dois números reais arbitrários com $a < b$, então existe um $\xi \in \mathbb{R}\backslash\mathbb{Q}$ tal que $a < \xi < b$.*

**Prova:** Sejam $a$ e $b$ dois números reais arbitrários com $a < b$. Então $a + \sqrt[5]{7} < b + \sqrt[5]{7}$. Observamos que $a + \sqrt[5]{7}$ e $b + \sqrt[5]{7}$ são números reais, então pela proposição anterior, existe um $s \in \mathbb{Q}$ tal que

$$a + \sqrt[5]{7} < s < b + \sqrt[5]{7}, \text{ ou } a < s - \sqrt[5]{7} < b.$$

Escrevendo $\xi = s - \sqrt[5]{7} \in \mathbb{R}\backslash\mathbb{Q}$, temos $a < \xi < b$. ∎

**Observação 1.8.1** *Note que a escolha do número irracional $\sqrt[5]{7}$ foi totalmente arbitrária, isto é, podemos escolher qualquer outro número irracional.*

### 1.8.2 Valor Absoluto de um Número Real

A relação de ordem definida em $\mathbb{Q}$ e estendida para $\mathbb{R}$, permite definir o valor absoluto ou módulo de um número $x \in \mathbb{R}$, como sendo,

$$|x| = \begin{cases} x, & \text{se } x \geq 0 \\ -x, & \text{se } x < 0 \end{cases}$$

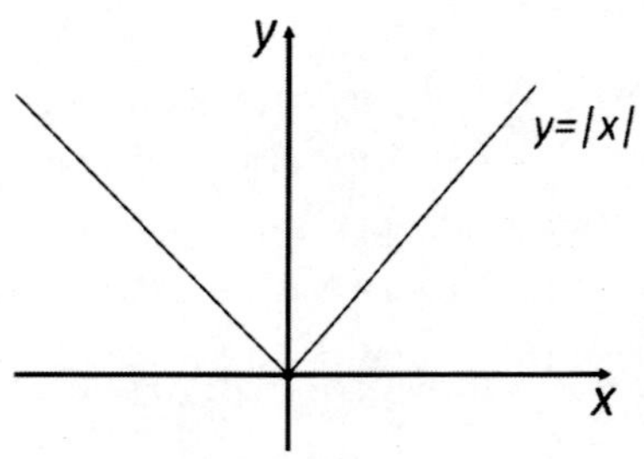


Figura 1.14: Gráfico de $y = |x|$

Em outras palavras, $|x| = \max\{x, -x\}$.

**Exemplo 1.22**

$$\begin{array}{ll} \textit{Se } x = 12, & \textit{então } |x| = 12; \\ \textit{Se } x = -7, & \textit{então } |x| = |-7| = -(-7) = 7. \end{array}$$

Uma consequência imediata da definição de módulo de um número é a seguinte afirmação

**Lema 1.1** *Para qualquer número real $x$, vale a seguinte relação:*

$$-|x| \leq x \leq |x|.$$

**Prova:** Analisemos dois casos;

1. Suponha que $x \geq 0$. Então $x = |x| \geq 0$ e $-|x| \leq 0$, e portanto

$$-|x| \leq x \leq |x|.$$

2. Suponha que $x < 0$. Então $|x| \geq 0$ e $x < |x|$. Como $|x| = -x$ ou $-|x| = x$, segue que;

$$-|x| \leq x \leq |x|. \quad ∎$$

Mas geralmente, podemos observar que

$$|x| < \varepsilon,$$

significa

$$\begin{aligned} x &< \varepsilon \\ -x &< \varepsilon \end{aligned}$$

ou é equivalente as duas desigualdades

$$-\varepsilon < x < \varepsilon, \quad x, \varepsilon \in \mathbb{R}, \varepsilon > 0.$$

Portanto a desigualdade

$$|x - y| < \varepsilon$$

é equivalente às desigualdades

$$y - \varepsilon < x < y + \varepsilon, \quad x, y, \varepsilon \in \mathbb{R}, \varepsilon > 0.$$

O valor absoluto de um número real goza das seguintes propriedades:

**Teorema 1.9** *Para números reais arbitrários $x, y$, temos*

1. $|x| \geq 0$, *para todo* $x$, *e* $|x| = 0 \iff x = 0$.

2. $|xy| = |x||y|$ *e* $|\frac{x}{y}| = \frac{|x|}{|y|}$ *se* $y \neq 0$.

3. $|x + y| \leq |x| + |y|$ (**desigualdade triangular**).

4. $||x| - |y|| \leq |x - y|$.

**Prova:**

1. Se $x \geq 0$ então $|x| = x$, se $x < 0$, então $|x| = -x > 0$. Em ambos casos $|x| \geq 0$. Se $x = 0, |x| = x = 0$ por definição. Se $x \neq 0$, então $x < 0$ ou $x > 0$. Se $x < 0$, então $|x| = -x > 0$, se $x > 0, |x| = x > 0$. Nestes dois casos temos $|x| \neq 0$.

2. Se um dos $x$ ou $y$ for nulo a igualdade na multiplicação é óbvia. Suponhamos que $x, y \neq 0$. Analisemos três casos:

   (a) $x > 0$ e $y > 0$; então $|x| = x$ e $|y| = y$, logo
   $$|xy| = xy = |x||y|.$$

   (b) $x > 0$ e $y < 0$; então $|x| = x$ e $|y| = -y$, logo
   $$|xy| = x(-y) = |x||y|.$$

   (c) $x < 0$ e $y < 0$; então $|x| = -x$ e $|y| = -y$, logo
   $$|xy| = (-x)(-y) = |x||y|.$$

Para mostrar que $|\frac{x}{y}| = \frac{|x|}{|y|}$, escrevamos $\frac{x}{y} = z$, então $x = y \cdot z$. Usando o resultado anterior, temos

$$|x| = |yz| = |y||z|, \text{ donde } |z| = \frac{|x|}{|y|} \text{ ou } |\frac{x}{y}| = \frac{|x|}{|y|}.$$

3. Como
$$-|x| \leq x \leq |x|,$$
também
$$-|y| \leq y \leq |y|,$$
então
$$-(|x| + |y|) \leq x + y \leq |x| + |y|.$$
Usando a forma equivalente destas desigualdades, obtemos
$$|x + y| \leq |x| + |y|.$$

4. Escrevamos $|x|$ da seguinte forma;
$$|x| = |x - y + y| \leq |x - y| + |y|, \text{ pela desigualdade triangular.}$$
Assim
$$|x| - |y| \leq |x - y|.$$
De forma similar, obtemos
$$|y| - |x| \leq |x - y|, \text{ ou } |x| - |y| \geq -|x - y|.$$
Por definição, $||x| - |y||$ é um dos números $|x| - |y|$ ou $-(|x| - |y|)$.
Assim,
$$-|x - y| \leq |x| - |y| \leq |x - y| \Rightarrow ||x| - |y|| \leq |x - y|.$$

### 1.8.3 Intervalos

Vamos definir agora uma classe de subconjuntos de $\mathbb{R}$, chamados de intervalos limitados. Dados $c, d \in \mathbb{R}$ com $c < d$, então

$$\begin{aligned}
(c, d) &= \{x \in \mathbb{R};\ c < x < d\} \text{ é um intervalo aberto,}\\
[c, d) &= \{x \in \mathbb{R};\ c \leq x < d\} \text{ é um intervalo fechado à esquerda,}\\
(c, d] &= \{x \in \mathbb{R};\ c < x \leq d\} \text{ é um intervalo fechado à direita,}\\
[c, d] &= \{x \in \mathbb{R};\ c \leq x \leq d\} \text{ é um intervalo fechado.}
\end{aligned}$$

Introduziremos os símbolos $+\infty$ e $-\infty$ para indicar mais infinito e menos infinito respectivamente.
Observe que $+\infty$ e $-\infty$ não são números.

**Definição 1.20** *Chamamos de extensão de $\mathbb{R}$ ao conjunto $\overline{\mathbb{R}}$ formado por $\mathbb{R}$, $+\infty$ e $-\infty$.*

Em $\overline{\mathbb{R}}$ temos as seguintes operações:

1. se $x \in \mathbb{R}$, temos

$$x + (+\infty) = +\infty \qquad x + (-\infty) = -\infty,$$
$$x - (+\infty) = -\infty \qquad x - (-\infty) = +\infty.$$

2. Se $x > 0$,

$$x \cdot (+\infty) = +\infty, \qquad x \cdot (-\infty) = -\infty.$$

3. Se $x < 0$,

$$x \cdot (+\infty) = -\infty, \qquad x \cdot (-\infty) = +\infty.$$

4. 

$$(+\infty) + (+\infty) = (+\infty) \cdot (+\infty) = (-\infty) \cdot (-\infty) = +\infty.$$
$$(-\infty) + (-\infty) = (+\infty) \cdot (-\infty) = -\infty.$$

Agora estamos em condições de definir intervalos infinitos:

$$(-\infty, c) = \{x \in \mathbb{R};\ x < c\}, \qquad (-\infty, c] = \{x \in \mathbb{R};\ x \leq c\}$$
$$(c, +\infty) = \{x \in \mathbb{R};\ x > c\}, \qquad [c, +\infty) = \{x \in \mathbb{R};\ x \geq c\}.$$

Assim o próprio $\mathbb{R}$ é considerado como um intervalo da forma $(-\infty, +\infty)$, chamado de reta numérica.

### 1.8.4 $\mathbb{R}$ não é Enumerável

Já foi mostrado na seção 1.7 que o conjunto dos números racionais $\mathbb{Q}$ é enumerável, mas que podemos dizer com relação ao corpo $\mathbb{R}$?

**Teorema 1.10** *O conjunto dos números reais não é enumerável.*

**Prova:** É suficiente mostrar que o intervalo aberto $(0, 1) \subset \mathbb{R}$ não é enumerável. Suponhamos que exista uma enumeração(lista) de todos os números reais $\alpha$, pertencentes ao intervalo $(0, 1)$, em que cada número do intervalo $(0, 1)$ é exibido com a sua representação decimal, ou seja:

$$(0, 1) = \{\alpha_1, \alpha_2, \ldots, \alpha_n, \ldots\}, \text{com}$$

$$\begin{cases} \alpha_1 &= 0, a_{11}a_{12}a_{13}\ldots a_{1n}\ldots, \\ \alpha_2 &= 0, a_{21}a_{22}a_{23}\ldots a_{2n}\ldots, \\ \alpha_3 &= 0, a_{31}a_{32}a_{33}\ldots a_{3n}\ldots, \\ \vdots &= \vdots \\ \alpha_n &= 0, a_{n1}a_{n2}a_{n3}\ldots a_{nn}\ldots, \\ \vdots &= \vdots \end{cases}$$

onde $a_{ik}$ é o $k-$ ésimo algarismo decimal do número $\alpha_i$. Vamos mostrar que existe ao menos um elemento $\beta \in (0, 1)$ da forma,

$$\beta = 0, b_1b_2b_3\ldots b_n\ldots$$

que não pertence a lista acima. De fato, o número $\beta$ é tal que

$$b_n = \begin{cases} 3, & \text{se } a_{nn} \geq 5 \\ 8, & \text{se } a_{nn} < 5. \end{cases}$$

Assim, $\beta \neq \alpha_1$, pois $b_1 \neq a_{11}$, $\beta \neq \alpha_2$, pois $b_2 \neq a_{22}$ e assim por diante $b_n \neq a_{nn}, \forall n \in \mathbb{N}$, logo $\beta \neq \alpha_n, \forall n \in \mathbb{N}$. Daqui segue que nenhuma lista de números reais pode enumerar $(0,1)$. Como o intervalo $(0,1)$ é um subconjunto de $\mathbb{R}$, que não é enumerável, segue que $\mathbb{R}$ não é enumerável. ■

**Corolário 1.3** *O conjunto dos números irracionais* $\mathbb{R}\backslash\mathbb{Q}$ *não é enumerável.*

**Prova:** Como os conjuntos $\mathbb{Q}$ e $\mathbb{R}\backslash\mathbb{Q}$ são disjuntos, isto é, $\mathbb{Q} \cap \mathbb{R}\backslash\mathbb{Q} = \emptyset$, então já sabemos que podemos escrever $\mathbb{R}$ como a união :

$$\mathbb{R} = \mathbb{Q} \cup \mathbb{R}\backslash\mathbb{Q}.$$

$\mathbb{Q}$ é enumerável e $\mathbb{R}$ não é enumerável, portanto, $\mathbb{R}\backslash\mathbb{Q}$ não é enumerável. ■

## 1.9 Exercícios do Capítulo 1

1. Demonstre que
$$A\Delta B = (A \cup B)\backslash(A \cap B).$$

2. Prove as seguintes igualdades:
   (a) $A \cup (B \setminus A) = A \cup B$;
   (b) $B \cup (\emptyset \cap A) = B$;
   (c) $(A^c \cap U)^c = A$;
   (d) $(C \cup A) \cap (B \cup A) = A \cup (B \cap C)$;
   (e) $(A \cap B) \cup (A \cap B^c) = A$;
   (f) $(A \cap B) \cup (A \cup B^c)^c = B$;
   (g) $A \cap (A \cup B) = A$.

3. Use o diagrama de Venn(diagramas que servem para ilustrar graficamente as propriedades dos conjuntos) para representar os seguintes conjuntos:
   (a) $A^c \cup B$;
   (b) $A \cap B^c$;
   (c) $(A \cap B)^c$;
   (d) $A^c \cup B^c$;
   (e) $(A \cup B)^c$;
   (f) $A^c \cap B^c$.

4. Use as regras das operações para mostrar que
   (a) $(A \cup B) \cap (A^c \cap B)^c = A$;
   (b) $A \cup (A \cap B) = A$.

5. Sejam $A$ e $B$ dois conjuntos enumeráveis. Mostre que $A \times B$ é enumerável.

6. Sejam $A$ e $B$ dois conjuntos finitos. Se $n$ representa o número de elementos de um conjunto, então mostre que:
$$n(A \cup B) = n(A) + n(B) - n(A \cap B).$$

7. Mostre que todo conjunto infinito contém um subconjunto enumerável.

8. O número de sócios de dois clubes $M$ e $N$ é 140. Qual é o número de sócios do clube $M$, se $N$ tem 60 e há 40 que pertencem aos dois clubes?

9. $A$ e $B$ são dois conjuntos tais que o conjunto diferença $A \setminus B$ tem 30 elementos, $A \cap B$ tem 10 elementos e $A \cup B$ tem 48 elementos.
Então, encontre o número de elementos de $B \setminus A$.

10. Sejam $A$ e $B$ dois conjuntos de $X$. Prove a seguinte equivalência:

$$A \cap B = \emptyset \iff A \subset X \setminus B.$$

11. Sejam $M$ e $N$ dois conjuntos de números reais não vazios. Definamos o seguinte conjunto:

$$L = \{x + y;\ x \in M,\ y \in N\}$$

(a) Se $M$ e $N$ são limitados superiormente, então mostre que $L$ também é, e verifique

$$\sup L = \sup M + \sup N,$$

(b) Se $M$ e $N$ são limitados inferiormente, então mostre que $L$ também é, e verifique

$$\inf L = \inf M + \inf N$$

12. Se $n \in \mathbb{N}$ e $n < a < n + 1$, então $a \notin \mathbb{N}$.

13. Mostre o seguinte resultado (*Teorema dos Intervalos Encaixantes*):
"Para cada $n \in \mathbb{N}$, seja $I_n$ um intervalo limitado fechado de $\mathbb{R}$ e suponha que

$$I_n \supset I_{n+1},\ \forall n \in \mathbb{N},$$

então, $\bigcap_{n \in \mathbb{N}} I_n \neq \emptyset$."

14. Mostre que $|x^n| = |x|^n, \forall n \in \mathbb{N}$.

15. Para todo $x, y, z \in \mathbb{R}$, mostre que

$$|x - y| \leq |x - z| + |y - z|.$$

16. Definamos por $d(x, y) = |x - y|$ a distância de $x$ a $y$. Mostre que

$$d(x, z) \leq d(x, y) + d(y, z), \quad \forall x, y, z \in \mathbb{R}.$$

17. Demonstre a seguinte igualdade: $\sqrt{a^2} = |a|$.

18. Resolva as seguintes inequações

    (a) $|x-2|<3$;

    (b) $|2x-1|<1$;

    (c) $|x-1|<|x+2|$.

19. Prove que

    (a)
    $$1^2+2^2+3^2+\ldots+n^2=\frac{n(n+1)(2n+1)}{6}.$$

    (b)
    $$1^3+2^3+3^3+\ldots+n^3=\frac{n^2(n+1)^2}{4}.$$

20. (Desigualdade de J. Bernoulli). Se $x>-1$ e $n\in\mathbb{N}$, então verifique
    $$(1+x)^n\geq 1+nx.$$
    Estude o caso quando é atingido a igualdade.

21. Mostre que $\sqrt{6}-\sqrt{2}-\sqrt{3}$ é um número irracional.

22. Use indução matemática para provar que
    $$\Big|\sum_{k=1}^{n}a_k\Big|\leq\sum_{k=1}^{n}|a_k|.$$

23. Mostre que se $0\leq a<b$, então $a^2<b^2$. A hipótese $a\geq 0$ é necessária. Dê um contra exemplo que a conclusão é falsa se $a<b\leq 0$.

24. Seja $L=\{\frac{1}{n};n\in\mathbb{N}\}$. Mostre que $L$ é limitado e encontre o $\sup L$ e $\inf L$.

25. Sejam $c<d$. Mostre que a desigualdade $|x-c|<|x-d|$ é equivalente a desigualdade
    $$x<\frac{c+d}{2}.$$

26. Seja $n\in\mathbb{N},\ n>1$. Então $\sqrt[n]{2}\notin\mathbb{Q}$.

27. Mostre que
    $$a_1a_2+a_2a_3+a_3a_4+\ldots+a_na_1\leq a_1^2+a_2^2+a_3^2+\ldots+a_n^2.$$

28. Mostre que $\sqrt{3} \notin \mathbb{Q}$.

29. Demonstre que os conjuntos $[a, b]$ e $[c, d]$ com $a, b, c$ e $d$ reais diferentes possuem o mesmo número de elementos (equivalentes).

30. Mostre que podemos estabelecer uma correspondência biunívoca entre os elementos do conjunto $(0, 1)$ e o conjunto de todos os pontos da reta numérica $\mathbb{R}$.

## 1.10 Respostas

1. Por definição $A\Delta B = (A\backslash B) \cup (B\backslash A) = (A\backslash(A \cap B)) \cup (B\backslash(A \cap B))$, donde

$$A\Delta B = (A \cup B)\backslash(A \cap B).$$

2. (a) $A \cup B$;

   (b) $B \cup (\emptyset \cap A) = B \cup \emptyset = B$;

   (c) $(A^c \cap U)^c = (U\backslash A)^c = (A^c)^c = A$;

   (d) $(C \cup A) \cap (B \cup A) = A \cup (B \cap C)$;

   (e) $(A \cap B) \cup (A \cap B^c) = (A \cap B) \cup (A\backslash(A \cap B)) = A$;

   (f) $(A \cap B) \cup (A \cup B^c)^c = (A \cap B) \cup (B\backslash(a \cap B)) = B$;

   (g) $x \in A$ e $x \in A \cup B$ segue $x \in A$, então $A \cap (A \cup B) = A$.

3. Usar o diagrama de Venn.

4. (a)

$$\begin{aligned}(A \cup B) \cap (A^c \cap B)^c &= (A \cup B) \cap (A \cup B^c) = \\ &= [(A \cup B) \cap A] \cup [(A \cup B) \cap B^c] = \\ &= A \cup (A \cap B^c) = A \cup [A\backslash(A \cap B)] = A.\end{aligned}$$

   (b) $A \cup (A \cap B) = (A \cup A) \cap (A \cup B) = A \cap (A \cup B) = A$.

5. Consideremos o conjunto dos pontos $(a, b)$, cuja abscissa $a$ é fixa. Como $b$ percorre um conjunto enumerável(pois $B$ é enumerável), segue que o conjunto de pontos $(a, b) \in A \times B$ é enumerável. Assim, $A \times B$ definido como o produto cartesiano de dois conjuntos enumeráveis é enumerável.

6. Sejam $A$ e $B$ dois conjuntos finitos. Como $A\backslash(A \cap B) \cap B = \emptyset$, então

$$\begin{aligned}n^o(A \cup B) &= n^o((A\backslash(A \cap B)) \cup B) = n^o(A\backslash(A \cap B)) + n^o(B) = \\ &= n^o(A) - n^o(A \cap B) + n^0(B).\end{aligned}$$

7. Seja $X$ o conjunto infinito, retiremos um elemento de $X$, digamos $x_1$, como $X$ é infinito podemos retirar o segundo $x_2$, o terceiro $x_3$ e assim sucesivamente, e formar um conjunto $\{x_1, x_2, x_3, \ldots\}$ que é enumerável.

8. $n^o(M \cup N) = n^o(M) + n^o(N) - n^o(M \cap N) = 140$. Donde

$$n^o(M) = 140 - n^o(N) + n^o(M \cap N) = 140 - 60 + 40 = 120.$$

9. $n^o(B \setminus A) = n^o(B) - n^o(A \cap B) = 8$;

10. Sejam $A$ e $B$ dois conjuntos de $X$. Se $A \cap B = \emptyset$, segue que $A$ e $B$ são disjuntos e então $A \subset X \backslash B$. Agora se $A \subset X \backslash B$, segue que $A \cap B = \emptyset$. Donde segue a equivalência.

11. (a) Como $M$ e $N$ são limitados superiormente, então existem $\sup M$ e $\sup N$. Daqui $\sup L \leq \sup M + \sup N$, mas $M$ e $N$ estão contidos em $L$, então $\sup L \geq \sup M + \sup N$, portanto $\sup L = \sup M + \sup N$.

    (b) Caso análogo ao anterior.

12. Suponhamos que $a \in \mathbb{N}$, de $n < a < n + 1$, segue da primeira desigualdade que $a \geq n + 1$ e da segunda desigualdade $n + 1 > a \geq n + 1$ o que contradiz a hipótese que $a \in \mathbb{N}$.

13. Suponha $I_n = [x_n, y_n]$, então $x_1 \leq x_2 \leq x_3 \leq \ldots \leq y_3 \leq y_2 \leq y_1$. Mostre que o conjunto $M = \{x_1, x_2, x_3, \ldots, y_3, y_2, y_1\}$ possui supremo.

14. $|x^n| = |\underbrace{x.x.x \ldots x}_{n \text{ vezes}}| = |x||\underbrace{x.x \ldots x}_{n-1 \text{ vezes}}| = |x||x||\underbrace{x.x \ldots x}_{n-2 \text{ vezes}}| = \ldots = \underbrace{|x||x||x| \ldots |x|}_{n \text{ vezes}} = |x|^n$.

15. $|x - y| = |x - z + z - y| \leq |x - z| + |y - z|$.

16. $d(x, z) = |x - z| \leq |x - y| + |y - z| = d(x, y) + d(y, z)$.

17. $\sqrt{a^2} = \begin{cases} a & \text{se } a \geq 0 \\ -a & \text{se } a < 0 \end{cases} = |a|$

18. Resolva as seguintes inequações

    (a) $|x - 2| < 3 \iff x - 2 < 3$ e $-(x - 2) < 3$ segue daqui $-1 < x < 5$.

    (b) $|2x - 1| < 1 \iff 2x - 1 < 1$ e $-(2x - 1) < 1$, donde $0 < x < 1$.

    (c) $|x - 1| < |x + 2| \iff |x - 1| - |x - 2| < 0$, donde $x > 1/2$.

19. Prove que

(a) A igualdade vale para $n = 1$. Suponha válido para $n = k$, isto é,

$$1^2 + 2^2 + 3^2 + \dots k^2 = \frac{k(k+1)(2k+1)}{6}.$$

Mostremos que vale para $n = k + 1$. De fato

$$\begin{aligned}1^2 + 2^2 + 3^2 + \dots k^2 + (k+1)^2 &= \frac{k(k+1)(2k+1)}{6} + (k+1)^2 \\ &= \frac{k(k+1)(2k+1) + 6(k+1)^2}{6} = \frac{(k+1)\left[(2k^2+k) + 6(k+1)\right]}{6} \\ &= \frac{(k+1)\left[(k+2)(2k+3)\right]}{6} = \frac{(k+1)(k+1+1)(2(k+1)+1}{6}.\end{aligned}$$

(b) Análogo ao caso anterior.

20. (Desigualdade de J. Bernoulli). Quando $n = 1$, temos $(1+x)^1 = 1 + (1)x$. Supondo que a desigualdade vale para $n = k$, mostremos que vale para $n = k + 1$;

$$(1+x)^{k+1} = (1+x)(1+x)^k \geq (1+x)(1+kx) = 1 + (k+1)x + kx^2 \geq 1 + (k+1)x.$$

21. A soma e diferença de dois números irracionais diferentes não é nula.

22.

$$\begin{aligned}\left|\sum_{k=1}^{n} a_k\right| &= |a_1 + a_2 + a_3 + \dots + a_n| \leq |a_1| + |a_2 + a_3 + \dots a_n| \leq \\ &\leq |a_1| + |a_2| + |a_3 + a_4 + \dots a_n| \leq |a_1| + |a_2| + |a_3| + |a_4 + \dots a_n| \leq \\ &\leq |a_1| + |a_2| + |a_3| + \dots |a_n| = \sum_{k=1}^{n} |a_k|.\end{aligned}$$

23. Se $0 \leq a$, então $a^2 < ab$ e $ab < b^2$ donde $a^2 < b^2$. Se $a < b \leq 0$, então $a^2 > ab$ e $ab > b^2$, donde $a^2 > b^2$.

24. Como $L = \{\frac{1}{n}; n \in \mathbb{N}\} = \{1, 1/2, 1/3, 1/4, \dots, 1/n, \dots\}$. É fácil ver que $0 < \frac{1}{n} \leq 1$, $\forall \frac{1}{n} \in L$. Daqui $\sup L = 1$ e $\inf L = 0$.

25. Quando $c < d$. $|x - c| - |x - d| < 0 \iff 2x < c + d$, donde $x < \dfrac{c+d}{2}$.

26. Asuma que $\sqrt[n]{2} \in \mathbb{Q}$, ou seja $\sqrt[n]{2} = \dfrac{p}{q}$, com $MDC(p, q) = 1$ e chegue a uma contradição.

27. Como $(a_i - a_j)^2 \geq 0$, $i, j = 1, 2, \dots, n$, segue

$$\begin{aligned}a_1^2 + a_2^2 &\geq 2a_1a_2 \\ a_1^2 + a_n^2 &\geq 2a_1a_n \\ a_2^2 + a_3^2 &\geq 2a_2a_3 \\ a_3^2 + a_4^2 &\geq 2a_3a_4 \\ \vdots\ &\geq \vdots \\ a_{n-1}^2 + a_n^2 &\geq 2a_{n-1}a_n\end{aligned}$$

Somando estas desigualdades, obtemos $2a_1^2+2a_2^2+\ldots+2a_n^2 \geq 2a_1a_2+2a_2a_3+\ldots+2a_na_1$, donde

$$a_1a_2 + a_2a_3 + a_3a_4 + \ldots + a_na_1 \leq a_1^2 + a_2^2 + a_3^2 + \ldots + a_n^2.$$

28. Suponha $\sqrt{3} \in \mathbb{Q}$, ou seja $\sqrt{3} = p/q$ com $MDC(P, q) = 1$, então $3 = p^2/q^2$, ou seja $p^2 = 3q^2$, donde $3\Big|_p$, isto é, $p = 3k$, por isso $9k^2 = 3q^2$, segue daqui que $3\Big|_q$, isto é $q = 3t$. Donde observamos que $p$ e $q$ são divisíveis por 3, o que contradiz a hipótese deles serem primos.

29. Basta considerar o segmento $[c, d]$ como sendo a base $CD$ de um triângulo $CBD$ e o segmento $[a, b]$ como sendo um segmento paralalelo a base $CD$ traçada a partir dos lados $CB$ e $BD$. Assim o segmento que começa em $B$ e corta os segmentos $[c, d]$ e $[C, D]$ realiza esta equivalência.

30. A aplicação $\dfrac{2}{\pi}\operatorname{arctg} x$ realiza a equivalência.

# Capítulo 2

# Funções e suas Propriedades

Quando estudamos processos reais, que podem ser físicos, biológicos, químicos e outros, lidamos com grandezas que mudam ao longo do processo considerado, e de tal forma que a mudança de uma grandeza pode acarretar a mudança de outra ou de outras grandezas, ou seja, existe uma dependência funcional entre elas. Por exemplo, a área do círculo de raio $r$, se expressa pela fórmula $A = \pi r^2$, de onde, se o raio é duplicado, então a área do círculo é quadruplicada.

A definição moderna de função foi introduzida em 1837 pelo matemático Dirichlet[1] "Se uma variável y está relacionada a uma variável x que sempre que um valor numérico é atribuído a x, há uma regra, segundo a qual um valor único de y é determinado, então y é dito ser uma função da variável independente x."

Figura 2.1: Peter Gustav Lejeune Dirichlet

Neste capítulo vamos estudar algumas propriedades importantes de uma função, com a finalidade de definir posteriormente função inversa e função composta. Também daremos grande ênfase ao estudo das funções elementares.

## 2.1 Função e Conceitos Básicos

Sejam $X$ e $Y$ dois conjuntos. Suponhamos que seja dada uma lei ou regra $f$ pela qual a cada número(elemento) $x \in X$ fazemos corresponder com um único número(elemento) $y \in Y$, então dizemos que está definida uma função $y = f(x)$.

**Definição 2.1** *O conjunto $X$ chama-se domínio da função e o conjunto $Y$ chama-se contra-domínio da função.*

[1]Peter Gustav Lejeune Dirichlet, grande matemático alemão(1805-1859)

Vejamos um exemplo para ilustrar a definição acima. A área de um retângulo inscrito num triângulo é uma função do comprimento da sua base.

**Exemplo 2.1** *Expresse a área do retângulo $ABCD$ em função do comprimento de sua base $x$, se ele está inscrito no triângulo $MNP$ cuja base mede $10cm$ e cuja altura mede $6cm$ como indica a seguinte figura.*

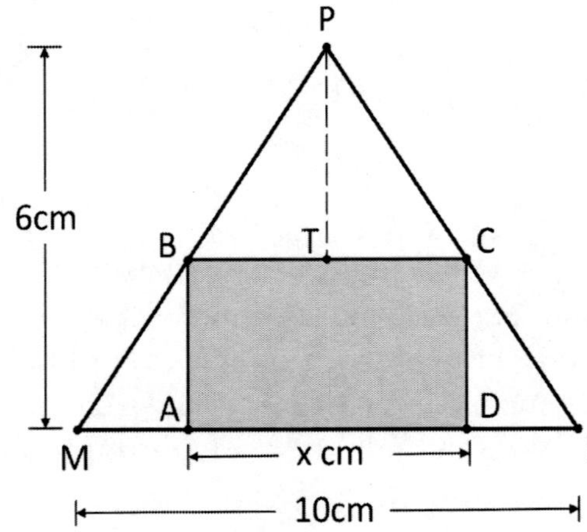


Figura 2.2: Área do retângulo $ABCD$ em função do comprimento de sua base $x$

A área do nosso retângulo é uma função de $x$, isto é, a área do retângulo vai depender de como será inscrito o retângulo no triângulo. Assim, denotemos o comprimento da altura do retângulo por $\overline{AB} = a$, e portanto $\overline{PT} = 6 - a$. Podemos escrever a área do triângulo $MNP$ como sendo a soma das áreas de três triângulos mais a soma da área de nosso retângulo, isto é,

$$\begin{aligned}
\text{Área}(\triangle MNP) &= \text{Área}(\triangle MAB) + \text{Área}(\triangle CDN) + \text{Área}(\triangle PBC) + \text{Área}(\square ABCD)\\
\frac{10\times 6}{2} &= \frac{\overline{MA}\times\overline{AB}}{2} + \frac{\overline{CD}\times\overline{DN}}{2} + \frac{\overline{BC}\times\overline{PT}}{2} + \overline{AB}\times\overline{AD}\\
\frac{10\times 6}{2} &= \frac{\overline{MA}\times a}{2} + \frac{a\times\overline{DN}}{2} + \frac{x(6-a)}{2} + ax\\
30 &= \frac{(\overline{MA}+\overline{DN})\times a}{2} + \frac{x(6-a)}{2} + ax\\
30 &= \frac{(10-x)a}{2} + \frac{x(6-a)}{2} + ax\\
60 &= 10a - ax + 6x - ax + 2ax.
\end{aligned}$$

Daqui temos, $60 = 10a + 6x$, de onde

$$a = \frac{60-6x}{10} = \frac{6(10-x)}{10} = 0,6(10-x).$$

Como a área do retângulo $ABCD$ é dada por $ax$, então temos

$$\text{Área retângulo ABCD} = 0,6x(10-x). \quad \blacksquare$$

A notação que usaremos para dizer que $f$ é uma função de $X$ em $Y$ é a seguinte;

$$\begin{aligned} f:\ & X \to Y\\ & x \mapsto f(x)\end{aligned}$$

onde, $x \mapsto f(x)$ é para indicar que $f$ faz corresponder o elemento $x$ ao elemento $f(x)$.

**Definição 2.2** *O conjunto $Im(f) \subset Y$ de todos os valores de $y$, tal que para cada um deles existe ao menos um $x \in X$ com $y = f(x)$, chama-se Imagem da função $f$. Em termos da teoria de conjuntos,*

$$Im(f) = \{y \in Y;\ \exists\ x \in X \ \ tal \ \ que\ f(x) = y\}.$$

Existem diferentes formas de definir uma função. Por exemplo, se usarmos uma tabela numérica para anotar os dados do experimento, que consiste em medir a temperatura $T(^oC)$ da fervura da água a uma determinada pressão $p$(atm), temos uma função de $T$ que depende de $p$.

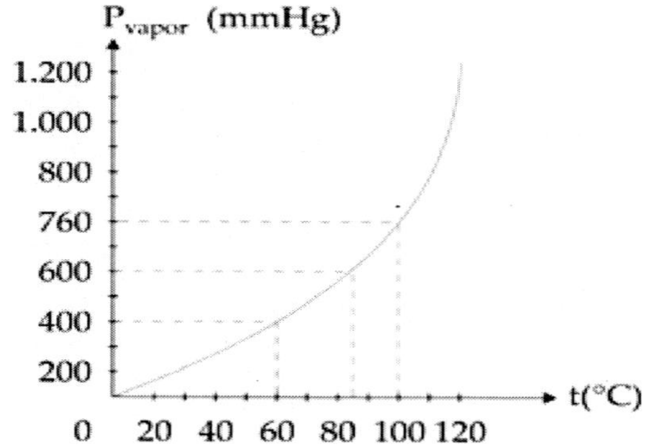


Figura 2.3: Gráfico de dependência entre $T^o$ e $p$

Também podemos definir uma função pelo método gráfico, por exemplo, pela Lei de Boyle-Mariotte, temos uma relação funcional entre a pressão absoluta e o volume de uma certa quantidade de gás confinado em um cilindro à temperatura constante.

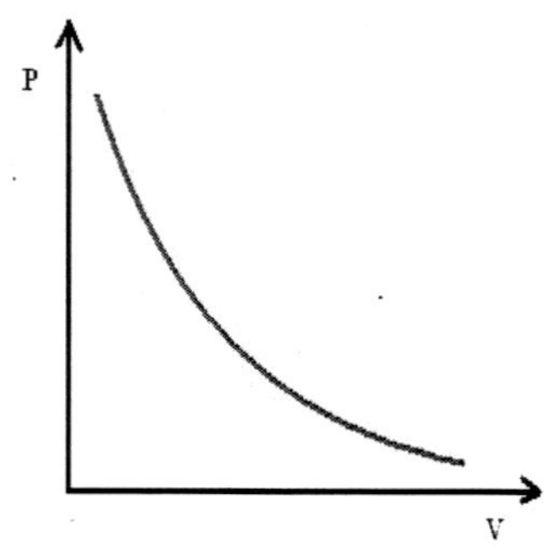


Figura 2.4: Gráfico da lei de Boyle-Mariotte

Se a função está dada mediante uma fórmula, então dizemos que ela está definida de forma analítica, como por exemplo, as seguintes funções:

1. $y = 3x^5 - 5x + 12, \quad x \in [0, \infty)$

2. $y = \dfrac{2x+3}{x^2+3x}, \quad x \in \mathbb{R} \backslash (\{0\} \cup \{-3\})$

3. $y = \begin{cases} 2x^3 - 1, & \text{se } x \leq 0, \\ 3x^2 + x + 5, & \text{se } x > 0, \end{cases}$

### 2.1.1 Domínio de uma Função

Chamamos de domínio de definição de uma função $f : X \to Y$ ao conjunto de todos os valores de $x \in X$, para os quais a função $f(x)$ esteja bem definida, ou seja, $f(x) \in Y$.

Antes de considerarmos alguns exemplos ilustrativos sobre como encontrar o domínio de uma função, recomendamos ao leitor pular para as seções 2.4 e 2.7, onde são introduzidas as funções elementares e funções limitadas.

**Exemplo 2.2** *Encontre o domínio da função* $f(x) = \dfrac{1}{\sqrt{9 - x^2}}$.

O domínio da função dada consiste de todos os pontos $x$ para os quais a expresão $\sqrt{9 - x^2}$ tenha sentido e além disso, seja possível a divisão por $\sqrt{9 - x^2}$. Desta forma, temos $9 - x^2 > 0$, isto é $|x| < 3$. Portanto o domínio da função acima é o intervalo $(-3, 3)$.

**Exemplo 2.3** *Encontre o domínio de existência da função* $f(x) + g(x)$*, se*

$$f(x) = \sqrt{\log_5(3 - \sqrt{x-1})} \quad e \quad g(x) = \sqrt{\frac{\log_5 x}{\sqrt{-x^2 + x + 6}}}.$$

O domínio de $f(x) + g(x)$ será o domínio comum de $f(x)$ e $g(x)$.
Primeiramente encontremos o domínio da função $f(x)$:

$$\begin{aligned} \log_5(3 - \sqrt{x-1}) \geq 0 \quad &\Longleftrightarrow \quad 3 - \sqrt{x-1} \geq 1 \quad \Longleftrightarrow \quad 2 \geq \sqrt{x-1} \quad \Longleftrightarrow \\ &\Longleftrightarrow \quad \begin{cases} x - 1 \geq 0 \\ 4 \geq x - 1 \end{cases} \quad \Longleftrightarrow \quad \begin{cases} x \geq 1 \\ x \leq 5 \end{cases} \quad \Longleftrightarrow \quad 1 \leq x \leq 5, \end{aligned}$$

segue que o domínio de existência da função $f(x)$ é o intervalo $[1, 5]$.
Agora calculamos o domínio da função $g(x)$:

$$\begin{aligned} -x^2 - x + 6 > 0 \quad &\Longleftrightarrow \quad x^2 + x - 6 < 0 \quad \Longleftrightarrow \\ &\Longleftrightarrow \quad (x+3)(x-2) < 0 \quad \Longleftrightarrow \\ &\Longleftrightarrow \quad -3 < x < 2, \end{aligned}$$

$$\log_5 x \geq 0 \quad \Longleftrightarrow \quad x \geq 1,$$

então, resolvendo o sistema

$$\begin{cases} -3 < x < 2, \\ x \geq 1, \end{cases}$$

encontramos que o domínio de existência da função $g(x)$ é o intervalo $[1, 2)$.

Resolvendo o sistema

$$\begin{cases} 1 \leq x \leq 5, \\ 1 \leq x < 2, \end{cases}$$

encontramos que o domínio da função $f(x) + g(x)$ consiste do intervalo $[1, 2)$.

**Exemplo 2.4** *Encontre o domínio de existência da função*

$$f(x) = \sqrt{\log_{15} \cos 2x}.$$

Como

$$\log_{15}\cos 2x \geq 0 \iff \cos 2x \geq 1 \iff \cos 2x = 1 \iff 2x = 2k\pi, \iff x = k\pi,\ k \in \mathbb{Z}.$$

**Exemplo 2.5** *Encontre o domínio da função*

$$f(x) = \sqrt{\log_3 \frac{1-x}{x+2}}.$$

Primeiramente, observamos

$$\begin{aligned}\log_3 \frac{1-x}{x+2} \geq 0 &\iff \frac{1-x}{x+2} \geq 1,\ x \neq 1,\ x \neq -2 \iff \\ &\iff \frac{1-x}{x+2} - 1 \geq 0 \iff \\ &\iff \frac{(-2x-1)(x+2)}{(x+2)^2} \geq 0 \iff \\ &\iff (2x+1)(x+2) \leq 0,\end{aligned}$$

donde, encontramos,

$$x \in (-2, -1/2].$$

**Exemplo 2.6** *Encontre o domínio da função* $f(x) = \log_2(5-x) - \log_2(x+8)$.

Da definição de logaritmo, temos, $5 - x > 0$, e $x + 8 > 0$, ou seja, $x < 5$ e $x > -8$, donde

$$-8 < x < 5.$$

**Exemplo 2.7** *Encontre o domínio das seguintes funções*

*1.* $f(x) = \sqrt[3]{x+10} - \sqrt[7]{x-9}$;

*2.* $f(x) = \sqrt{x+8} - \sqrt[4]{12-x}$

1. Observamos que a função $\sqrt[3]{x+10}$ está definida para todo $x + 10 \in \mathbb{R}$, ou seja $-\infty < x + 10 < \infty \iff -\infty < x < \infty$. Da mesma forma, concluímos que a função $\sqrt[7]{x-9}$ está definida para todo $x \in \mathbb{R}$. Logo podemos dizer que a função $f(x) = \sqrt[3]{x+10} - \sqrt[7]{x-9}$ está definida para todo $x \in \mathbb{R}$.

2. A função $\sqrt{x+8}$ está definida para todo $x + 8 \geq 0$, ou seja $x \geq -8$. Da mesma forma, observamos que a função $\sqrt[4]{12-x}$ está definida para todo $12 - x \geq 0$, ou seja $x \leq 12$. Logo podemos dizer que a função $f(x) = \sqrt{x+8} - \sqrt[4]{12-x}$ está definida para todo $x \in [-8, 12]$.

**Exemplo 2.8** *Demonstre que a função* $y = 3x$ *e* $y = |2x-1| + |x+1|$ *são iguais no intervalo* $[1, +\infty)$.

Se $x \geq 1$ então $2x - 1 \geq 0$ e $x + 1 > 0$, e por isso $|2x-1| = 2x - 1$ e $|x+1| = x + 1$, portanto,

$$|2x-1| + |x+1| = 2x - 1 + x + 1 = 3x.$$

Assim, para cada $x \in [1, +\infty)$, vale a igualdade $|2x-1| + |x+1| = 3x$, e por isso as funções dadas são equivalentes no intervalo $[1, +\infty)$.

**Definição 2.3** *O número $x_o$ pertencente ao domínio da função $f$ chama-se zero (raiz) da função, se $f(x_o) = 0$.*

Assim, por exemplo, para a função $f(x) = x^2 - 5x + 6$ os números $x_o = 2$ e $x_o = 3$, são seus zeros, pois $f(2) = f(3) = 0$, mas a função $f(x) = x^2 + 2x + 3$, não tem zeros. No entanto, existem funções que possuem infinitas raízes, tal como $f(x) = \operatorname{sen} x$, que se anula em infinitos pontos da forma $x = k\pi,\ k \in \mathbb{Z}$.

### 2.1.2 Gráfico de uma Função

**Definição 2.4** *O gráfico de uma função $f : X \to Y$ é o subconjunto denotado por $G(f)$ e definido, como sendo*

$$G(f) = \{(x, y) \in X \times Y;\ y = f(x)\} \subset X \times Y.$$

No gráfico 2.5, a figura na esquerda representa o gráfico de uma função $f : X \to Y$, no entanto a figura da direita não representa o gráfico da função $f : X \to Y$.

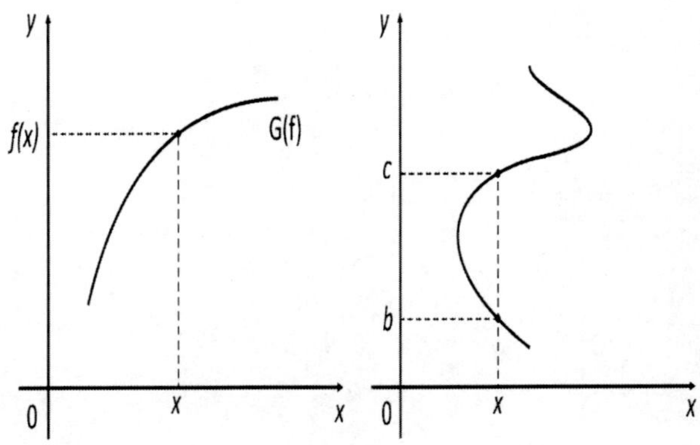


Figura 2.5: Gráfico e não gráfico de uma função

**Exemplo 2.9** *Considere a função $f$ definida no conjunto $\{1, 2, 5, 7\}$ a valores no conjunto $\{a, b, c, d, e\}$ dado por:*

$$f(1) = a, f(2) = b, f(5) = d, f(7) = e.$$

*Então podemos escrever o gráfico de $f$ na seguinte forma:*

$$G(f) = \{(1, a), (2, b), (5, d), (7, e)\}.$$

Observa-se da Definição 2.4, que o gráfico de uma função é uma relação e por isso na teoria dos conjuntos, uma função é realmente igual ao seu gráfico.

**Exemplo 2.10** *Considere a função quadrática $f(x) = 3x^2 + 2x - 5,\ x \in \mathbb{R}$.*
*Então o gráfico da função $f$ é dado por*

$$G(f) = \{(x, 3x^2 + 2x - 5); x \in \mathbb{R}\}.$$

**Definição 2.5** *Uma função $f : A \to B$ chama-se injetiva se verificamos o seguinte: dados $x, y \in A$, $f(x) = f(y)$ segue que $x = y$, ou em outras palavras, se tivermos $x_1, x_2 \in A$, com $x_1 \neq x_2$ implica*

$$f(x_1) \neq f(x_2).$$

Claramente, a função identidade $I: A \to A$, $I(x) = x$ é injetiva.
A função constante $f : A \to \mathbb{R}$, definida por $f(x) = C$, $\forall x \in A$ e $C \in \mathbb{R}$, é uma função injetiva, se e somente se, seu domínio $A$ possuir apenas um elemento.

**Definição 2.6** *Uma função $f : A \to B$ chama-se sobrejetora (sobrejetiva) se verificamos que $Im(f) = B$, ou dito de outra forma, para todo $y \in B$ existe pelo menos um $x \in A$, tal que $f(x) = y$.*

Por exemplo, a função $f : \mathbb{R} \to \mathbb{R}$, definida por $f(x) = x^3$ é sobrejetora, enquanto a função

$$\begin{aligned} f:\ & \mathbb{R} \to \mathbb{R} \\ & x \mapsto x^2 \end{aligned}$$

não é sobrejetora, pois para $-5 \in \mathbb{R}$ não existe $x \in \mathbb{R}$ tal que $x^2 = -5$. Mas a função

$$\begin{aligned} f:\ & \mathbb{R} \to \mathbb{R}_+ \\ & x \mapsto x^2 \end{aligned}$$

é sobrejetora.

É conveniente fazer o seguinte esclarecimento. Diz-se que $f$ é uma função do conjunto $A$ "sobre"o conjunto $B$ se $f(A) = B$; no caso geral, quando $f(A) \subset B$, dizemos que $f$ é uma função de $A$ "em" $B$.

**Definição 2.7** *Uma função $f : A \to B$ chama-se bijetora (bijetiva) quando é simultaneamente injetora e sobrejetora.*

**Exemplo 2.11** *A função $f : \mathbb{R} \to \mathbb{R}$ definida por $f(x) = x^3 + 3$ é bijetora.*

Primeiramente mostremos que $f$ é injetora.
De fato, sejam $x_1, x_2 \in \mathbb{R}$ tais que $x_1 \neq x_2$, basta mostrar que $f(x_1) - f(x_2) \neq 0$:

$$f(x_1) - f(x_2) = x_1^3 + 3 - (x_2^3 + 3) = x_1^3 - x_2^3 = (x_1 - x_2)(x_1^2 + x_1x_2 + x_2^2) \neq 0.$$

Agora mostremos que $f$ é sobrejetora.
Dado $b \in \mathbb{R}(Im(f))$, existe $x = \sqrt[3]{b-3} \in Dom(f)$ tal que $f(x) = (\sqrt[3]{b-3})^3 + 3 = b$.

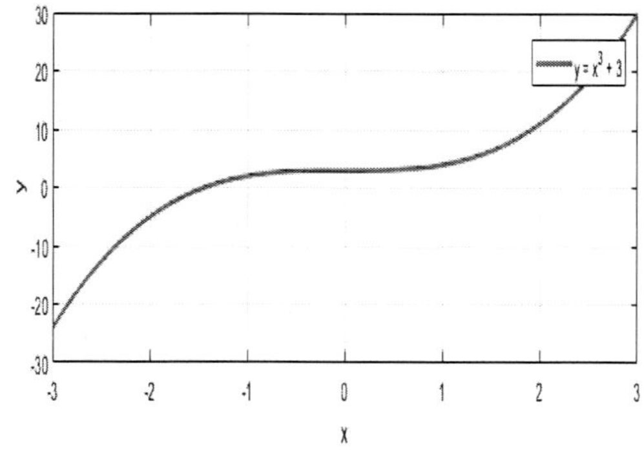


Figura 2.6: Gráfico da função $f(x) = x^3 + 3$

**Definição 2.8** *Dada uma função $f : A \to B$ e dado $Y \subset f(A)$, o conjunto*

$$f^{-1}(Y) = \{x; x \in A \ \ tal \ \ que \ f(x) \in Y\}$$

*é chamado de imagem inversa do conjunto $Y$ pela função $f$.*

Assim, da definição segue que $f^{-1}(Y) \subset A$.

## 2.2 Função Inversa

Uma função inversa é definida como uma função, que pode reverter os elementos produzidos por outra função, ou seja, se qualquer função "f"leva o elemento $a$ para o elemento $b$ então, o inverso de "f" levará $b$ para $a$.

Para analisar futuras funções elementares, introduzimos a definição de função inversa da seguinte maneira:
Dada a função bijetora $f : X \to Y$, dizemos que a função $f^{-1} : Y \to X, x = f^{-1}(y)$ chama-se função inversa de $f$. Com isto, a função inversa possui domínio $Y$ e imagem $X$, e a cada $y_o$ corresponde um único $x_o$, tal que $f(x_o) = y_o$, com $x_o \in X$. Portanto, para cada $x \in X$, temos

$$f^{-1}(f(x)) = x, \quad x \in X.$$

Desta forma, o par de funções $f$ e $f^{-1} : Y \to X$ são mutuamente inversas:

$$f^{-1}(f) : X \to X,$$
$$f(f^{-1}) : Y \to Y,$$

ou seja

$$f^{-1}(f(x)) \equiv x, \quad x \in X,$$
$$f(f^{-1}(y)) \equiv y, \quad y \in Y.$$

Como $f(x_1) = y_1 \iff f^{-1}(y_1) = x_1$, significa que o par ordenado $(x_1, y_1)$ pertence ao gráfico de $f$, se e somente se, $(y_1, x_1)$ pertence ao gráfico de $f^{-1}$. Desta forma obtemos o par ordenado $(y_1, x_1)$ a partir do par ordenado $(x_1, y_1)$ refletindo-o em torno da reta $y = x$. Podemos usar este resultado para dizer o seguinte: quando trocamos $x$ por $y$ quando encontramos a função inversa, obtemos o gráfico da função $f^{-1}$ a partir do gráfico de $f$, ou seja as representações gráficas de $f$ e $f^{-1}$ são simétricas em relação à reta $y = x$.

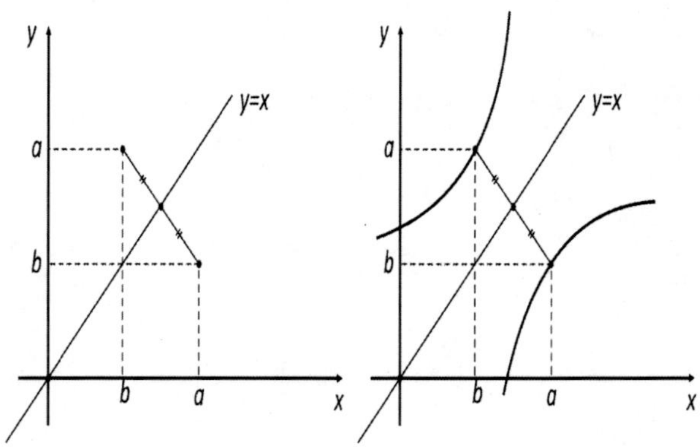


Figura 2.7: Gráficos de uma função e sua respectiva inversa

Quando estudamos as funções inversas $f$ e $f^{-1}$, as variáveis independentes costuma-se indicar por $x$, e os valores destas funções indica-se por $y$. Em outras palavras, para a função $y = f(x)$, $x \in X$, a função inversa escreve-se na forma $y = f^{-1}(x)$, $x \in Y$.
Assim, com estas novas notações, temos as seguintes identidades:

$$f^{-1}(f(x)) = x, \quad x \in X,$$
$$f(f^{-1}(x)) = x, \quad x \in Y.$$

Por exemplo, as funções $y = x + 3, x \in \mathbb{R}$, e $y = x - 3, x \in \mathbb{R}$ são funções inversas, assim como as funções $y = x^5$ e $y = \sqrt[5]{x}$.

**Teorema 2.1** *Se a função $f : A \to B$ é bijetiva, então existe uma e somente uma função $f^{-1} : B \to A$, tal que*

$$f(f^{-1}(y)) = y$$

*qualquer que seja $y \in B$.*

**Prova:** Como $f$ é bijetiva, então $f(A) = B$ e a cada $y \in B$ corresponde um único $x \in A$, tal que $f(x) = y$.
Desta forma fica definida uma função representada por

$$f^{-1} : B \to A \text{ tal que } f^{-1}(y) = x.$$

Segue que para todo $y \in B$, temos

$$f(f^{-1}(y)) = y. \quad \blacksquare$$

**Exemplo 2.12** *Encontre a função inversa da função $y = 4x^2 + 3$.*

Primeiramente observe que $Im(f) = [3, \infty)$. Agora, escrevendo $x$ com relação a $y$ : $x^2 = \dfrac{y-3}{4}$ e extraindo raiz quadrada, obtemos

$$x = \frac{\sqrt{y-3}}{2}$$

ou $f^{-1}(y) = \dfrac{\sqrt{y-3}}{2}$. Claramente, o domínio da função inversa $f^{-1}(y)$ é o intervalo $[3, \infty)$. Trocando de variáveis, temos finalmente

$$f^{-1}(x) = \frac{\sqrt{x-3}}{2}, \ x \in [3, \infty).$$

No próximo exemplo, quando calcularemos a função inversa, faremos uso da definição de logaritmo neperiano ou logaritmo na base $e$ : ln, que estudaremos na subseção 2.4.3

**Exemplo 2.13** *Encontre a função inversa da função $y = 7 - 5^{-x}$.*

Vamos resolver a equação abaixo com relação a $x$,

$$5^{-x} = 7 - y,$$

tomando logaritmo aos dois membros da equação, obtemos

$$-x \ln 5 = \ln(7 - y)$$

ou seja,

$$x = -\frac{\ln(7-y)}{\ln 5}.$$

É obvio que o domínio da função inversa $f^{-1}(y)$ é o intervalo $(-\infty, 7)$.

**Exemplo 2.14** *Encontre a função inversa da função $f(x) = x^2 + x, \ x \in [1/2, 2]$.*

Claramente a função $f(x)$ é injetiva. Podemos escrever a função $f(x) = x^2 + x$ na forma:

$$f(x) = x^2 + x = (x + 1/2)^2 - 1/4 \geq 0, \; x \in [1/2, 2],$$

ou seja,

$$\begin{aligned} f(x) + 1/4 = (x+1/2)^2 \quad &\Longleftrightarrow \quad \frac{4f(x)+1}{4} = (x+1/2)^2 \Longleftrightarrow \\ &\Longleftrightarrow \quad \sqrt{4f(x)+1}/2 = x + 1/2 \Longleftrightarrow \\ &\Longleftrightarrow \quad x = (\sqrt{4f(x)+1} - 1)/2. \end{aligned}$$

Donde

$$y = f^{-1}(x) = (\sqrt{4x+1} - 1)/2, \quad x \in [3/4, 6],$$

é a função inversa de $f(x)$.

## 2.3 Função Composta

Consideremos a função $f : A \to B$ com $f(A) \subset C \subset B$. Definamos a função $g : C \to D$, fazendo corresponder a cada $x \in A$ o elemento $g(f(x)) \in D$, pois $f(x) \in f(A) \subset C$.

Agora definamos uma nova função $h : A \to D$ chamada de função composta e denotada por $h = g \circ f$, isto é, para todo $x \in A$,

$$h(x) = (g \circ f)(x) = g(f(x)).$$

A seguir vamos mostrar um resultado importante para funções compostas.

**Teorema 2.2** *Sejam $A, B, C, D, A_1, D_1$ conjuntos, então*

1. *Se a função $f : A \to B$ e $g : C \supset f(A) \to D$, e $A_1 \subset A$, então,*

$$(g \circ f)(A_1) = g(f(A_1)).$$

2. *Se $D_1 \subset (g \circ f)(A)$, então,*

$$(g \circ f)^{-1}(D_1) = f^{-1}(g^{-1}(D_1)).$$

**Prova:** 1) Se $z \in (g \circ f)(A)$, então $z = (g \circ f)(x)$ para algum $x \in A$, ou seja, pela definição de função composta

$$(g \circ f)(x) = g(f(x)),$$

temos $z = g(f(x))$, sendo $f(x) \in f(A)$,

$$g(f(x)) \in g(f(A)),$$

logo

$$(g \circ f)(A) \subset g(f(A)). \tag{2.1}$$

Se agora $z \in g(f(A))$, então $z = g(y)$ para algum $y \in f(A)$, donde $y = f(x)$ para algum $x \in A$ e

$$z = g(f(x)) = (g \circ f)(x),$$

segue que $z \in (g \circ f)(A)$ e

$$g(f(A)) \subset (g \circ f)(A). \tag{2.2}$$

De (2.1) e (2.2), concluímos que

$$(g \circ f)(A_1) = g(f(A_1)).$$

2) Se $x \in (g \circ f)^{-1}(D_1)$ então $(g \circ f)(x) \in D_1$ ou

$$g(f(x)) \in D_1 \ \text{ e } \ f(x) \in g^{-1}(D_1),$$

donde

$$x \in f^{-1}(g^{-1}(D_1)) \ \text{ e } \ (g \circ f)^{-1}(D_1) \subset f^{-1}(g^{-1}(D_1)).$$

Se $x \in f^{-1}(g^{-1}(D_1))$, então $f(x) \in g^{-1}(D_1)$, segue que $g(f(x)) \in D_1$ ou seja $(g \circ f)(x) \in D_1$, donde

$$x \in (g \circ f)^{-1}(D_1) \ \text{ e } \ f^{-1}(g^{-1}(D_1)) \subset (g \circ f)^{-1}(D_1)$$

e assim fica provado que

$$(g \circ f)^{-1}(D_1) = f^{-1}(g^{-1}(D_1)). \quad \blacksquare$$

**Exemplo 2.15** *Encontre $f(g(x))$, $f(f(x))$, $g(f(x))$, $f(\varphi(a)), \varphi[f(a)]$ e $g(\varphi(a))$, onde $f(x) = x^3$, $\varphi(x) = \ln x$ e $g(x) = 3^x$.*

1. $f(g(x)) = f(3^x) = (3^x)^3 = 3^{3x}$;

2. $f(f(x)) = f(x^3) = (x^3)^3 = x^6$;

3. $g(f(x)) = g(x^3) = 3^{x^3}$;

4. $f(\varphi(a)) = \varphi^3(a) = (\ln a)^3$;

5. $\varphi\,[f(a)] = \ln a^3 = 3 \ln a$;

6. $g(\varphi(a)) = g(\ln a) = 3^{\ln a}$.

**Exemplo 2.16** *Encontre a função $f(x)$ em cada caso, se sabemos que*

*1.* $f(x+1) = x^2 + 2x + 2$;

*2.* $f(x + \frac{1}{x}) = x^2 + \dfrac{1}{x^2}$;

1. $f(x+1) = x^2 + 2x + 2$. Fazendo a seguinte mudança de variáveis $x + 1 = y$, segue

$$\begin{aligned} f(y) &= (y-1)^2 + 2(y-1) + 2 \\ &= y^2 + 1, \end{aligned}$$

donde

$$\begin{aligned} f(y-1) &= (y-1)^2 + 1 \\ &= y^2 - 2y + 2. \end{aligned}$$

Como $x = y - 1$, então

$$\begin{aligned} f(x) &= (x+1)^2 - 2(x+1) + 2 \\ &= x^2 + 1. \end{aligned}$$

2. $f(x+\frac{1}{x}) = x^2 + \dfrac{1}{x^2}$. Seja $x + \dfrac{1}{x} = y$. Escrevendo

$$x^2 + \frac{1}{x^2} = \left(x + \frac{1}{x}\right)^2 - 2,$$

obtemos

$$f(y) = y^2 - 2,$$

donde segue que $f(x) = x^2 - 2$.

## 2.4 Funções Elementares

Denominamos de funções elementares aquelas funções que podem ser definidas por fórmulas provenientes de operações elementares, tais como soma, subtração, multiplicação, divisão e raiz. Assim, por exemplo, as funções, constante, exponencial, potência, logaritmo, trigonométricas e trigonométricas inversas são funções elementares.

A seguir vamos estudar cada uma destas funções elementares.

### 2.4.1 Polinômios, Funções Racionais e Funções Irracionais

Uma função polinomial de grau $n$ é uma função $f : \mathbb{R} \to \mathbb{R}$ do tipo

$$f(x) = P_n(x) = a_n x^n + a_{n-1}x^{n-1} + \cdots + a_1 x + a_o, \quad a_n \neq 0,$$

onde os coeficientes $a_o, a_1, \cdots, a_n$ são constantes reais, com $n \in \mathbb{N}$, chamado de grau do polinômio quando $a_n \neq 0$. Esta função goza das seguintes propriedades:

1. Domínio: $(-\infty, +\infty)$;

2. Imagem: pode ser $(-\infty, +\infty)$ ou uma parte de $\mathbb{R}$. Por exemplo, a imagem da função $P_2(x) = x^2 + 3$ é o intervalo $[3, +\infty)$ e da função $P_5(x) = 3x^5 - 3x^4 + 7x^2 - x + 12$ é o intervalo $(-\infty, +\infty)$;

3. A função se anula no máximo em $n$ pontos;

4. A função não é limitada nem inferior, nem superiormente, se $n$ é ímpar, pois

   $a_n x^n$ cresce ou decresce infinitamente quando x tende para $+\infty$ ou $-\infty$,

   ou seja

   $$a_n x^n \to \pm\infty.$$

   Se $n$ é par, a função pode ser limitada superiormente ou limitada inferiormente. Por exemplo a função $f(x) = 2x^4 - 3x^3 + 5x + 8$ é limitada inferiormente, mas não é limitada superiormente, pois

   $2x^4 - 3x^3 + 5x + 8$ tende a $+\infty$, quando x cresce ou decresce infinitamente.

   Enquanto a função $f(x) = -3x^4 + 2x^3 - 3x^2 + 2x - 1$ é limitada superiormente, mas não é limitada inferiormente, pois

   $-3x^4 + 2x^3 - 3x^2 + 2x - 1$ tende a $-\infty$, quando x cresce ou decresce infinitamente.

# Função Afim

Em particular se $n = 1$, obtemos o polinômio de grau 1 chamado de função afim:

$$f(x) = ax + b, \ a \neq 0.$$

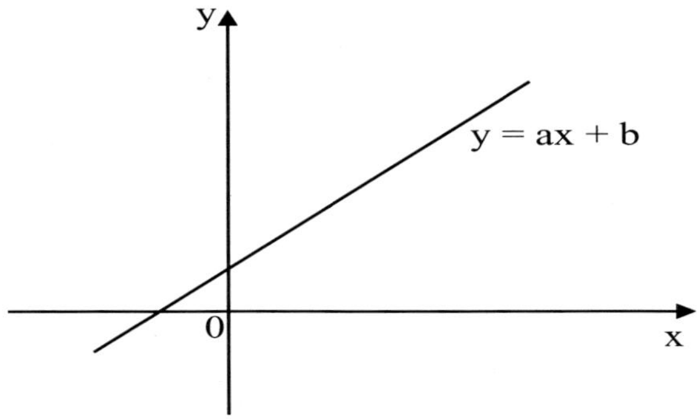


Figura 2.8: Gráfico da função linear $f(x) = ax + b$

**Exemplo 2.17** *Encontre a função afim $f(x)$, se $f(-2) = 6$ e $f(6) = 14$.*

Seja $f(x) = ax + b$ a função afim. Então de acordo com as condições do problema, temos

$$\begin{cases} f(-2) = 6 & = a(-2) + b \\ f(6) = 14 & = a(6) + b. \end{cases}$$

Subtraindo a primeira equação da segunda equação, obtemos $8a = 8$, donde $a = 1$. Substituindo este valor, em qualquer uma das equações, encontramos $b = 8$. Desta forma,

$$f(x) = x + 8.$$

# Função Quadrática

Se $n = 2$, obtemos o polinômio de grau 2 chamado de função quadrática:

$$f(x) = ax^2 + bx + c, \ a \neq 0.$$

**Exemplo 2.18** *Encontre a função quadrática $f(x)$, se $f(2) = 3, f(0) = 5$ e $f(1) = 3$.*

Seja $f(x) = ax^2 + bx + c$ a função quadrática. Então de acordo com as condições do problema, temos

$$\begin{cases} f(2) = 3 & = a(2)^2 + b(2) + c \\ f(0) = 5 & = a(0)^2 + b(0) + c \\ f(1) = 3 & = a(1)^2 + b(1) + c, \end{cases}$$

isto é,

$$\begin{cases} 3 & = 4a + 2b + c \\ 5 & = c \\ 3 & = a + b + c, \end{cases}$$

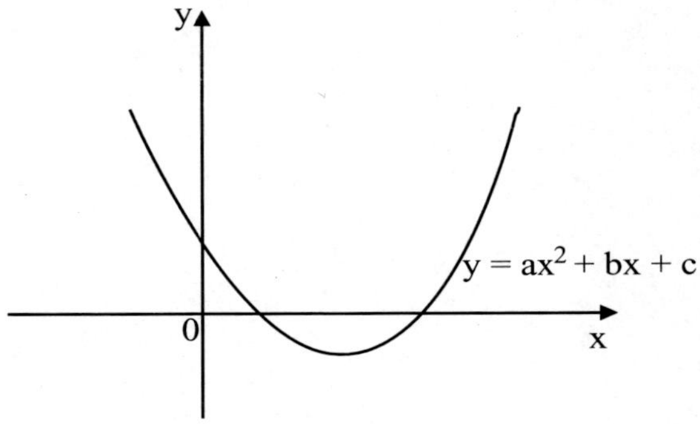


Figura 2.9: Gráfico da função quadrática $f(x) = ax^2 + bx + c$

donde, da segunda equação obtemos $c = 5$. Substituindo o valor de $c$ na primeira e terceira equações do sistema e efetuando as simplificações correspondentes, obtemos o seguinte sistema;

$$\begin{cases} 1 & = -2a - b \\ -2 & = a + b. \end{cases}$$

Resolvendo este sistema simples, obtemos, $a = 1$ e $b = -3$. Desta forma, a função quadrática requerida é;

$$f(x) = x^2 - 3x + 5.$$

**Definição 2.9** *A razão entre dois polinômios, isto é, uma função do tipo*

$$f(x) = \frac{a_n x^n + a_{n-1}x^{n-1} + \cdots + a_1 x + a_o}{b_m x^m + b_{m-1}x^{m-1} + \cdots + b_1 x + b_o}, \quad a_n,\ b_m \neq 0,$$

*chama-se função racional.*

Esta função goza das seguintes propriedades,

1. Domínio: $\mathbb{R}\backslash\{x \in \mathbb{R}; b_m x^m + b_{m-1}x^{m-1} + \cdots + b_1 x + b_o = 0\}$;

2. Imagem: pode ser $(-\infty, +\infty)$ ou uma parte de $\mathbb{R}$;

3. A função se anula nos pontos onde $a_n x^n + a_{n-1}x^{n-1} + \cdots + a_1 x + a_o = 0$;

4. A função pode ou não ser limitada.

Assim por exemplo, as funções

$$f(x) = x + \sqrt{5}, \quad f(x) = x^3 + 5x, \quad f(x) = \frac{x-2}{3x^2+4x}, \quad f(x) = \frac{x^7 - 2x^5 + 6x}{3x^8 + 4x^3 + 2x - 5}$$

são exemplos de funções racionais.

**Definição 2.10** *Chama-se função irracional a uma função que não é função racional, obtida como uma composição de um número finito de funções racionais, funções potência com expoente fracionário e quatro operações aritméticas.*

Da definição acima, observa-se que não há uma definição rigorosa para função irracional. Sendo assim, fica difícil elencar suas propriedades.
Por exemplo, as funções

$$f(x) = x^2 + \sqrt{x}, \quad f(x) = \sqrt[5]{x^3 + 5x} + 2\sqrt[3]{x} - 4, \quad f(x) = \frac{\sqrt{x+2}}{x^2 - 5\sqrt[3]{x}}, \quad f(x) = \sqrt[3]{\frac{\sqrt{x} + \frac{1}{\sqrt{x}}}{x + \frac{1}{x}}}$$

são exemplos de funções irracionais.

### 2.4.2 Função Exponencial

A função do tipo $f(x) = a^x$, onde $a$ é uma constante real positiva e $a \neq 1$, chama-se função exponencial, e possui as seguintes propriedades,

1. Domínio: $(-\infty, +\infty)$;

2. Imagem: $(0, +\infty)$;

3. A função não se anula em nenhum ponto do domínio, mas os gráficos de todas as funções exponenciais passam pelo ponto $(0, 1)$;

4. A função não é limitada superiormente. Se $a > 1$, a função $f(x) = a^x$ cresce monotonamente; se $a < 1$, a função $f(x) = a^x$ decresce monotonamente. De fato, seja $a > 1$ e $x_1 < x_2$, então

$$a^{x_2} - a^{x_1} = a^{x_1}(a^{x_2 - x_1} - 1) > 0, \quad \text{donde} \quad a^{x_2} > a^{x_1}.$$

5. $a^{x+y} = a^x.a^y, \; a^{-x} = \dfrac{1}{a^x}, \; (a^x)^y = a^{xy}.$

6. Para $x < y$, temos

$$a^x > a^y, \text{ se } a < 1, \quad \text{e} \quad a^x < a^y, \text{ se } a > 1.$$

Assim por exemplo, as funções

$$f(x) = 4^x, \quad f(x) = e^x, \quad f(x) = \left(\frac{1}{2}\right)^x,$$

são exemplos de funções exponenciais.

### 2.4.3 Função Logarítmica

A função do tipo $f(x) = \log_a x$, onde $a$ é uma constante positiva e $a \neq 1$ é a função inversa da função exponencial $y = a^x$, chama-se função logarítmica. Em caso de $a = e$ (número neperiano[2]), usamos a seguinte notação: $\ln x = \log_e x$ e chama-se logaritmo natural ou logaritmo neperiano.
A função logaritmo goza das seguintes propriedades,

[2]John Neper (1550-1617), matemático escocês

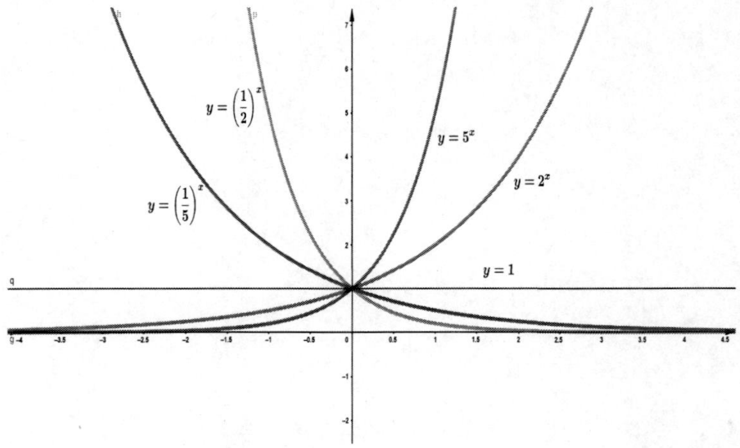


Figura 2.10: Todos os gráficos da função $a^x$ cortam o eixo $0y$ no ponto $y = 1$

1. Domínio: $(0, +\infty)$;

2. Imagem: $(-\infty, +\infty)$;

3. A função se anula em um único ponto, quando $x = 1$, ou seja $\log_a 1 = 0$;

4. A função não é limitada.

Assim por exemplo, as funções

$$f(x) = \log_e x = \ln x, \quad f(x) = \log_{1/2} x,$$

são funções logarítmicas.

Usando as propriedades das funções exponenciais, facilmente podemos mostrar:

- $\log_a x^\alpha = \alpha \log_a x, \quad x > 0, \ \alpha \in \mathbb{R}$;

- $\log_a xy = \log_a x + \log_a y, \quad x, y > 0$;

- $\log_a \frac{y}{x} = \log_a y - \log_a x$;

- $\log_a b. \log_b a = 1, \quad a, b > 0, \quad a \neq 1, b \neq 1$.

Cabe mencionar mais uma propriedade da função logaritmo.
**Propriedade:** Se o número $x$ e a base $a$ são menores ou maiores que 1 simultaneamente, então o logaritmo é positivo. Se o número $x$ e a base $a$ são maior(menor) e menor(maior) que 1 respectivamente, então o logaritmo é negativo, ou seja:

1. Se $a > 1$ e $x > 1$, então $\log_a x > 0$;

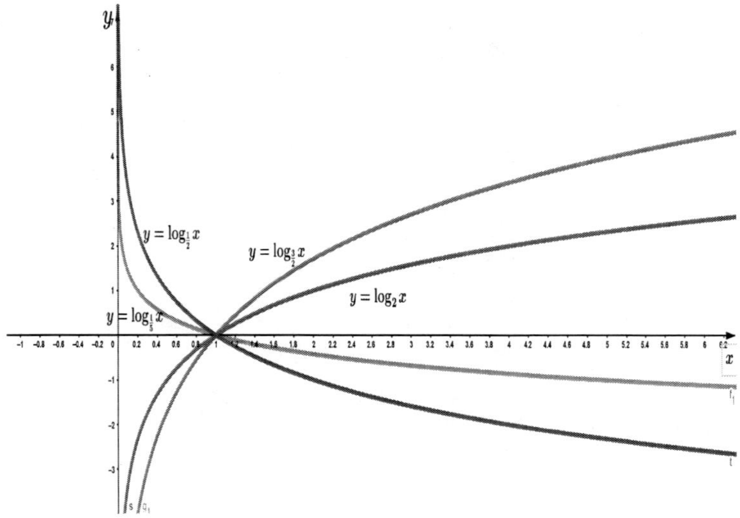

Figura 2.11: Todos os gráficos da função $\log_a x$ cortam o eixo $0x$ no ponto $x = 1$

2. se $a < 1$ e $x < 1$, então $\log_a x > 0$;

3. se $a > 1$ e $x < 1$, então $\log_a x < 0$;

4. se $a < 1$ e $x > 1$, então $\log_a x < 0$.

Assim por exemplo,

1. $\log_{13} 15 > 0$, pois os números 13 e 12 são maiores que 1;

2. $\log_{100} 3 > 0$, pois os números 100 e 3 são maiores que 1;

3. $\log_{4,1} 0,3 < 0$, pois os números $4,1 > 1$ e $0,3 < 1$;

4. $\log_{2/3} 5/6 > 0$, pois os números $2/3$ e $5/6$ são menores que 1.

### 2.4.4 Função Potência

A função do tipo $f(x) = x^{\alpha}$, onde $\alpha$ é uma constante real, chama-se função potência.

Dependendo do valor do expoente $\alpha$ temos vários casos para serem analisados. Examinemos somente três casos particulares:

1. $\alpha = 2n,\ n \in \mathbb{N}$

   (a) Domínio: $(-\infty, +\infty)$;

   (b) Imagem: $[0, +\infty)$;

   (c) A função se anula em um único ponto, $x = 0$;

(d) A função não é limitada superiormente.

2. $\alpha = 2n + 1, \ n \in \mathbb{N}$

   (a) Domínio: $(-\infty, +\infty)$;

   (b) Imagem: $(-\infty, +\infty)$;

   (c) A função se anula em um único ponto, $x = 0$;

   (d) A função não é limitada nem inferiormente nem superiormente.

3. $\alpha = -(2n), \ n \in \mathbb{N}$

   (a) Domínio: $(-\infty, 0) \cup (0 + \infty)$;

   (b) Imagem: $(0, +\infty)$;

   (c) A função não se anula em nenhum ponto;

   (d) A função é limitada inferiormente, mas não é limitada superiormente.

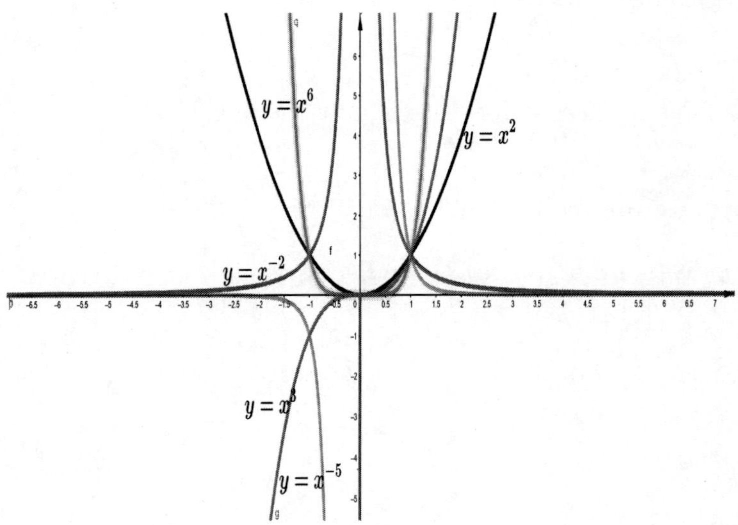


Figura 2.12: Gráficos de algumas funções potência

Assim por exemplo, as funções

$$f(x) = x^{-1/2}, \quad f(x) = x^{1/3}, \quad f(x) = x^{7/4},$$

são funções potência.

As funções potência e exponencial podem ser escritos como:

$$\begin{aligned} x^{\alpha} &= e^{\ln x^{\alpha}} = e^{\alpha \ln x}, \ x > 0; \\ a^{x} &= e^{\ln a^{x}} = e^{x \ln a}. \end{aligned}$$

### 2.4.5 Funções Trigonométricas

As funções trigonométricas (também chamadas de funções circulares) são funções reais que relacionam um ângulo de um triângulo retângulo à razão de dois comprimentos de seus lados. Podemos encontrar estas funções em todas as ciências relacionadas à geometria, mecânica celeste, geodésia e muitas outras. Uma aplicação importante das funções trigonométricas é no estudo dos movimentos oscilatórios, descritos por funções periódicas.

As funções do tipo

$$f(x) = \cos x, \quad f(x) = \operatorname{sen} x, \quad f(x) = \tan x = \frac{\operatorname{sen} x}{\cos x}, \quad f(x) = \cot x = \frac{\cos x}{\operatorname{sen} x},$$

são funções trigonométricas.

## Função seno $y = \operatorname{sen} x$

A função seno possui as seguintes propriedades:

1. Domínio: $(-\infty, +\infty)$;

2. Imagem: $[-1, +1]$;

3. A função seno se anula em infinitos pontos da forma $k\pi$, $k \in \mathbb{Z}$;

4. Do item 2, observamos que a função seno é limitada;

5. A função $\operatorname{sen} x$ é periódica de período $2\pi$, isto é,

$$\operatorname{sen}(x \pm 2\pi) = \operatorname{sen} x, \text{ para qualquer } x \in \mathbb{R}.$$

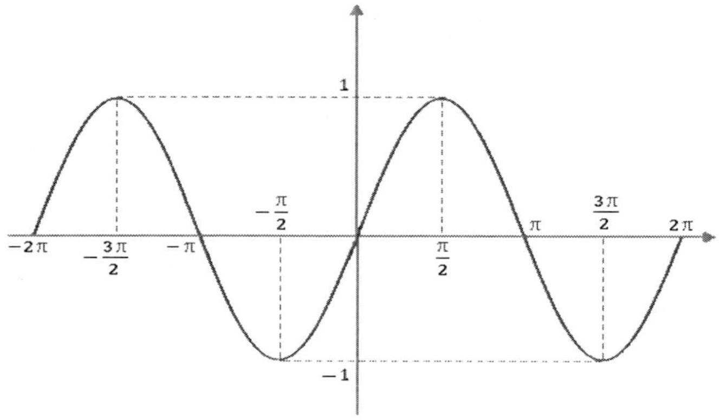


Figura 2.13: Gráfico da função seno

# Função cosseno $y = \cos x$

A função cosseno possui as seguintes propriedades:

1. Domínio: $(-\infty, +\infty)$;

2. Imagem: $[-1, +1]$;

3. A função cosseno se anula em infinitos pontos da forma $\frac{\pi}{2} + k\pi,\ k \in \mathbb{Z}$;

4. Do item 2, observamos que a função cosseno é limitada;

5. A função $\cos x$ é periódica de período $2\pi$, isto é,

$$\cos(x \pm 2\pi) = \cos x, \text{ para qualquer } x \in \mathbb{R}.$$

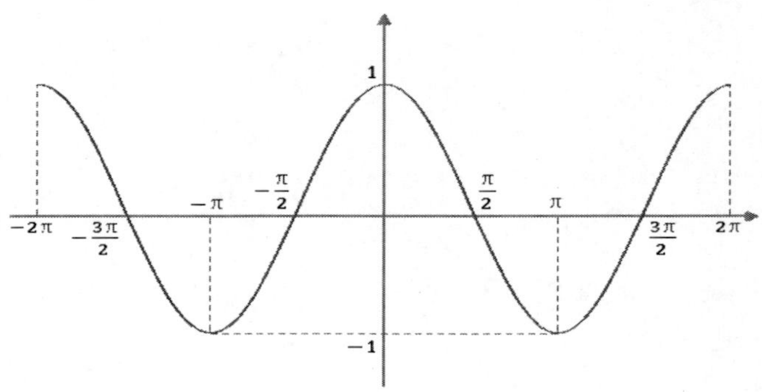


Figura 2.14: Gráfico da função cosseno

Usando a fórmula

$$\cos x = \operatorname{sen}(x + \frac{\pi}{2}),$$

não é difícil obter o gráfico da função $y = \cos x$ a partir do gráfico da função $y = \operatorname{sen} x$, com uma simples translação ao longo do eixo $0x$ a esquerda um comprimento de $\frac{\pi}{2}$.
Quando movimentamos os gráficos das funções $y = \operatorname{sen} x$ e $y = \cos x$ ao longo do eixo $0x$ a direita ou esquerda num intervalo de comprimento $2\pi$, estes gráficos coincidem, o que corresponde com o fato, das funções sen $x$ e $\cos x$ serem periódicas de período $2\pi$.

# Função Tangente $y = \operatorname{tg} x$

Para a função tangente, $y = \operatorname{tg} x = \dfrac{\operatorname{sen} x}{\cos x}$, temos

1. Domínio: $(-\infty, +\infty) \setminus \{\frac{\pi}{2} + k\pi, k \in \mathbb{Z}\}$;

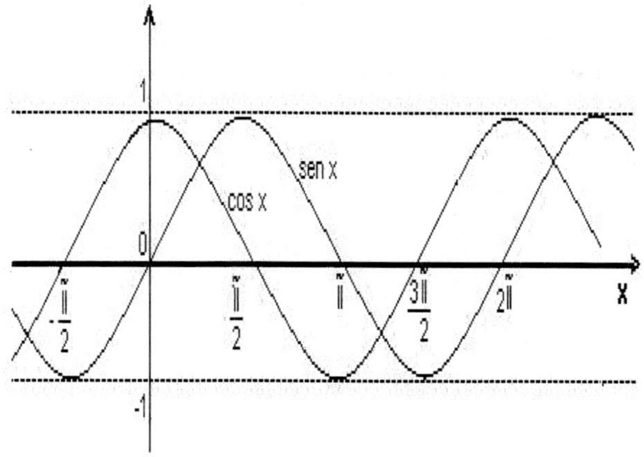


Figura 2.15: Gráficos das funções seno e cosseno

2. Imagem: $(-\infty, +\infty)$;

3. A função tangente se anula em infinitos pontos da forma $k\pi, k \in \mathbb{Z}$;

4. A função tangente é ilimitada.

Quando movimentamos o gráfico da função $y = \operatorname{tg} x$ ao longo do eixo $0x$ a direita ou esquerda num intervalo de comprimento $\pi$, este gráfico coincide com o gráfico da função $y = \operatorname{tg}(x \pm \pi)$, isto significa que a função $\operatorname{tg} x$ possui período $\pi$.

O gráfico da função $y = \operatorname{tg} x$ é mostrado na seguinte figura.

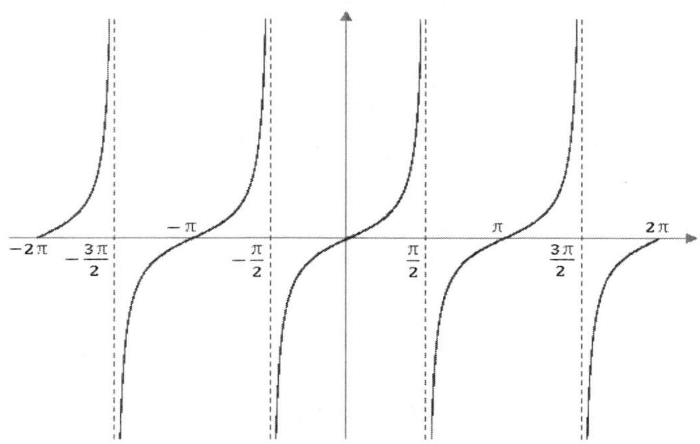


Figura 2.16: Gráfico da função $y = \operatorname{tg} x$

# Função Cotangente $y = \operatorname{cotg} x$

Para a função cotangente, $y = \operatorname{cotg} x = \dfrac{\cos x}{\operatorname{sen} x}$, temos

1. Domínio: $(-\infty, +\infty) \setminus \{k\pi, k \in \mathbb{Z}\}$;

2. Imagem: $(-\infty, +\infty)$;

3. A função cotangente se anula em infinitos pontos da forma $\dfrac{\pi}{2} + k\pi, k \in \mathbb{Z}$;

4. A função cotangente é ilimitada.

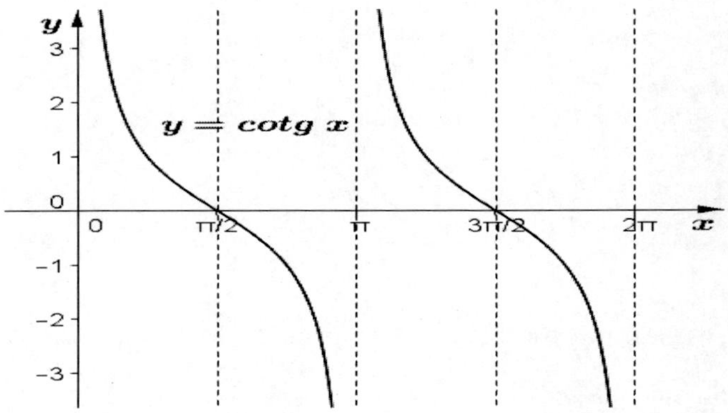


Figura 2.17: Gráfico da função $y = \operatorname{cotg} x$

Também observa-se que a função $y = \operatorname{cotg} x$ possui período $\pi$, isto é,

$$\operatorname{cotg}(x \pm \pi) = \operatorname{cotg} x, \quad \text{para qualquer } x.$$

## Funções Harmônicas

Os gráficos das funções:

$$y = A \operatorname{sen} ax, \quad y = A \cos ax \qquad (A > 0, a > 0) \tag{2.3}$$

são muito parecidos com os gráficos das funções $y = \operatorname{sen} x$ e $y = \cos x$. Para obter por exemplo o gráfico da função $y =$ Asen $ax$ de (2.3) a partir do gráfico de $y = \operatorname{sen} x$, é necessário multiplicar o comprimento de todas as ordenadas da função $y = \operatorname{sen} x$ por $A$ e mudar no eixo $0x$ a abscissa do ponto $x$ pela abscissa com ponto $\dfrac{x}{a}$. A função $y = A \operatorname{sen} ax$ é periódica de período $\dfrac{2\pi}{a}$.

Os gráficos das funções:

$$y = A \operatorname{sen}(ax + b), \quad y = A \cos(ax + b), \tag{2.4}$$

chamadas de curvas harmônicas simples podem ser obtidos a partir dos gráficos das funções (2.3) fazendo uma translação ao longo do eixo $0x$ de comprimento $\dfrac{b}{a}$ a esquerda(considerando $b > 0$). As funções (2.4) possuem períodos $\dfrac{2\pi}{a}$.

Observamos que os gráficos das funções

$$y = A_1 \operatorname{sen} a_1 x + A_2 \operatorname{sen} a_2 x + B_1 \cos a_1 x + B_2 \operatorname{sen} a_2 x,$$

que são combinações de funções do tipo (2.3), podem ser construídos somando as ordenadas dos gráficos de cada um dos termos separados. As curvas assim obtidas também chamam-se curvas harmônicas.

Por exemplo, o gráfico da função $y = 3 \operatorname{sen} x + 2 \cos 2x$ apresenta-se na seguinte figura

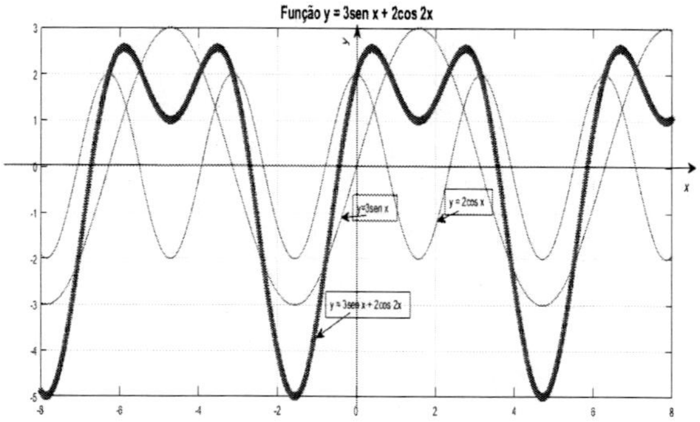


Figura 2.18: Gráfico da função $y = 3 \operatorname{sen} x + 2 \cos 2x$

Notamos que a função

$$y = A_1 \operatorname{sen} a_1 x + B_1 \cos a_1 x \tag{2.5}$$

pode ser escrita na forma de (2.4) e apresenta-se como um movimento harmônico simples.

De fato, escrevemos,

$$m = \frac{A_1}{\sqrt{A_1^2 + B_1^2}},$$

$$n = \frac{B_1}{\sqrt{A_1^2 + B_1^2}},$$

$$A = \sqrt{A_1^2 + B_1^2}.$$

temos, obviamente

$$A_1 = mA, \; B_1 = nA, \tag{2.6}$$

$$m^2 + n^2 = 1,$$

e

$$|m| \leq 1, \; |n| \leq 1.$$

Segue daqui que sempre é possível encontrar um valor $b_1$, tal que,

$$\cos b_1 = m, \quad \operatorname{sen} b_1 = n. \tag{2.7}$$

Substituindo em (2.5) as expressões obtidas em (2.6) e (2.7), obtemos

$$y = A(\cos b_1 . \operatorname{sen} a_1 x + \operatorname{sen} b_1 . \cos a_1 x),$$

isto é,

$$y = A \operatorname{sen}(a_1 x + b_1).$$

### 2.4.6 Funções Trigonométricas Inversas

Chamam-se funções trigonométricas inversas as seguintes funções:

$$f(x) = \operatorname{arcsen} x, \quad f(x) = \arccos x, \quad f(x) = \operatorname{arctg} x, \quad f(x) = \operatorname{arccotg} x.$$

## Função Arco seno

Para a função arco seno, $y = \operatorname{arcsen} x$, temos

1. Domínio: $[-1, 1]$;
2. Imagem: $[-\frac{\pi}{2}, +\frac{\pi}{2}]$;
3. A função arco seno se anula em um único ponto $x = 0$;
4. A função arco seno é limitada.

O gráfico da função

$$y = \operatorname{arcsen} x. \tag{2.8}$$

obtém-se pelo método indicado acima para funções inversas. O gráfico todo encontra-se entre as retas veticais $x = -1$ e $x = 1$, isto é, a função (2.8) está definida somente no intervalo $-1 \leq x \leq 1$. Notamos que a equação (2.8) é equivalente à equação $x = \operatorname{sen} y$, ou seja, para um $x$ dado, obtemos um conjunto infinito de valores para o ângulo $y$. Para obter a função inversa(injetiva) da função $y = \operatorname{sen} x$, é suficiente considerar um intervalo do eixo $x$, onde a função seno seja monótona crescente ou decrescente. A função $y = \operatorname{sen} x$ é crescente de $-1$ até $1$, por exemplo no intervalo $[-\frac{\pi}{2}, \frac{\pi}{2}]$, e em geral em qualquer intervalo da forma $[-\frac{\pi}{2} + 2k\pi, \frac{\pi}{2} + 2k\pi]$, onde $k = 0, \pm 1, \pm 2, \pm 3, \ldots$.
Resumindo

$$-\frac{\pi}{2} \leq \operatorname{arcsen} x \leq \frac{\pi}{2},$$

donde

$$-1 \leq x \leq 1.$$

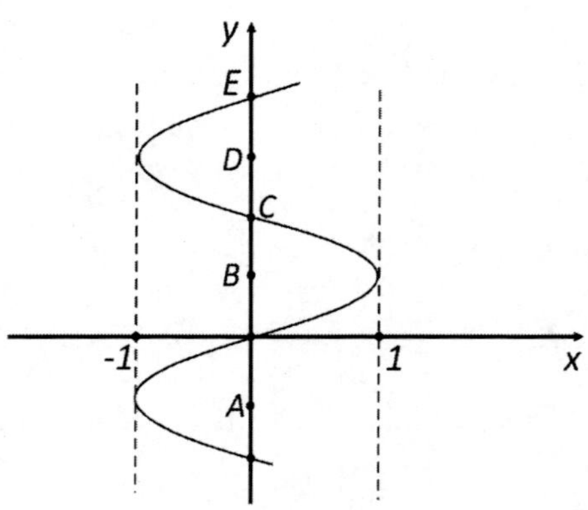


Figura 2.19: Gráfico da função $y = \operatorname{arcsen} x$. $A = -\pi/2$, $B = \pi/2$, $C = \pi$, $D = 3\pi/2$, $E = 2\pi$

**Exemplo 2.19** *Encontre arcsen($\sqrt{3}/2$).*

Na verdade queremos encontrar um ângulo $\alpha \in [-\frac{\pi}{2}, \frac{\pi}{2}]$ tal que $\alpha = \text{arcsen}(\sqrt{3}/2)$ ou $\text{sen}\,\alpha = \frac{\sqrt{3}}{2}$. Daqui é fácil encontrar $\alpha = \frac{\pi}{3}$.

# Função Arco cosseno

Para a função arco cosseno, $y = \arccos x$, temos

1. Domínio: $[-1, 1]$;

2. Imagem: $[0, \pi]$;

3. A função arco cosseno se anula em um único ponto $x = 1$;

4. A função arco cosseno é limitada.

Uma análise parecida feita para a função $y = \text{arcsen}\, x$ pode-se fazer para a função $y = \arccos x$. A função $y = \arccos x$, será injetiva se nos restringimos aos valores do ângulo $y$, no intervalo $[0, \pi]$, na verdade, neste intervalo a função $y = \arccos x$ será monótona decrescente, isto é,

$$0 \leq \arccos x \leq \pi,$$

donde

$$-1 \leq x \leq 1.$$

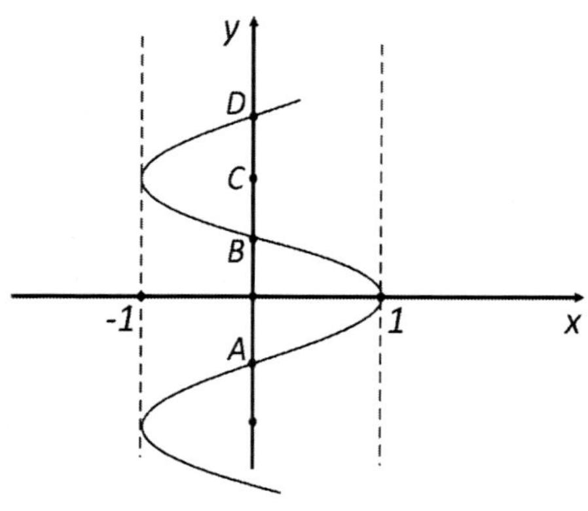


Figura 2.20: Gráfico da função $y = \arccos x$. $A = -\pi/2$, $B = \pi/2$, $C = \pi$, $D = 3\pi/2$

**Exemplo 2.20** *Calcule o valor de* $y = \cos(\arccos(-0,6))$.

Analisemos a função $z = \cos(\arccos x)$. Denotemos por $t = \arccos x$, donde $\cos t = x$, ou seja $z = \cos t = x$.
Voltando ao nosso exemplo, temos $y = \cos(\arccos(-0,6)) = -0,6$.
Em geral, $x = \cos(\arccos x)$.

**Exemplo 2.21** *Encontre* $y = \text{sen}(\arccos x)$.

Denotemos por $\beta = \arccos x$, donde $\cos\beta = x$. Por isto $y = \operatorname{sen}\beta = \sqrt{1-\cos^2\beta} = \sqrt{1-x^2}$.

**Exemplo 2.22** *Encontre* $y = \operatorname{sen}(2\arccos\frac{4}{5})$.

Primeiramente lembremos que $\operatorname{sen} 2\alpha = 2\operatorname{sen}\alpha\cos\alpha$ e usando os resultados dos dois exemplos anteriores: $\operatorname{sen}(\arccos\alpha) = \sqrt{1-\alpha^2}$, $\cos(\arccos\alpha) = \alpha$ , obtemos

$$y = \operatorname{sen}(2\arccos\frac{4}{5}) = 2\operatorname{sen}(\arccos\frac{4}{5})\cos(\arccos\frac{4}{5}) = 2\sqrt{1-(\frac{4}{5})^2}\frac{4}{5} = 2\frac{3}{5}\frac{4}{5} = \frac{24}{25}.$$

**Exemplo 2.23** *Encontre* $y = \operatorname{tg}(\operatorname{arcsen}\alpha)$.

Por definição

$$y = \operatorname{tg}(\operatorname{arcsen}\alpha) = \frac{\operatorname{sen}(\operatorname{arcsen}\alpha)}{\cos(\operatorname{arcsen}\alpha)} = \frac{\alpha}{\sqrt{1-\alpha^2}}.$$

# Função Arco tangente

Para a função arco tangente, $y = \operatorname{arctg} x$, temos

1. Domínio: $(-\infty, +\infty)$;

2. Imagem: $(-\frac{\pi}{2}, +\frac{\pi}{2})$;

3. A função arco tangente se anula em um único ponto $x = 0$;

4. A função arco tangente é limitada.

No gráfico da função $y = \operatorname{arctg} x$, observamos que esta função será injetiva (monótona crescente) se nos restringimos aos valores do ângulo $y$, que tem $\operatorname{tg} y = x$, no intervalo $(-\frac{\pi}{2}, \frac{\pi}{2})$.

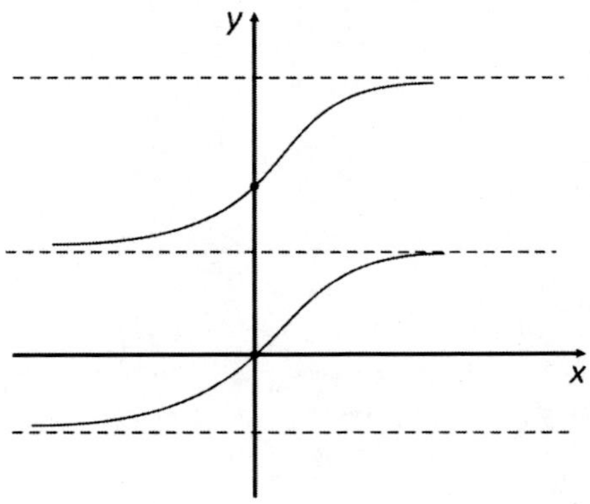


Figura 2.21: Gráfico da função $y = \operatorname{arctg} x$. $A = -\pi/2$, $B = \pi/2$, $C = \pi$, $D = 3\pi/2$

## Função Arco cotangente

Para a função arco cotangente, $y = \operatorname{arccotg} x$, temos

1. Domínio: $(-\infty, , +\infty)$;

2. Imagem: $(0, \pi)$;

3. A função não se anula em nenhum ponto;

4. A função arco cotangente é limitada.

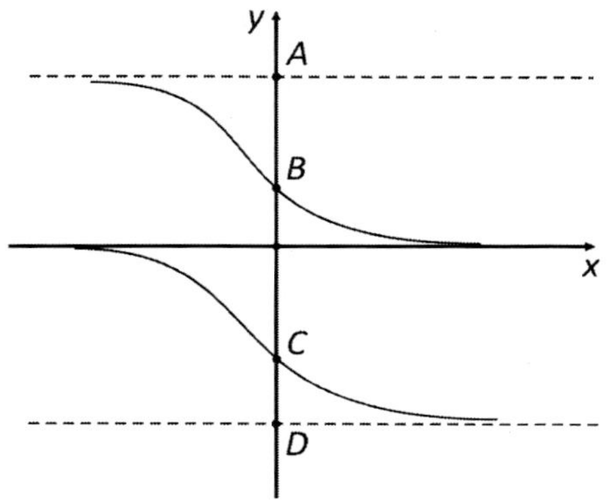


Figura 2.22: Gráfico da função $y = \operatorname{arccotg} x$. $A = \pi$, $B = \pi/2$, $C = -\pi/2$, $D = -\pi$

No gráfico da função $y = \operatorname{arccotg} x$, observamos que esta função será injetiva (mótona decrescente) se nos restringirmos aos valores do ângulo $y$, que tem $\operatorname{cotg} y = x$, no intervalo $(0, \pi)$.

**Exemplo 2.24**

$$\begin{cases} \operatorname{arctg} x + \operatorname{arccotg} x = \dfrac{\pi}{2} \\ \operatorname{arcsen} x + \arccos x = \dfrac{\pi}{2}. \end{cases}$$

Primeiramente, provemos que $\operatorname{arctg} x + \operatorname{arccotg} x = \dfrac{\pi}{2}$. De fato, denotemos por $a = \operatorname{arctg} x$ com $-\dfrac{\pi}{2} < a < \dfrac{\pi}{2}$ en $b = \operatorname{arccotg} x$ com $0 < b < \pi$. Donde $-\dfrac{\pi}{2} < a + b < \dfrac{3\pi}{2}$. Por definição $\operatorname{tg} a = x$ e $\operatorname{cotg} a = \dfrac{1}{x}$, $\operatorname{cotg} b = x$ e $\operatorname{tg} b = \dfrac{1}{x}$, portanto;

$$\operatorname{cotg}(a + b) = \frac{\operatorname{cotg} a \operatorname{cotg} b - 1}{\operatorname{cotg} a + \operatorname{cotg} b} = \frac{\frac{1}{x}x - 1}{\frac{1}{x} + x} = 0.$$

Daqui temos que $a + b = \dfrac{\pi}{2}$, e pelas notações acima:

$$\operatorname{arctg} x + \operatorname{arccotg} x = \frac{\pi}{2}.$$

Agora provemos que $\operatorname{arcsen} x + \arccos x = \dfrac{\pi}{2}$. Denotamos $\alpha = \operatorname{arcsen} x$ com $-\dfrac{\pi}{2} < \alpha < \dfrac{\pi}{2}$ e $\beta = \arccos x$ com $0 < \beta < \pi$. Temos $-\dfrac{\pi}{2} < \alpha + \beta < \dfrac{3\pi}{2}$. Mas, $\operatorname{sen} \alpha = x$ e $\cos \alpha = \sqrt{1 - x^2}$, $\cos \beta = x$ e $\operatorname{sen} \beta = \sqrt{1 - x^2}$, portanto;

$$\begin{aligned} \operatorname{sen}(\alpha + \beta) &= \operatorname{sen} \alpha \cos \beta + \operatorname{sen} \beta \cos \alpha \\ &= x.x + \sqrt{1 - x^2}\sqrt{1 - x^2} \\ &= 1. \end{aligned}$$

Como no intervalo $\left(-\dfrac{\pi}{2}, \dfrac{3\pi}{2}\right)$ a função $\operatorname{sen}(\alpha + \beta)$ é única, então

$$\alpha + \beta = \frac{\pi}{2},$$

ou seja

$$\operatorname{arcsen} x + \arccos x = \frac{\pi}{2}.$$

**Exemplo 2.25** *Encontre* $\operatorname{tg}(\operatorname{arccotg}(1/8))$.

É fácil verificar que $\operatorname{tg}(\operatorname{arctg} \alpha) = \alpha$ e $\operatorname{cotg}(\operatorname{arccotg} \alpha) = \alpha$. Assim,

$$\operatorname{tg}(\operatorname{arccotg}(1/8)) = \frac{1}{\operatorname{cotg}(\operatorname{arccotg}(1/8))} = \frac{1}{1/8} = 8.$$

## 2.5 Funções Transcendentes

O conjunto das funções elementares dividem-se em duas classes: funções elementares algébricas e funções elementares trascendentes.

O sentido da divisão em duas classes consiste no seguinte: Consideremos o polinômio de duas variáveis $P(x, y)$. Suponhamos que a função $y = f(x)$ definida num intervalo $[a, b]$ satisfaça a equação $P(x, y) = 0$, isto é,

$$P(x, f(x)) \equiv 0, \quad x \in [a, b].$$

Então a função $y = f(x), \quad x \in [a, b]$ chama-se algébrica. Por exemplo, a função $y = \sqrt{4 - x^2}$ é uma função algébrica quando $-2 \leq x \leq 2$, ela satisfaz a equação algébrica $x^2 + y^2 = 4$.

Qualquer função racional é uma função algébrica, pois a função $y = \dfrac{P(x)}{Q(x)}$, onde $P(x)$ e $Q(x)$ são polinômios, satisfaz a equação $Q(x)y - P(x) = 0$

Tal como foi observado acima, as funções algébricas que não são racionais chamam-se irracionais.
Em qualidade de exemplos de funções algébricas irracionais são as funções $y = \sqrt{x}$, $y = \sqrt[3]{x^2}$.

**Exemplo 2.26** *Mostremos que a função* $y = \sqrt[3]{x}$ *é uma função algébrica irracional.*

Suponhamos que a função $y = \sqrt[3]{x}$ seja algébrica racional, isto é,

$$\sqrt[3]{x} = \frac{P_n(x)}{Q_m(x)}, \quad x \geq 0, \tag{2.9}$$

onde $P_n(x)$ e $Q_m(x)$ são polinômios de graus $n$ e $m$ respectivamente. Suponhamos que estes polinômios não tenham um fator comum da forma $x^k$, $k > 0$. Analisemos a equação (2.9) no intervalo $[a,b], b > a > 0$. Temos

$$Q_m^3(x)x = P_n^3(x), \tag{2.10}$$

e portanto, o polinômio $P_n^3(x)$ é divisível por $x$. Daqui segue que $x$ divide $P_n(x)$ e portanto

$$P_n(x) = xP_{n-1}(x).$$

Pondo esta expressão de $P_n(x)$ em (2.10), obtemos

$$Q_m^3(x)x = x^3P_{n-1}^3(x),$$

daqui, simplificando por $x$,

$$Q_m^3(x) = x^2P_{n-1}^3(x).$$

Raciocinando, de forma análoga ao caso de $P_n(x)$, obtemos

$$Q_m(x) = x^2Q_{m-2}(x).$$

Desta forma, os polinômios $P_n(x)$ e $Q_m(x)$ possuem um fator comum $x$, o que contradiz a suposição que $\sqrt[3]{x} = \dfrac{P_n(x)}{Q_m(x)}$ é uma função algébrica racional. A contradição obtida mostra que $\sqrt[3]{x}$ é uma função algébrica irracional.

**Definição 2.11** *A função $f(x)$ chama-se transcendental se ela não satisfaz nenhuma equação algébrica da forma $P(x,y) = 0$, onde $P(x,y)$ é um polinômio das variáveis $x$ e $y$.*

Todas as funções trigonométricas, funções trigonométricas inversas, funções exponenciais e funções logarítmicas, são funções transcendentes.
Exemplos de numéros transcendentes são os números $\pi$ e $e$.

## 2.6 Função Par e Função Ímpar

O Conjunto de pontos $X$ da reta numérica (reta que representa o conjunto $\mathbb{R}$) chama-se simétrico com relação à origem de coordenadas, se para qualquer ponto $x \in X$ o número $-x$ também pertence a $X$.
Exemplos de tais conjuntos podem ser:
*a*) a união dos intervalos $(-\infty, 0)$ e $(0, +\infty)$; *b*) o intervalo $[-a, a]$; *c*) o intervalo $(-a, a)$; *d*) o conjunto $\{-3, -1, 1, 3\}$.

**Definição 2.12** *A função $y = f(x)$, definida no conjunto $X$ simétrico com relação à origem de coordenadas, chama-se par, se:*

$$f(x) = f(-x), \quad \textit{para} \quad \textit{qualquer } x \in X.$$

Exemplos de funções pares são as seguintes funções

$$f(x) = 3x^6 \quad f(x) = \frac{x^6}{12 + 5x^4}, \quad f(x) = 3\cos 2x, \quad f(x) = 3^{|3x|} - |\tan x|,$$

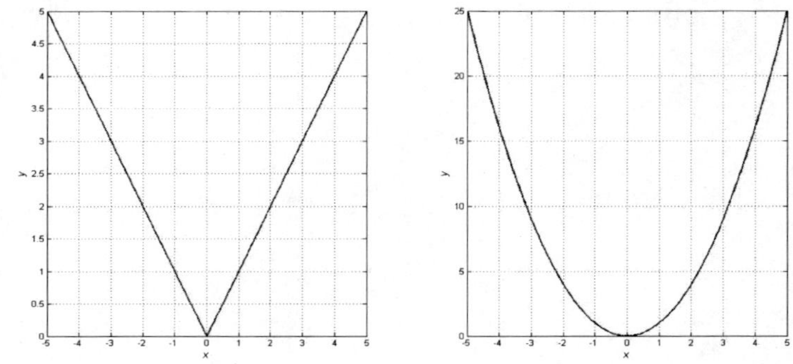

Figura 2.23: Gráficos de funções pares

Por exemplo, para $f(x) = \dfrac{x^6}{12+5x^4}$, temos

$$f(-x) = \frac{(-x)^6}{12+5(-x)^4} = \frac{x^6}{12+5x^4} = f(x).$$

Se $f(x)$, $x \in X$, é par, então para cada $x \in X$ os pontos do seu gráfico $(x, f(x))$ e $(-x, f(-x)) = (-x, f(x))$ são simétricos com relação ao eixo $y$. Desta forma, o gráfico de uma função par é simétrico com relação ao eixo $y$.

**Definição 2.13** *A função $y = f(x)$, definida no conjunto $X$ simétrico com relação à origem de coordenadas, chama-se ímpar, se:*

$$f(-x) = -f(x), \quad \textit{para qualquer } x \in X.$$

Exemplos de funções ímpares são as seguintes funções

$$y = 5x^7 \quad y = \frac{2x^5}{3-x^4}, \quad y = 5\operatorname{sen} 3x, \quad y = x^3\sqrt{x^6-24}.$$

Se $f(x)$, $x \in X$, é ímpar, então para cada $x \in X$ os pontos do seu gráfico $(x, f(x))$ e $(-x, f(-x)) = (-x, -f(x))$ são simétricos com relação à origem de coordenadas. Desta forma, o gráfico de uma função ímpar é simétrico com relação à origem de coordenadas.

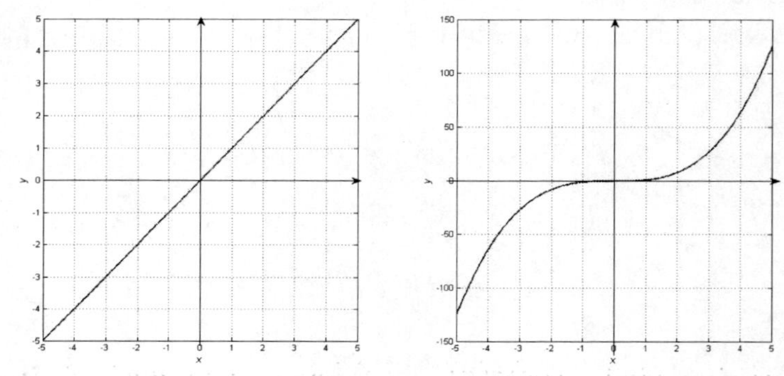

Figura 2.24: Gráficos de funções ímpares

Não vamos concluir daqui, que todas as funções se dividem em funções pares e funções ímpares, pois a maioria das funções não é par nem ímpar. Por exemplo, podemos citar duas funções,

1. A função $y = \sqrt{2x^5}$ não é par nem ímpar, pois seu domínio não é um conjunto simétrico com relação à origem de coordenadas;

2. A função $y = (1/7)^x$ também não é par nem ímpar, ainda que seu domínio seja um conjunto simétrico com relação à origem de coordenadas. No entanto, por exemplo,

$$y(1) = 1/7 \neq 7 = y(-1), \quad y(1) = 1/7 \neq -7 = -y(-1).$$

A única função, definida num conjunto simétrico $M$ com relação à origem de coordenadas que é par e ímpar ao mesmo tempo neste conjunto, é a função identicamente nula $f(x) \equiv 0, \quad x \in M \subset \mathbb{R}$.

Qualquer função $y = f(x)$, definida no conjunto $X$ simétrico com relação à origem de coordenadas pode-se escrever como soma de uma função par $\varphi(x)$ e de uma função ímpar $\psi(x)$: $f(x) = \varphi(x) + \psi(x)$, donde

$$\varphi(x) = \frac{f(x) + f(-x)}{2}, \quad \psi(x) = \frac{f(x) - f(-x)}{2}.$$

**Exemplo 2.27** *Escreva a função $f(x) = e^x + x + 1$ como soma de uma função par e uma função ímpar.*

Podemos escrever $\varphi(x) = \dfrac{f(x) + f(-x)}{2} = \dfrac{e^x + x + 1 + e^{-x} - x + 1}{2} = \dfrac{e^x + e^{-x} + 2}{2}$, $\psi(x) = \dfrac{f(x) - f(-x)}{2} = \dfrac{e^x + x + 1 - e^{-x} + x - 1}{2} = \dfrac{e^x - e^{-x} + 2x}{2}$. Segue daqui, $f(x) = \varphi(x) + \psi(x)$.

**Exemplo 2.28** *Escreva como soma de uma função par e uma função ímpar a seguinte função*

$$y = 3^x.$$

Escrevamos

$$\varphi(x) = \frac{3^x + 3^{-x}}{2}, \quad \psi(x) = \frac{3^x - 3^{-x}}{2}.$$

Assim, $\varphi(-x) = \varphi(x), \quad \psi(-x) = -\psi(x)$, isto é, $\varphi(x)$ é uma função par, e $\psi(x)$ é uma função ímpar. Assim

$$y(x) = \varphi(x) + \psi(x).$$

### 2.6.1 Propriedades das Funções Pares e Ímpares

1. Se $f(x)$ e $g(x)$ são funções pares no mesmo conjunto $X$, então as funções $f(x) + g(x)$, $f(x) - g(x)$, $f(x)g(x)$, $f(x)/g(x)$, com $g(x) \neq 0$, são funções pares no conjunto $X$.

2. Se $f(x)$ e $g(x)$ são funções ímpares no mesmo conjunto $X$, então as funções $f(x) + g(x)$, $f(x) - g(x)$, são funções ímpares no conjunto $X$. A função $f(x)g(x)$ é par no conjunto $X$; da mesma forma, a função $f(x)/g(x)$ é par desde que $g(x) \neq 0$.

**Exemplo 2.29** *Mostre que a seguinte função é ímpar*

$$y = \log_3(x^3 + \sqrt{1 + x^6}).$$

O domínio de existência da função dada é o conjunto de todos os pontos $x$ tais que $x^3 + \sqrt{1+x^6} > 0$. Esta desigualdade é satisfeita para qualquer $x \in \mathbb{R}$. Na verdade se $x = 0$, então $x^3 + \sqrt{1+x^6} = 1 > 0$. Para qualquer $x \neq 0$ temos

$$x^3 + \sqrt{1+x^6} = x^3 + |x^3|\sqrt{1 + \frac{1}{x^6}} > x^3 + |x^3| \geq 0.$$

Desta forma, o domínio da função dada é $\mathbb{R}$ e portanto, simétrica com relação à origem de coordenadas.

Continuando com a análise, temos para quaisquer $x$ real, valem as seguintes igualdades

$$\begin{aligned} y(-x) &= \log_3((-x)^3 + \sqrt{1 + (-x)^6}) = \log_3(-x^3 + \sqrt{1+x^6}) \\ &= \log_3 \frac{(-x^3 + \sqrt{1+x^6})(x^3 + \sqrt{1+x^6})}{x^3 + \sqrt{1+x^6}} = \log_3 \frac{1}{x^3 + \sqrt{1+x^6}} \\ &= \log_3(x^3 + \sqrt{1+x^6})^{-1} = -\log_3(x^3 + \sqrt{1+x^6}) = \\ &= -y(x). \end{aligned}$$

Como o domínio da função dada é a reta numérica e $y(x) = -y(-x)$ para todo $x \in \mathbb{R}$, então a função dada é ímpar.

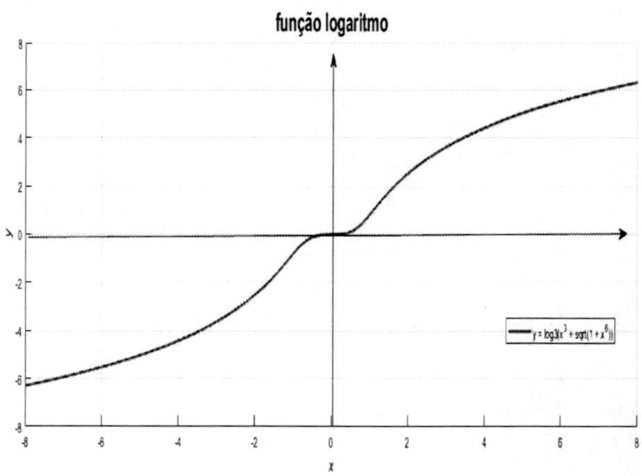


Figura 2.25: Gráfico da função logaritmo $y = \log_3(x^3 + \sqrt{1+x^6})$

**Exemplo 2.30** *Verifique se a seguinte função é par,*

$$f(x) = \left(\log_{3/2} \frac{x+3}{x-3}\right)\left(x - \log_4 \frac{4+x}{4-x}\right).$$

Primeiramente, calculemos o domínio da função;

$$\begin{cases} \dfrac{x+3}{x-3} > 0, & \text{Dom}(\log_{3/2} \dfrac{x+3}{x-3}) = (-\infty, -3) \cup (3, +\infty) \\ \dfrac{4+x}{4-x} > 0, & \text{Dom}(x - \log_4 \dfrac{4+x}{4-x}) = (-4, 4) \end{cases}$$

Assim,

$$\text{Dom} f(x) = [(-\infty, -3) \cup (3, +\infty)] \cap (-4, 4) = (-4, -3) \cup (3, 4),$$

é simétrica com relação à origem de coordenadas.

Para qualquer $x$ pertencente ao domínio da função, temos

$$\begin{aligned} f(-x) &= \left(\log_{3/2} \frac{-x+3}{-x-3}\right)\left(-x - \log_4 \frac{4-x}{4-(-x)}\right) = \\ &= -\left(\log_{3/2} \frac{x-3}{x+3}\right)\left(x + \log_4 \frac{4-x}{4+x}\right) = \\ &= \left(\log_{3/2} \left(\frac{x-3}{x+3}\right)^{-1}\right)\left(x - \log_4 \left(\frac{4-x}{4+x}\right)^{-1}\right) = \\ &= \left(\log_{3/2} \frac{x+3}{x-3}\right)\left(x - \log_4 \frac{4+x}{4-x}\right) = \\ &= f(x). \end{aligned}$$

Portanto, a função $f(x)$ é par.

## 2.7 Função Limitada

Nesta seção vamos introduzir a noção de função limitada e algumas de suas propriedades, mas, primeiramente, começaremos definindo função limitada inferiormente e função limitada superiormente.

**Definição 2.14** *A função $y = f(x)$, definida no conjunto $X$, chama-se limitada inferiormente neste conjunto se existe um número real $A$, tal que $f(x) \geq A$ para todo $x \in X$.*

O número $A$ chama-se cota inferior da função $f(x)$ no conjunto $X$. Por exemplo, a função $f(x) = x^2 + 3$ é limitada por baixo no conjunto $\mathbb{R}$, pois temos $x^2 + 3 \geq 3$ para todo $x \in \mathbb{R}$.

A função $f(x)$ é limitada inferiormente no conjunto $X$, significa dizer que o gráfico da função encontra-se em cima de uma reta horizontal $y = A$.

**Definição 2.15** *A função $y = f(x)$, definida no conjunto $X$, chama-se limitada superiormente neste conjunto se existe um número $B$, tal que $f(x) \leq B$ para todo $x \in X$.*

O número $B$ chama-se cota superior da função $f(x)$ no conjunto $X$. Por exemplo a função $f(x) = 5\cos 7x$ é limitada por cima pelo número 5 para todo $x \in \mathbb{R}$.

A interpretação geométrica da definição de uma função $f(x)$ limitada superiormente no conjunto $X$, significa que o gráfico da função encontra-se embaixo de uma reta horizontal $y = B$.

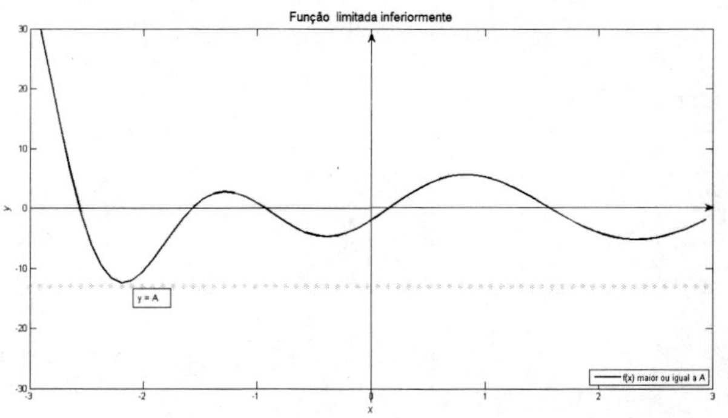


Figura 2.26: Gráfico de uma função limitada inferiormente

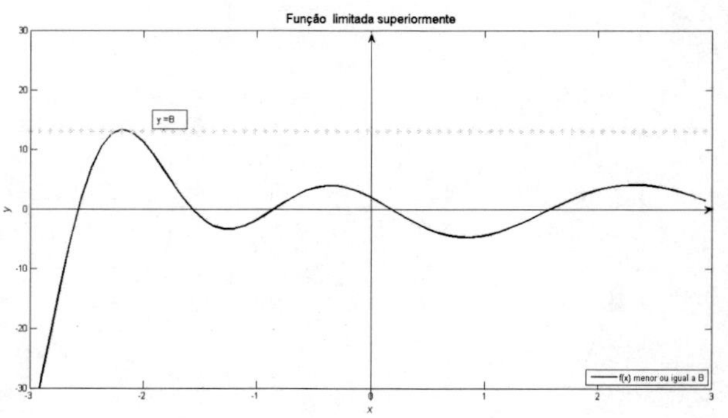


Figura 2.27: Gráfico de uma função limitada superiormente

**Exemplo 2.31** *Mostre que a função $y = 7\cos 5x + 3\,\text{sen}\,5x$ é limitada superiormente no conjunto dos números reais $\mathbb{R}$.*

Para cada $x \in \mathbb{R}$ podemos usar as limitações grossas das funções $\text{sen}\,x$ e $\cos x$: $\cos 5x \leq 1$ e $\text{sen}\,5x \leq 1$. Assim, temos

$$7\cos 5x + 3\,\text{sen}\,5x \leq 7 \cdot 1 + 3 \cdot 1 = 10,$$

é limitada superiormente e o problema está resolvido.

No entanto, podemos usar a seguinte igualdade para refinar ainda mais a limitação,

$$7\cos 5x + 3\,\text{sen}\,5x = \sqrt{58}\left(\frac{7}{\sqrt{58}}\cos 5x + \frac{3}{\sqrt{58}}\,\text{sen}\,5x\right) = \sqrt{58}\cos(5x - \varphi),$$

onde $\varphi = \text{arcsen}\,\frac{3}{\sqrt{58}}$, e concluir que $7\cos 5x + 3\,\text{sen}\,5x \leq \sqrt{58}$. Assim $\sqrt{58}$ é a menor de todas as cotas superiores.

**Definição 2.16** *Diz-se que a função $f(x)$ definida no conjunto $X$, é limitada neste conjunto, se existe um número real positivo $M$, tal que, para qualquer $x \in X$, tem-se $|f(x)| \leq M$.*

**Exemplo 2.32** *A função $f(x) = 3^{\text{sen}^4 x} + 4\cos 2x$ é limitada no conjunto $\mathbb{R}$.*

De fato,

$$|3^{\text{sen}^4 x} + 4\cos 2x| \leq |3^{\text{sen}^4 x}| + 4|\cos 2x| \leq 3 + 4 = 7.$$

**Exemplo 2.33** *Analisar a limitação da função* $f(x) = \sqrt{16 - x^2}$.

Como a função $f(x) = \sqrt{16 - x^2}$ está definida no intervalo $[-4, 4]$, é fácil ver que

$$0 \leq \sqrt{16 - x^2} \leq 4.$$

**Exemplo 2.34** *Analisar a limitação da função* $f(x) = \dfrac{1 + x^2}{1 + x^4}$ *no intervalo* $(-\infty, +\infty)$.

Como os expoentes da variável $x$ são pares, segue que $f(x) > 0$, pois $x^2+1 > 0$. Da desigualdade $(1 - x^2)^2 \geq 0$, segue que $1 + x^4 \geq 2x^2$, ou seja $\dfrac{x^2}{1 + x^4} \leq \dfrac{1}{2}$. Assim

$$0 < \frac{1 + x^2}{1 + x^4} = \frac{1}{1 + x^4} + \frac{x^2}{1 + x^4} \leq 1 + \frac{1}{2} = \frac{3}{2}, \quad \forall x \in (-\infty, +\infty).$$

A função $f(x)$ é limitada no conjunto $X$, significa dizer que o gráfico da função encontra-se numa faixa limitada por duas retas horizontais.

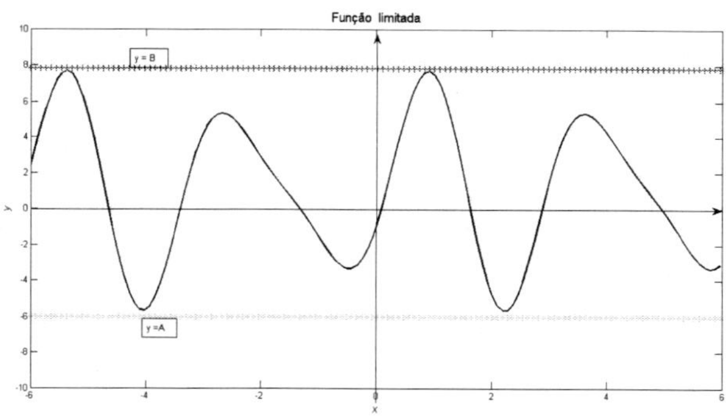


Figura 2.28: Gráfico de uma função limitada: $A \leq f(x) \leq B$

# Propriedades das Funções Limitadas

1. Se as funções $f(x)$ e $g(x)$ estão definidas e são limitadas no mesmo conjunto $X$, então as funções $f(x) + g(x)$, $f(x) - g(x)$, $f(x)g(x)$, $|f(x)|$, também são funções limitadas no conjunto $X$.

2. Se $f(x)$ e $g(x)$ são funções definidas no mesmo conjunto $X$, a função $f(x)$ é limitada em $X$, e a função $g(x)$ é tal que $|g(x)| > M > 0$, então a função $f(x)/g(x)$ é limitada no conjunto $X$.

3. Se a função $f(x)$ é limitada, então as funções

$$\sqrt[n]{f(x)}, \ a^{f(x)}, \quad \operatorname{sen} f(x), \ \ln f^4(x), \quad \arccos f(x), \quad \operatorname{arctg} f(x)$$

são limitadas no mesmo conjunto onde a função $f(x)$ está definida.

## 2.8 Funções Monótonas

A função $y = f(x)$, $x \in X$, chama-se crescente no conjunto $M \subseteq X$, se para quaisquer $x_1, x_2 \in M$, tais que $x_1 < x_2$, temos

$$f(x_1) < f(x_2).$$

A função $y = f(x)$, $x \in X$, chama-se decrescente no conjunto $M \subseteq X$, se para quaisquer $x_1, x_2 \in M$, tais que $x_1 < x_2$, temos

$$f(x_1) > f(x_2).$$

A função $y = f(x)$, $x \in X$, chama-se não decrescente no conjunto $M \subseteq X$, se para quaisquer $x_1, x_2 \in M$, tais que $x_1 < x_2$, temos

$$f(x_1) \leq f(x_2).$$

A função $y = f(x)$, $x \in X$, chama-se não crescente no conjunto $M \subseteq X$, se para quaisquer $x_1, x_2 \in M$, tais que $x_1 < x_2$, temos

$$f(x_1) \geq f(x_2).$$

Se a função $y = f(x)$, $x \in X$, possui uma das 4 propriedades acima no conjunto $M \subseteq X$, então dizemos que tal função é monótona em $M$.

**Exemplo 2.35** *Mostre que a função $y = 2x^4$ é crescente no conjunto $[0, +\infty)$ e decrescente no conjunto $(-\infty, 0]$.*

De fato, para quaisquer $x_1, x_2$ tais que $0 \leq x_1 < x_2 < +\infty$, temos

$$y(x_1) - y(x_2) = 2x_1^4 - 2x_2^4 = 2(x_1^2 - x_2^2)(x_1^2 + x_2^2) = 2(x_1 - x_2)(x_1 + x_2)(x_1^2 + x_2^2) < 0,$$

pois $x_1 + x_2 > 0$, $x_1 - x_2 < 0$. Portanto, $y(x_1) < y(x_2)$, isto é, a função $y = 2x^4$ é crescente no intervalo $[0, +\infty)$.

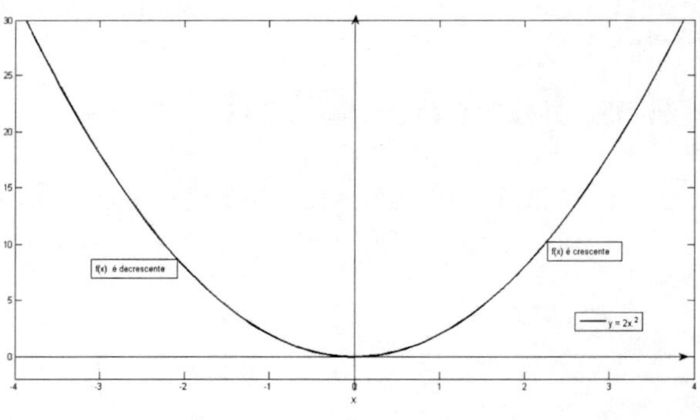


Figura 2.29: Gráfico da função $f(x) = 2x^4$, onde mostra em quais intervalos ela é crescente e decrescente.

Agora, para quaisquer $x_1, x_2$ tais que $-\infty < x_1 < x_2 \leq 0$, temos

$$y(x_1) - y(x_2) = 2x_1^4 - 2x_2^4 = 2(x_1 - x_2)(x_1 + x_2)(x_1^2 + x_2^2) > 0,$$

pois $x_1 + x_2 < 0$, $x_1 - x_2 < 0$. Portanto, $y(x_1) > y(x_2)$, e por definição, a função $y = 2x^4$ é decrescente no intervalo $(-\infty, 0]$.

**Exemplo 2.36** *Mostre que a função* $y = \sqrt{x+3}$ *é crescente no conjunto* $[-3, +\infty)$.

Obviamente o domínio da função $f(x) = \sqrt{x+3}$ é o intervalo $[-3, +\infty)$. Consideremos dois elementos arbitrários $x_1$ e $x_2$ tais que, $-3 \leq x_1 < x_2$, então

$$\begin{aligned}
\sqrt{x_2+3} - \sqrt{x_1+3} &= \frac{(\sqrt{x_2+3} - \sqrt{x_1+3})(\sqrt{x_2+3} + \sqrt{x_1+3})}{(\sqrt{x_2+3} + \sqrt{x_1+3})} = \\
&= \frac{x_2 - x_1}{(\sqrt{x_2+3} + \sqrt{x_1+3})} \\
&> 0,
\end{aligned}$$

pois $x_2 - x_1 > 0$.

Segue daqui que $\sqrt{x_2+3} > \sqrt{x_1+3}$, e, portanto, a função $y = \sqrt{x+3}$ é crescente.

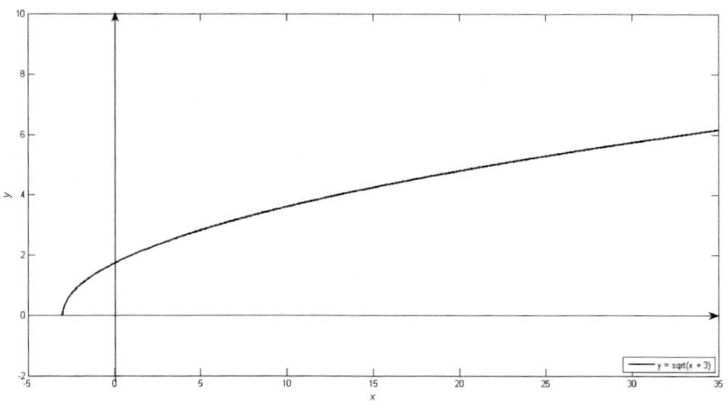

Figura 2.30: Gráfico da função $f(x) = \sqrt{x+3}$.

**Exemplo 2.37** *Encontre os intervalos de crescimento e decrescimento da função*

$$f(x) = \frac{1}{x^2+1}.$$

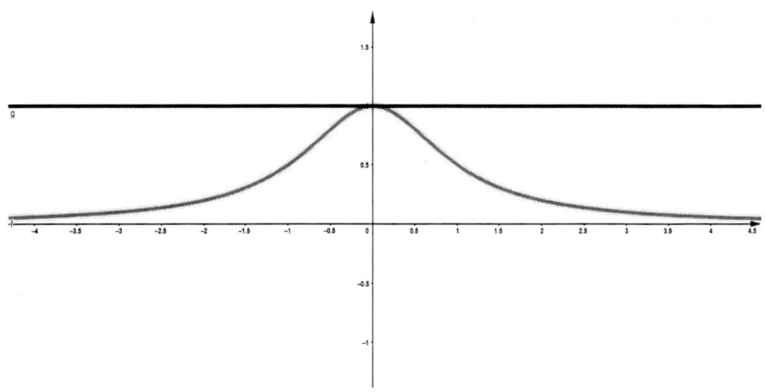

Figura 2.31: Gráfico da função $f(x) = \dfrac{1}{x^2+1}$.

Como $f(0) = 1$, é o maior valor da função,vamos analisar os sinais da função nos intervalos $(-\infty, 0]$ e $[0, +\infty)$:

Se $0 \leq x_1 < x_2 < \infty$, então $f(x_2) - f(x_1) = \dfrac{1}{x_2^2+1} - \dfrac{1}{x_1^2+1} = \dfrac{x_1^2 - x_2^2}{(x_2^2+1)(x_1^2+1)} =$ $\dfrac{(x_1 - x_2)(x_1 + x_2)}{(x_2^2+1)(x_1^2+1)} < 0$, portanto, a função decresce.

Se $-\infty < x_1 < x_2 \leq 0$, então $f(x_2) - f(x_1) = \dfrac{1}{x_2^2+1} - \dfrac{1}{x_1^2+1} = \dfrac{x_1^2 - x_2^2}{(x_2^2+1)(x_1^2+1)} =$ $\dfrac{(x_1-x_2)(x_1+x_2)}{(x_2^2+1)(x_1^2+1)} > 0$, portanto, a função cresce.

## 2.9 Máximos e Mínimos de uma Função

O ponto $x_o \in X$ chama-se ponto de máximo local da função $f(x)$, $x \in X$, se existe um intervalo $(x_o - \delta, x_o + \delta)$, $\delta > 0$, contido em $X$ e tal que para todo $x$ deste intervalo temos a desigualdade $f(x) \leq f(x_o)$.

O ponto $x_o \in X$ chama-se ponto de mínimo local da função $f(x)$, $x \in X$, se existe um intervalo $(x_o - \delta, x_o + \delta)$, $\delta > 0$, contido em $X$ e tal que para todo $x$ deste intervalo temos a desigualdade $f(x) \geq f(x_o)$.

Os pontos de máximo local e mínimo local chamam-se pontos de extremo.

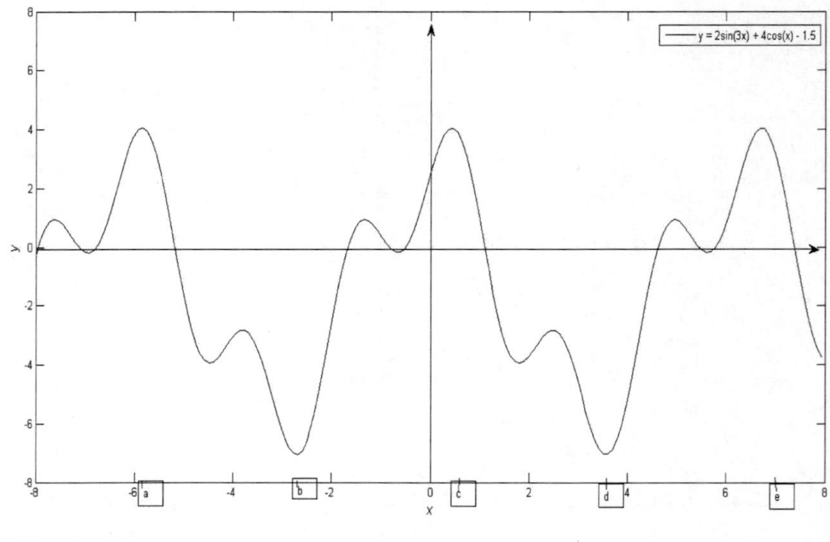


Figura 2.32: $b$ e $d$ são pontos de mínimo, $a, c$ e $e$ são pontos de máximo.

A seguir enunciaremos um critério importante para calcular os pontos de extremo.

**Teorema 2.3 (Condição suficiente para o extremo local)** *Se a função $y = f(x)$, $x \in X$ cresce (decresce) num intervalo da forma $(x_o - \delta, x_o] \subset X$ e decresce(cresce) num intervalo $[x_o, x_o + \delta) \subset X$, $\delta > 0$, então, o ponto $x_o$ é um ponto de máximo(mínimo) local da função $f(x)$.*

**Prova:** Vejamos, suponhamos que $f$ seja crescente em $(x_o - \delta, x_o]$ ou seja $f(x_o) \geq f(x)$ $\forall x \in (x_o - \delta, x_o]$ e $f$ seja decrescente em $[x_o, x_o + \delta)$ ou seja $f(x_o) \geq f(x)$ $\forall x \in [x_o, x_o + \delta, x_o)$. Segue daqui que $f(x_o) \geq f(x)$, $\forall x \in (x_o - \delta, x_o + \delta, x_o)$. Logo $x_o$ é ponto de máximo.

Para provar que $x_o$ é ponto de mínimo de $f$, quando $f(x)$ é decrescente em $(x_o - \delta, x_o]$ e crescente no intervalo $[x_o, x_o + \delta)$, o procedimento é análogo ao caso anterior. ∎

**Exemplo 2.38** *Encontrar os pontos de máximo local e mínimo local (pontos de extremo) da função*

$$f(x) = \frac{|x|}{1+x^2},$$

*e também os valores extremos.*

Para encontrar os pontos de extremo local, é suficiente encontrar os intervalos de crescimento e os intervalos de decrescimento da função.

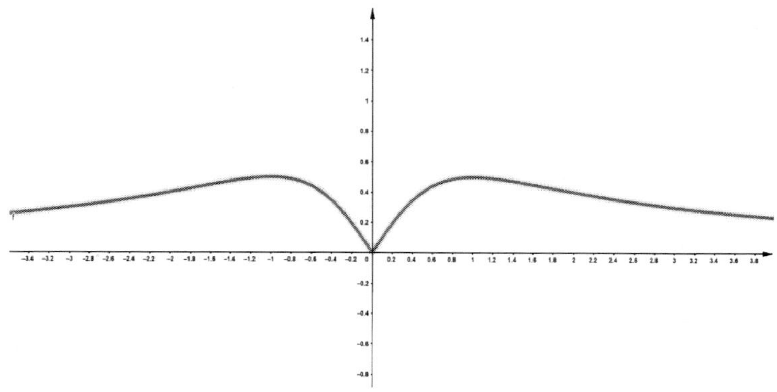

Figura 2.33: Gráfico da função $f(x) = \dfrac{|x|}{1+x^2}$

Uma análise rápida mostra que a função é par e se anula quando $x = 0$. Isto significa que podemos analisar a função no intervalo $[0, \infty)$. De fato, neste intervalo $|x| = x \geq x^2$, se $x \in [0,1]$ e $|x| = x \leq x^2$, se $x \in [1, \infty)$:

$$0 \leq \frac{x}{1+x^2} \leq \frac{1}{2}, \quad x \in [0,1]$$
$$0 \leq \frac{x}{1+x^2} \leq \frac{1}{2}, \quad x \in [1,+\infty)$$

Agora, usando o fato que $f(x)$ é par em $\mathbb{R}$, temos

1. A função $f(x)$ cresce estritamente nos intervalos $(-\infty, -1]$ e $[0,1]$;

2. A função $f(x)$ decresce estritamente nos intervalos $[-1, 0]$ e $[1, +\infty)$.

Desta forma, os pontos $x = -1$ e $x = 1$ são pontos de máximo local, enquanto o ponto $x = 0$ é um ponto de mínimo local. Portanto, os valores extremos da função são;

$$f(-1) = 1/2, \quad f(1) = 1/2, \quad f(0) = 0.$$

Se a função $y = f(x)$ cresce (decresce) no intervalo $[a, b]$, então o menor (maior) valor da função é alcançado quando $x = a$ e o maior valor (menor) da função é atingido quando $x = b$.

Assim, por exemplo, a função $y = \log_3 x$ cresce no intervalo $[1/3, 9]$(já sabemos), portanto, o menor valor da função $y = \log_3 x$ é atingido no ponto $x = 1/3$ e é igual a $\log_3 1/3 = -1$, enquanto o maior valor é igual a $\log_3 9 = 2$, e é atingido no ponto $x = 9$.

Se a função $y = f(x)$, $x \in X$, não é limitada superiormente no conjunto $M \subseteq X$, então ela não atinge seu máximo valor no conjunto $M$; se a função $y = f(x)$, $x \in X$, não é limitada inferiormente no conjunto $M \subseteq X$, então ela não atinge seu mínimo valor no conjunto $M$.

**Exemplo 2.39** *Analise os valores máximo e mínimo da função*

$$y = ax^2 + bx + c, \ a \neq 0.$$

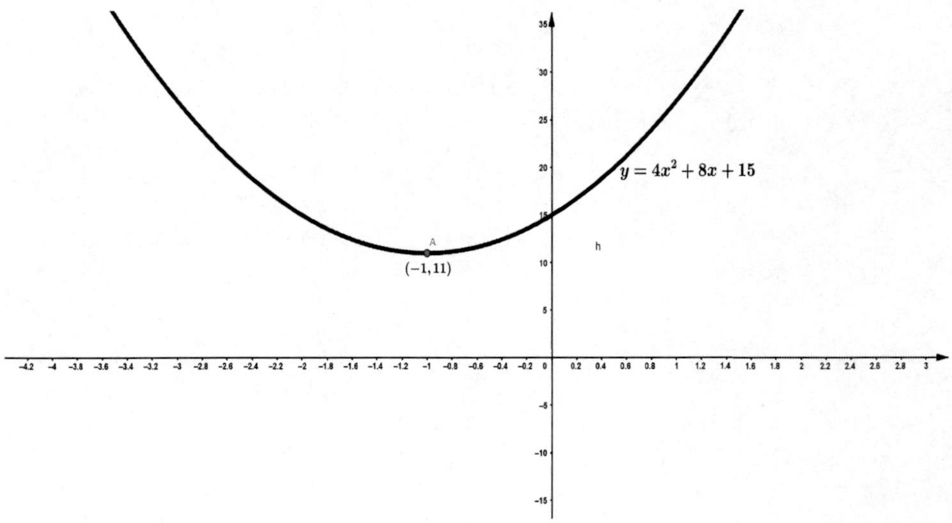


Figura 2.34: $m = (-b/(2a), c - b^2/(4a))$, $M = (-b/(2a), c - b^2/(4a))$

Lembremos que o domínio da função quadrática é o conjunto dos números reais $\mathbb{R}$. Reescrevendo $y$ na seguinte forma:

$$y = ax^2 + bx + c = a\left(x + \frac{b}{2a}\right)^2 + c - \frac{b^2}{4a},$$

podemos concluir:

1. Se $a > 0$, a função $y = ax^2 + bx + c$ atinge seu valor mínimo igual a $c - \dfrac{b^2}{4a}$, e é atingido quando $x = -\dfrac{b}{2a}$;

2. Se $a < 0$, a função $y = ax^2 + bx + c$ atinge seu valor máximo igual a $c - \dfrac{b^2}{4a}$, e ele é atingido quando $x = -\dfrac{b}{2a}$.

**Exemplo 2.40** *Analise os valores máximo e mínimo da função*

$$y = 4x^2 + 8x + 15.$$

Escrevamos $y$ na seguinte forma

$$4x^2 + 8x + 15 = 4(x + 1)^2 + 11.$$

Então daqui segue, que a função $y = 4x^2 + 8x + 15$ atinge seu valor mínimo igual a $15 - \dfrac{8^2}{4 \times 4} = 11$, e ele é atingido quando $x = -1$. Como a função $y = 4x^2 + 8x + 15$ não é limitada superiormente, então a função não possui valor máximo.

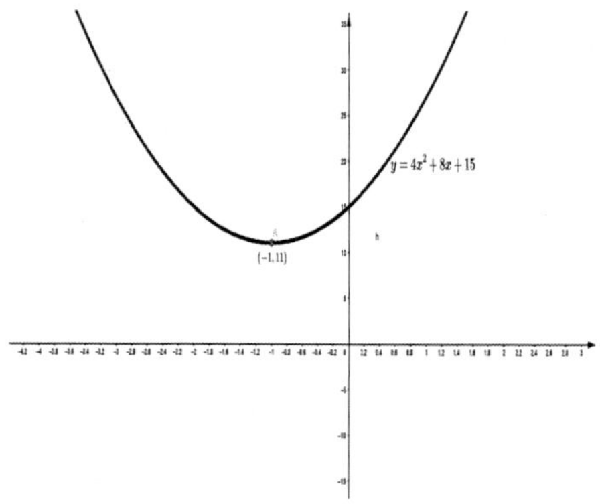


Figura 2.35: Gráfico da função $y = 4x^2 + 8x + 15$

**Exemplo 2.41** *Encontre os valores máximo e mínimo da função*

$$y = 2\,\mathrm{sen}\,3x + 5\cos 3x.$$

Escrevamos a função $y$ da seguinte forma;

$$\begin{aligned} y &= 2\,\mathrm{sen}\,3x + 5\cos 3x = \sqrt{2^2+5^2}\left(\frac{2}{\sqrt{2^2+5^2}}\,\mathrm{sen}\,3x + \frac{5}{\sqrt{2^2+5^2}}\cos 3x\right) = \\ &= \sqrt{29}(\cos\alpha\sin 3x + \mathrm{sen}\,\alpha\cos 3x) = \\ &= \sqrt{29}\,\mathrm{sen}(3x+\alpha), \end{aligned}$$

onde $\alpha = \arccos\frac{2}{\sqrt{29}} = \mathrm{arcsen}\,\frac{5}{\sqrt{29}}$. Como o máximo valor da função $\mathrm{sen}(3x+\alpha)$ é igual a 1 e o mínimo valor é igual a $-1$, então o valor máximo da função $y = 2\,\mathrm{sen}\,3x + 5\cos 3x$ é $\sqrt{29}$ e o valor mínimo é $-\sqrt{29}$.

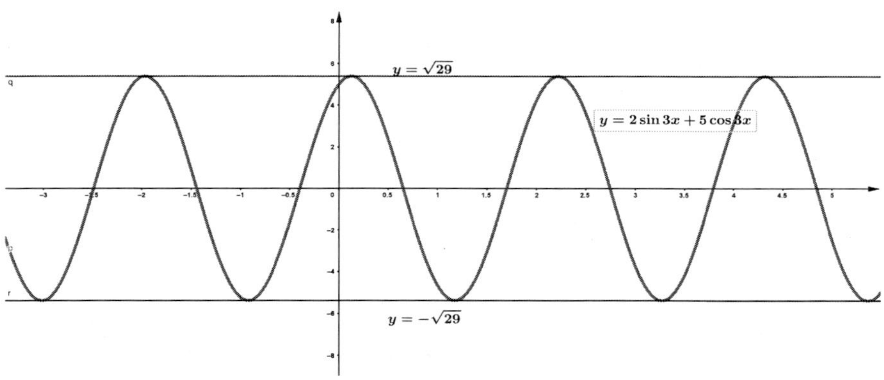


Figura 2.36: Gráfico da função $y = 2\,\mathrm{sen}\,3x + 5\cos 3x$

## 2.10 Funções Periódicas

A função $f : X \to \mathbb{R}, \quad x \mapsto f(x)$ chama-se periódica em $X$, se existe um número $T > 0$, chamado período da função, tal que:

1. $x + T$ e $x - T$ pertencem ao conjunto $X$ para cada $x \in X$;

2. Para cada $x \in X$ temos a igualdade

$$f(x+T) = f(x).$$

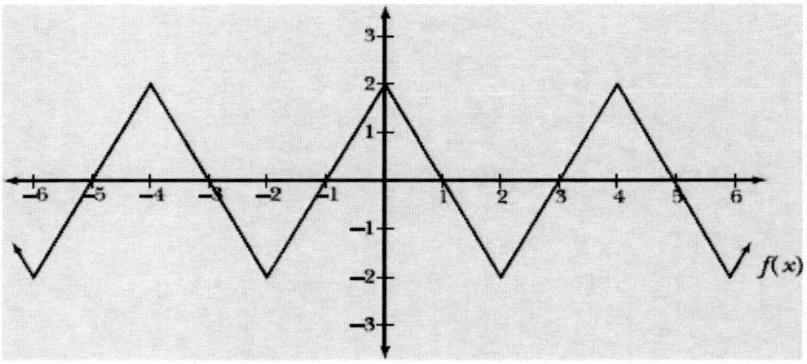


Figura 2.37: Gráfico de uma função com período $T = 4$

**Exemplo 2.42** *Mostre que se a função*

$$f(x) = \cos x + \operatorname{sen} \alpha x$$

*é periódica, então $\alpha$ é um número racional.*

Observamos que o domínio da função é $\mathbb{R}$. Por hipótese $f(x)$ é periódica. Seja $T > 0$ o período da função, então para cada $x$ e $\alpha$, temos

$$\cos(x+T) + \operatorname{sen} \alpha(x+T) = \cos x + \operatorname{sen} \alpha x.$$

Escrevendo nesta igualdade, $x = 0$ e $x = -T$, obtemos

$$\begin{aligned} \cos T + \operatorname{sen} \alpha T &= 1 \\ 1 &= \cos T - \operatorname{sen} \alpha T. \end{aligned}$$

Subtraindo a segunda equação da primeira e logo simplificando por 2, obtemos

$$\cos T = 1, \quad \text{isto é}, \ T = 2\pi m, \ m \in \mathbb{Z}.$$

Agora, somando as duas equações, obtemos

$$2 \operatorname{sen} \alpha T = 0, \quad \text{isto é}, \ \alpha T = k\pi, \ k \in \mathbb{Z}.$$

Como $T \neq 0$, então $k, m \neq 0$, portanto,

$$\alpha 2\pi m = k\pi, \ \text{donde} \ \alpha = k/(2m), \ \text{isto é}, \ \alpha \in \mathbb{Q}.$$

**Definição 2.17** *O menor dos períodos positivos de uma função periódica chama-se período principal.*

**Exemplo 2.43** *Encontre o período principal da função*

$$y = 4\cos x + 2\cos 2x - 3 \operatorname{sen} 3x.$$

Observamos que o domínio da função é toda a reta numérica.
O menor período da função $\cos x$ é $2\pi$, o menor período da função $\cos 2x$ é $\pi$ e o menor período da função $\operatorname{sen} 3x$ é $2\pi/3$. Portanto, o menor período comum das três funções é $2\pi$. De fato,

$$y = 4\cos(x+2\pi) + 2\cos 2(x+2\pi) - 3\operatorname{sen} 3(x+2\pi) = 4\cos x + 2\cos 2x - 3\operatorname{sen} 3x.$$

## 2.11 Funções Convexas

As funções convexas desempenham um papel importante em muitas áreas da matemática, tais como na análise matemática, no cálculo variacional, na teoria das probabilidades, etc. Nesta seção, vamos introduzir as definições e propriedades das funções convexas e côncavas. Para facilitar o entendimento das definições, doravante, vamos renomear estas funções: funções convexas por funções côncavas para cima e as funções côncavas por funções côncavas para baixo.

**Definição 2.18** *A função $f(x)$ definida no intervalo $X$ chama-se côncava para cima (convexa) se para quaisquer $x_1$ e $x_2$ deste intervalo e qualquer $\alpha \in (0,1)$ é satisfeita a desigualdade:*

$$f(\alpha x_1 + (1-\alpha)x_2) \leq \alpha f(x_1) + (1-\alpha)f(x_2). \tag{2.11}$$

**Definição 2.19** *A função $f(x)$ definida no intervalo $X$ chama-se côncava para baixo (côncava) se para quaisquer $x_1$ e $x_2$ deste intervalo e qualquer $\alpha \in (0,1)$ é satisfeita a desigualdade:*

$$f(\alpha x_1 + (1-\alpha)x_2) \geq \alpha f(x_1) + (1-\alpha)f(x_2)). \tag{2.12}$$

Geometricamente, a propriedade de concavidade para cima(convexa) da função $f(x)$ no intervalo $X$, significa que os pontos de qualquer arco $AB$ do gráfico da função $y = f(x)$, onde $A = (x_1, f(x_1))$ e $B = (x_2, f(x_2))$ estão abaixo da corda $\overline{AB}$ que contém estes pontos.

Geometricamente, a propriedade de concavidade para baixo (côncava) da função $f(x)$ no intervalo $X$, significa que os pontos de qualquer arco $AB$ do gráfico da função $y = f(x)$, onde $A = (x_1, f(x_1))$ e $B = (x_2, f(x_2))$ estão acima da corda $\overline{AB}$ que contém estes pontos.

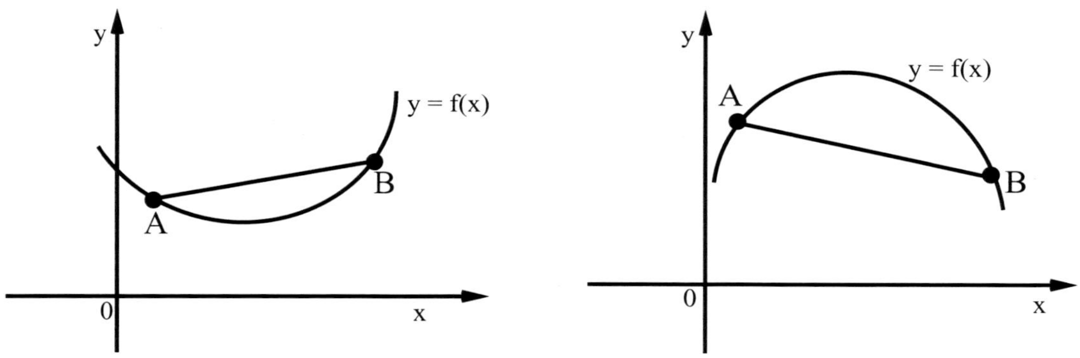


Figura 2.38: Esquerda, função côncava para cima (convexa) $A = (x_1, f(x_1))$ e $B = (x_2, f(x_2))$ e direita, função côncava para baixo (côncava) $A = (x_1, f(x_1))$ e $B = (x_2, f(x_2))$

**Observação 2.1** *Notemos que qualquer ponto da forma $\alpha x_1 + (1-\alpha)x_2$, com $\alpha \in (0,1)$ pertence ao intervalo $(x_1, x_2)$.*

Pela Observação 2.1, ficou mais fácil analisar a convexidade ou concavidade das funções definidas em 2.18 e 2.19 respectivamente, pois agora basta escolher $\alpha = 1/2$ nas desigualdades (2.11) e (2.12), ou seja:

**Definição 2.20** *A função $f(x)$, definida no intervalo $X$, chama-se côncava para cima (convexa), se para quaiquer $x_1$ e $x_2$ deste intervalo temos a seguinte desigualdade*

$$f\left(\frac{x_1 + x_2}{2}\right) \leq \frac{f(x_1) + f(x_2)}{2}.$$

*e é côncava para baixo (côncava) se*

$$f\left(\frac{x_1+x_2}{2}\right) \geq \frac{f(x_1)+f(x_2)}{2}.$$

**Exemplo 2.44** *Mostre que a função exponencial $y = a^x, a > 0$ é côncava para cima em todo $\mathbb{R}$.*

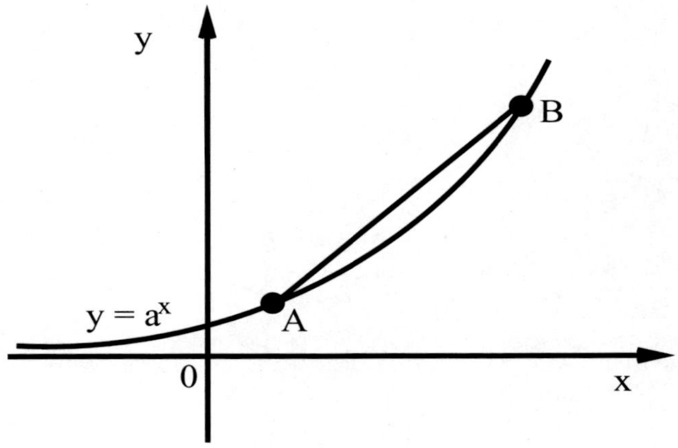


Figura 2.39: Gráfico da função $a^x$ côncava para cima em $\mathbb{R}$

Vamos analisar o sinal da diferença $f\left(\frac{x_1+x_2}{2}\right) - \frac{f(x_1)+f(x_2)}{2}$ para a função dada. Assim, temos

$$\begin{aligned}
a^{\frac{x_1+x_2}{2}} - \frac{a^{x_1+x_2}}{2} &= a^{\frac{x_1}{2}} \times a^{\frac{x_2}{2}} - \frac{a^{x_1}}{2} - \frac{a^{x_2}}{2} = \\
&= \frac{a^{\frac{x_1}{2}} \times a^{\frac{x_2}{2}}}{2} + \frac{a^{\frac{x_1}{2}} \times a^{\frac{x_2}{2}}}{2} - \frac{a^{x_1}}{2} - \frac{a^{x_2}}{2} = \\
&= \frac{1}{2}a^{\frac{x_1}{2}}\left[a^{\frac{x_2}{2}} - a^{\frac{x_1}{2}}\right] + \frac{1}{2}a^{\frac{x_2}{2}}\left[a^{\frac{x_1}{2}} - a^{\frac{x_2}{2}}\right] = \\
&= \frac{1}{2}a^{\frac{x_1}{2}}\left[a^{\frac{x_2}{2}} - a^{\frac{x_1}{2}}\right] - \frac{1}{2}a^{\frac{x_2}{2}}\left[a^{\frac{x_2}{2}} - a^{\frac{x_1}{2}}\right] = \\
&= \frac{1}{2}\left[a^{\frac{x_2}{2}} - a^{\frac{x_1}{2}}\right]\left[a^{\frac{x_1}{2}} - a^{\frac{x_2}{2}}\right] = \\
&= -\frac{1}{2}\left[a^{\frac{x_2}{2}} - a^{\frac{x_1}{2}}\right]\left[a^{\frac{x_2}{2}} - a^{\frac{x_1}{2}}\right] = -\frac{1}{2}\left(a^{\frac{x_2}{2}} - a^{\frac{x_1}{2}}\right)^2 < 0.
\end{aligned}$$

Desta forma, para quaisquer $x_1, x_2 \in \mathbb{R}$, a desigualdade acima é negativa e portanto, a função $y = a^x$ é côncava para cima. Qualquer corda $AB$ sempre está acima do arco $AB$ do gráfico da curva de $a^x$.

**Exemplo 2.45** *Mostre que a função $y = \cos x$ é côncava para baixo no intervalo $[-\frac{\pi}{2}, \frac{\pi}{2}]$.*

É necessário mostrar que

$$\cos\frac{x_1+x_2}{2} \geq \frac{\cos x_1 + \cos x_2}{2}, \quad \text{para quaisquer} \quad x_1, x_2 \in [-\frac{\pi}{2}, \frac{\pi}{2}].$$

Temos

$$\begin{aligned}
\cos\frac{x_1+x_2}{2} - \frac{\cos x_1 + \cos x_2}{2} &= \cos\frac{x_1+x_2}{2} - \frac{2\cos\frac{x_1+x_2}{2}\cos\frac{x_1-x_2}{2}}{2} = \\
&= \cos\frac{x_1+x_2}{2}\left(1 - \frac{\cos(x_1-x_2)}{2}\right).
\end{aligned}$$

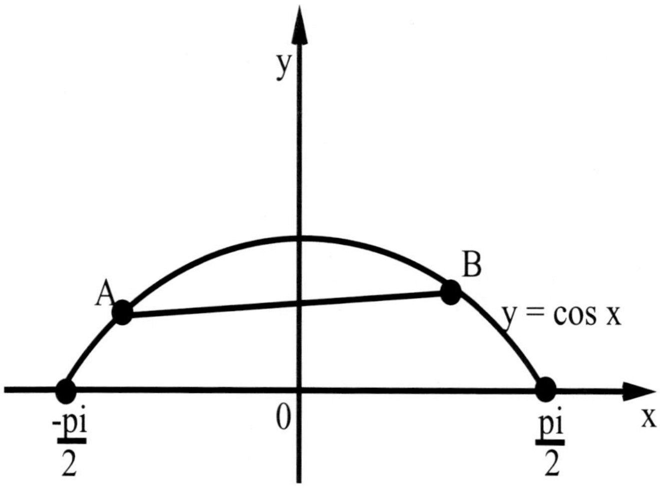


Figura 2.40: Gráfico da função $y = \cos x$ côncava para baixo.

Como $-\frac{\pi}{2} \leq x_1 \leq \frac{\pi}{2}$ e $-\frac{\pi}{2} \leq x_2 \leq \frac{\pi}{2}$ então $-\frac{\pi}{2} \leq \frac{x_1+x_2}{2} \leq \frac{\pi}{2}$, e portanto, $\cos\frac{x_1+x_2}{2} \geq 0$. Além disso $\left(1 - \frac{\cos(x_1-x_2)}{2}\right) \geq 0$, então para quaisquer $x_1$ e $x_2$ do intervalo $[-\frac{\pi}{2}, \frac{\pi}{2}]$, temos a seguinte desigualdade

$$\cos\frac{x_1+x_2}{2} \geq \frac{\cos x_1 + \cos x_2}{2}.$$

**Exemplo 2.46** *Mostre que a função $y = \log_a x$, $a > 1$, é uma função côncava para baixo no intervalo $(0, \infty)$.*

Consideremos $x_1, x_2 \in (0, \infty)$ dois pontos quaisquer tais que $0 < x_1 < x_2$. Temos

$$\begin{aligned}\log_a\frac{x_1+x_2}{2} - \frac{\log_a x_1 + \log_a x_2}{2} &= \log_a\frac{x_1+x_2}{2} - \frac{1}{2}\log_a x_1 - \frac{1}{2}\log_a x_2 = \\ &= \log_a\frac{x_1+x_2}{2} + \log_a\frac{1}{\sqrt{x_1}} + \log_a\frac{1}{\sqrt{x_2}}.\end{aligned}$$

Assim, usando a propriedade dos logaritmos, podemos escrever a igualdade acima, na forma:

$$\log_a\frac{x_1+x_2}{2} - \frac{\log_a x_1 + \log_a x_2}{2} = \log_a\frac{x_1+x_2}{2\sqrt{x_1x_2}}.$$

Usando a propriedade da média aritmética e média geométrica para dois números

$$\frac{x_1+x_2}{2} \geq \sqrt{x_1x_2},$$

obtemos

$$\frac{x_1+x_2}{2\sqrt{x_1x_2}} \geq 1,$$

e portanto,

$$\log_a\frac{x_1+x_2}{2\sqrt{x_1x_2}} \geq 0.$$

Isto significa que

$$\log_a\frac{x_1+x_2}{2} + \log_a\frac{1}{\sqrt{x_1x_2}} \geq 0,$$

$$\log_a \frac{x_1 + x_2}{2} - \frac{1}{2}\log_a x_1 x_2 \geq 0,$$

donde

$$\log_a \frac{x_1 + x_2}{2} \geq \frac{\log_a x_1 + \log_a x_2}{2},$$

o que implica que a função $y = \log_a x$, $a > 1$, é uma função côncava para baixo no intervalo $(0, \infty)$.

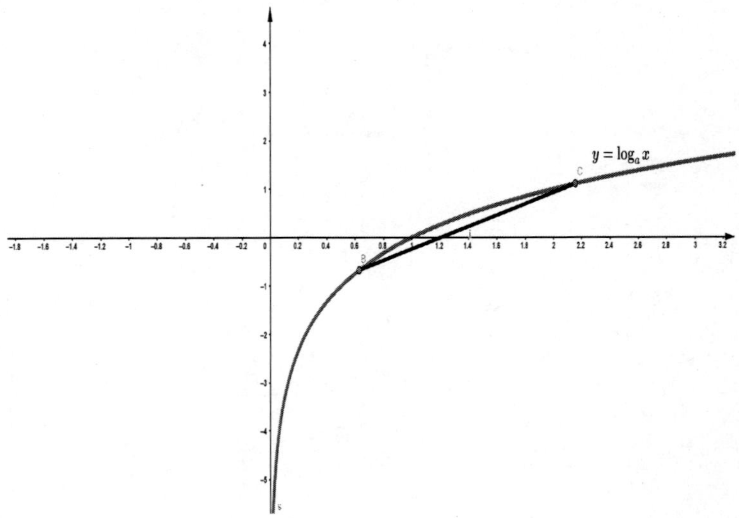


Figura 2.41: Gráfico da função $\log_a x$ côncava para baixo.

**Exemplo 2.47** *Analisar a concavidade da função*

$$y = ax^2 + bx + c.$$

Se $a = 0$, então a função dada é linear e por isso, a função pode ser considerada ou côncava para cima ou côncava para baixo.

Se $a \neq 0$, então podemos escrever a função dada como

$$y = a\left(x + \frac{b}{2a}\right)^2 - \frac{b^2 - 4ac}{4a}.$$

Daqui, notamos que a função $y = ax^2 + bx + c$, obtém-se da função $y = \left(x + \dfrac{b}{2a}\right)^2$ multiplicando-a por uma constante $a$ e adicionando o número $\dfrac{b^2 - 4ac}{4a}$, isto é

$$y = ax^2 + bx + c = a\left(x + \frac{b}{2a}\right)^2 + \frac{b^2 - 4ac}{4a}.$$

Como a adição de uma constante ao valor da função não influencia na concavidade, segue que é suficiente analisar a concavidade da função $y = a\left(x + \dfrac{b}{2a}\right)^2$.

Se $a > 0$, a função $y = a\left(x + \dfrac{b}{2a}\right)^2$ é côncava para cima em toda a reta numérica, por conseguinte a função $y = ax^2 + bx + c$ é concava para cima em toda a reta numérica.
Se $a < 0$, a função $y = ax^2 + bx + c$ é côncava para baixo em toda a reta numérica.

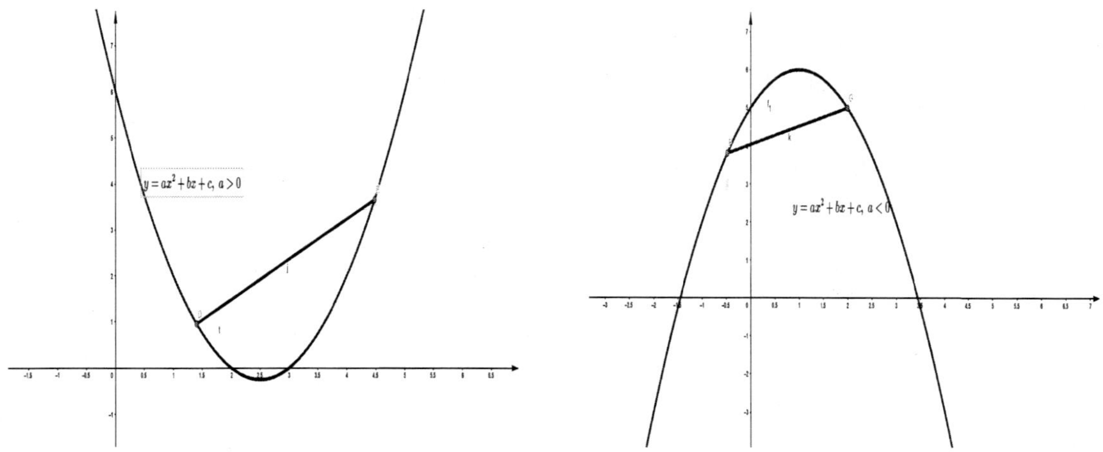

Figura 2.42: $a > 0$, a função é côncava para cima e $a < 0$, a função é côncava para baixo

## 2.11.1 Propriedades das Funções Convexas

A seguir vamos apenas enunciar algumas propriedades importantes das funções convexas e/ou côncavas, que consideramos muito úteis num estudo mais profundo de funções convexas.

1. Se a função $f(x)$ é côncava para cima (para baixo), então a função $-f(x)$ é côncava para baixo (para cima).

2. O produto de uma função côncava para cima (para baixo) por uma constante positiva é uma função côncava para cima (para baixo).

3. A soma de duas funções côncavas para cima (para baixo) num mesmo intervalo também é uma função côncava para cima (para baixo).

4. Seja a função $y = \varphi(u)$ côncava para baixo e a função crescente $u = f(x)$ também côncava para baixo. Então a função composta $y = \varphi(f(x))$ será côncava para baixo.

5. Sejam as funções $y = f(x)$ e $y = g(x)$ mutuamente inversas no seu domínio comum de definição, então

    (a) Se a função $f(x)$ é côncava para cima e crescente, então a função $g(x)$ é côncava para baixo e crescente.

    (b) Se a função $f(x)$ é côncava para cima e decrescente, então a função $g(x)$ é côncava para cima e decrescente.

    (c) Se a função $f(x)$ é côncava para baixo e decrescente, então a função $g(x)$ é côncava para baixo e decrescente.

    (d) Se a função $f(x)$ é côncava para baixo e crescente, então a função $g(x)$ é côncava para cima e crescente.

6. Uma função $f(x)$ não constante côncava para baixo (para cima) no intervalo $[a, b]$, não pode atingir seu mínimo (máximo) valor nos pontos interiores do intervalo $[a, b]$.

7. Se cada uma das funções $f_1(x), f_2(x), \ldots, f_n(x)$ é côncava para cima e não negativa em algum intervalo, então a função $\sqrt{f_1(x)\ldots f_n(x)}$ também é côncava para cima nesse intervalo.

**Observação 2.2** *O produto de duas funções côncavas para baixo num mesmo intervalo, pode não ser côncava para baixo. Por exemplo, se considerarmos a função real* $y = x^{\frac{3}{4}}$ *para* $x \geq 0$, *vemos que esta função é côncava para baixo, no entanto a função*

$$y = x^{\frac{3}{4}}.x^{\frac{3}{4}} = x^{\frac{6}{4}},\ x \geq 0,$$

*é uma função côncava para cima.*

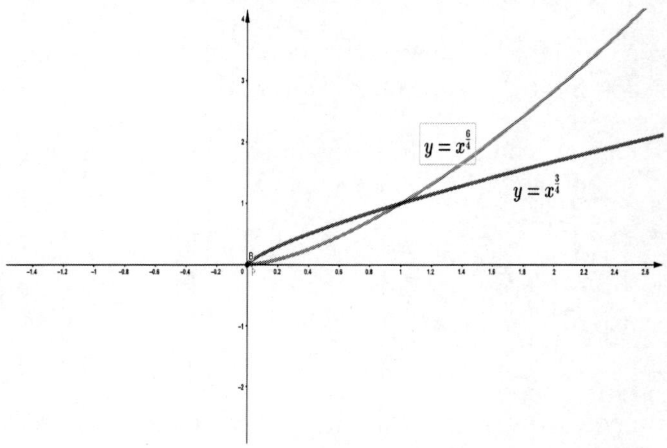


Figura 2.43: Gráfico das funções $y = x^{\frac{3}{4}}$ $y = x^{\frac{6}{4}}$

## 2.12 Exercícios do Capítulo 2

1. Encontre o domínio de definição das funções:

   (a) $f(x) = \sqrt{\log_{1/4} \dfrac{2x^2 - 5x + 3}{x^2 - 1}}$;

   (b) $f(x) = \sqrt{\log_6 \dfrac{1 - 2x}{x + 3}}$;

   (c) $f(x) = \sqrt{\dfrac{\log_2 x}{\log_x 4} - \dfrac{1}{\log_x 8} - \dfrac{7}{2}}$;

   (d) $f(x) = \log_2(4 - x) - \log_2(x + 7)$;

   (e) $f(x) = \sqrt[5]{\dfrac{2 + x}{1 - x}}$;

   (f) $f(x) = \sqrt{x} + \sqrt{1 - x}$;

   (g) $f(x) = 4^{\log_2 x}$;

   (h) $f(x) = \sqrt{-\log_8(x - x^2)}$;

   (i) $f(x) = \sqrt{x - 1} + \sqrt{1 - x}$;

   (j) $f(x) = \log_3 x^2$.

2. Encontre a função inversa da função $f(x)$:

   (a) $f(x) = \sqrt{2 - x} + \sqrt{x^2 - 4} + 5, \quad x \in \{2\}$;

   (b) $f(x) = x^2 + x, \quad x \in [1/2, 2]$;

   (c) $f(x) = |x - 1|, \quad x \in [-5, 0]$.

3. calcular as seguintes funções compostas

   (a) $f(\varphi(x))$ e $\varphi(f(x))$ se $f(x) = x^3$ e $\varphi(x) = 3^x$;

   (b) $f(f(f(x)))$ se $f(x) = \dfrac{1}{1 - x}$.

4. Prove que se
$$f(x) = ax + b, \quad a, b - \text{constantes},$$
e os números $x_1, x_2, x_3$ formam uma progresão aritmética, então os números $f(x_1), f(x_2)$ e $f(x_3)$ também formam uma progressão aritmética.

5. Sabe-se que $f(x) = \cos x, \quad x \in [0, 2\pi]$. Mostre que;

(a) $f(2x) = 2f^2(x) - 1$;

(b) $f(\frac{x}{2}) = \sqrt{\dfrac{1 + f(x)}{2}}$.

6. Encontre $\operatorname{sen}\alpha$, $\cos\alpha$, $\tan\alpha$, se $\tan(\alpha/2) = 7/8$;

7. Demonstre a igualdade

$$\operatorname{tg}\alpha + 2\operatorname{tg}2\alpha + 4\operatorname{tg}4\alpha + 8\operatorname{tg}8\alpha + 16\operatorname{cotg}16\alpha = \operatorname{cotg}\alpha.$$

8. Demonstre

$$(\cos\alpha - \cos\beta)^2 + (\operatorname{sen}\alpha - \operatorname{sen}\beta)^2 = 4\operatorname{sen}^2\frac{\alpha - \beta}{2}.$$

9. Calcule as seguintes expressões trigonométricas:

(a) $\cos 105^o$;

(b) $\operatorname{tg} 15^o$;

(c) $\operatorname{sen} 22^o30'$;

(d) $\operatorname{tg} 22^o30'$

10. Encontre os valores das seguintes funções trigonométricas inversas:

(a) $\operatorname{sen}(\arccos\frac{3}{5})$;

(b) $\cos(\arctan x)$;

(c) $\operatorname{tg}(\arccos x)$;

(d) $\cos(2\arccos x)$;

(e) $\operatorname{sen}(\frac{1}{2}\arccos\frac{1}{2})$;

(f) $\operatorname{sen}[\frac{1}{2}\arccos\frac{3}{5} - 2\operatorname{arccotg}(-2)]$;

(g) $\operatorname{sen}\left(\operatorname{arcsen}\frac{3}{5} + \operatorname{arcsen}\frac{4}{5}\right)$;

(h) $\cos\left(\arccos\frac{8}{17} + \arccos\frac{15}{17}\right)$;

(i) $\operatorname{sen}(2\operatorname{arctg}\frac{3}{4}) + \operatorname{tg}\left(\frac{1}{2}\operatorname{arcsen}\frac{5}{13}\right)$;

(j) $\operatorname{sen}\left(\operatorname{arcsen}\frac{12}{13} + \operatorname{arcsen}\frac{5}{13}\right)$.

11. Simplifique:

    (a) $\operatorname{cotg} 60^o + \operatorname{tg} 40^o + \operatorname{cotg} 40^o + \operatorname{cotg} 30^o$

    (b) $\cos 11\alpha + 3\cos 9\alpha + 3\cos 7\alpha + \cos 5\alpha$.

12. Demonstre as igualdades

    (a) $\tan\frac{\pi}{6} + \tan\frac{2\pi}{9} + \tan\frac{5\pi}{18} + \tan\frac{\pi}{3} = \frac{8\operatorname{sen}(7\pi/18)}{\sqrt{3}}$

    (b) $\operatorname{tg} 10^o \operatorname{tg} 20^o + \operatorname{tg} 20^o \operatorname{tg} 60^o + \operatorname{tg} 60^o \operatorname{tg} 10^o = 1$.

13. Verifique a paridade das seguintes funções:

    (a) $f(x) = \frac{3^x + 3^{-x}}{3^x - 3^{-x}}$;

    (b) $f(x) = \ln\frac{1-x}{1+x}$;

    (c) $f(x) = \log_5(x + \sqrt{1-x^2})$;

    (d) $f(x) = \cfrac{1}{x + \cfrac{1}{x + \frac{1}{x}}}$;

    (e) $f(x) = \sqrt[3]{(x-1)^2} + \sqrt[3]{(x+1)^2}$;

    (f) $f(x) = \frac{1 + \operatorname{sen} x}{\operatorname{sen} x}$.

14. Analise a limitação das funções;

    (a) $f(x) = 3\cos x + \operatorname{sen} x$;

    (b) $f(x) = \frac{x^2 + x + 1}{x^2 + 1}$;

    (c) $f(x) = 2^{\left(\frac{x^2-4}{x-2} - x\right)}$;

    (d) $f(x) = \frac{x+1}{x^2+1}$.

15. Dizer quais das seguintes funções são monótonas;

    (a) $f(x) = \log_3 x$;

    (b) $f(x) = \frac{2x+3}{x+1}$;

(c) $f(x) = \left(\dfrac{1}{3}\right)^x$.

16. Encontre os valores extremos (máximo e/ou mínimo) das seguintes funções;

(a) $f(x) = \sqrt{1-x} + \sqrt{1+x}$;

(b) $f(x) = \dfrac{1}{\sqrt{1+x+x^2}}$;

(c) $f(x) = 3 + x + \dfrac{1}{x}$;

(d) $f(x) = 2\sqrt[3]{x} + \dfrac{1}{\sqrt[3]{x}}$.

17. Encontre o período principal das seguintes funções;

(a) $f(x) = \dfrac{\cos x}{6 + \operatorname{sen}^2 x}$;

(b) $f(x) = \cos x + \operatorname{sen} 5x$;

(c) $f(x) = \operatorname{sen}^4 x$.

## 2.13 Respostas

1. (a) $x \neq \pm 1$ , $\log_{1/4} \dfrac{2x^2 - 5x + 3}{x^2 - 1} \geq 0$, $\log_4 \dfrac{2x-3}{x+1} \leq 0$.

Segue da definição que $\dfrac{2x-3}{x+1} \leq 1$ e $\dfrac{2x^2 - 5x + 3}{x^2 - 1} > 0$, donde $x \in (\dfrac{3}{2}, 4]$.

(b) $x \neq -3$, $\log_6 \dfrac{1-2x}{x+3} \geq 0$, $\dfrac{1-2x}{x+3} \geq 1$. Donde $x \in (-3, -\dfrac{2}{3}]$.

(c) $x \in (0, \dfrac{1}{4\sqrt[3]{2}}) \cup [8, +\infty)$.

(d) $x \in (-7, 4)$.

(e) $x \in \mathbb{R} \setminus \{1\}$.

(f) $x \in [0, 1]$.

(g) $x > 0$.

(h) $x \in (0, 1)$.

(i) $x = 1$.

(j) $x \neq 0$.

2. (a) $f^{-1}(x) = 5$.

   (b) $y = (x + \frac{1}{2})^2 - \frac{1}{4}$. Donde $x = (y + 1/4)^{1/2} - \frac{1}{2} = f^{-1}(x)$.

   (c) $f^{-1}(x) = 1 - x$.

3. (a) $f(\varphi(x)) = (3^x)^3 = 27^x$, e $\varphi(f(x)) = 3^{x^3}$.

   (b) $f(f(f(x))) = \dfrac{1}{1 - \dfrac{1}{1 - \dfrac{1}{1-x}}} = x$.

4. $f_1(x) + f_3(x) = a(x_1 + x_3) + 2b = 2ax_2 + 2b = 2(ax_2 + b) = 2f(x_2)$.

5. (a) $f(2x) = \cos 2x = 2\cos^2 x - 1 = 2f^2(x) - 1$.

   (b) $\cos x = 2\cos^2 x/2 - 1$, donde $\cos^2 x/2 = \dfrac{\cos x + 1}{2}$. Então

$$f(\frac{x}{2}) = \cos x/2 = \sqrt{\frac{1 + \cos x}{2}} = \sqrt{\frac{1 + f(x)}{2}}.$$

6. Calculamos $\operatorname{tg}\alpha$ usando a fórmula $\operatorname{tg}\alpha = \dfrac{2\operatorname{tg}(\alpha/2)}{1 - \operatorname{tg}^2(\alpha/2)}$. $\operatorname{tg}\alpha = \dfrac{112}{15}$, $\operatorname{sen}\alpha = \dfrac{112}{113}$, $\cos\alpha = \dfrac{15}{113}$;

7. Basta escrever $\operatorname{cotg} 16\alpha = \dfrac{1 - \operatorname{tg}^2 8\alpha}{2\operatorname{tg} 8\alpha}$ e começar a reduzir a partir dos termos $8\tan 8\alpha + 16\operatorname{cotg} 16\alpha$ até chegar ao primeiro termo.

8.

$$\begin{aligned}
&(\cos\alpha - \cos\beta)^2 + (\operatorname{sen}\alpha - \operatorname{sen}\beta)^2 = \\
&= \cos^2\alpha - 2\cos\alpha\cos\beta + \cos^2\beta + \operatorname{sen}^2\alpha - 2\operatorname{sen}\alpha\operatorname{sen}\beta + \operatorname{sen}^2\beta = \\
&= 2 - 2\cos(\alpha - \beta) = 2\left(1 - [1 - 2\operatorname{sen}^2 \tfrac{\alpha-\beta}{2}]\right) = \\
&= 2\operatorname{sen}^2 \tfrac{\alpha-\beta}{2}.
\end{aligned}$$

9. (a) Basta escrever $105^o = 60^o + 45^o$ e $\cos(60^o + 45^o) = -0,258\cdots$;

   (b) Aplicar a fórmula $\operatorname{tg} 30^o = \dfrac{2\operatorname{tg} 15^o}{1 - \operatorname{tg}^2 15^o}$. Assim, $\tan 15^o = 0,267\cdots$;

   (c) Usar a formula $\operatorname{sen}^2\alpha = \dfrac{1 - \cos 2\alpha}{2}$. Assim, $\operatorname{sen} 22^o30' = 0,382\cdots$;

   (d) Aplicar a fórmula $\operatorname{tg} 45^o = \dfrac{2\operatorname{tg} 22^o30'}{1 - \operatorname{tg}^2 22^o30'}$. Assim, $\tan 22^o30' = \sqrt{2} - 1$.

10. (a) $\frac{4}{5}$);

(b) $\frac{1}{\sqrt{1+x^2}}$;

(c) $\frac{\sqrt{1-x^2}}{x}$;

(d) $2x^2 - 1$;

(e) $\frac{1}{2}$;

(f) $\frac{11\sqrt{5}}{25}$;

(g) 1;

(h) 0;

(i) $\frac{29}{25}$;

(j) 1.

11. (a) $\frac{8}{\sqrt{3}} \operatorname{sen} 70^o$

(b) $8 \cos 8\alpha \cos^3 \alpha$.

12. Basta usar as propriedades da soma e/ou diferença de dois ângulos para a função tangente.

13. (a) $f(-x) = \frac{3^{-x} + 3^{-(-x)}}{3^{-x} - 3^{-(-x)}} = \frac{3^x + 3^{-x}}{3^x - 3^{-x}} = -f(x)$. Ímpar.

(b) $f(-x) = \ln \frac{1-(-x)}{1+(-x)} = \ln \left(\frac{1-x}{1+x}\right)^{-1} = -\ln \frac{1--x}{1+x} = -f(x)$. Ímpar.

(c) nem par nem ímpar.

(d) Ímpar.

(e) $f(-x) = \sqrt[3]{(-x-1)^2} + \sqrt[3]{(-x+1)^2} = \sqrt[3]{(x+1)^2} + \sqrt[3]{(x-1)^2} = f(x)$. Par.

(f) Nem par nem ímpar.

14. (a) $f(x) = 3\cos x + \operatorname{sen} x = \sqrt{10}\left(\frac{3}{\sqrt{10}} \cos x + \frac{1}{\sqrt{10}} \operatorname{sen} x\right) = \sqrt{10} \operatorname{sen}(x+\beta) \leq \sqrt{10}$.

(b) $1 < \dfrac{x^2+x+1}{x^2+1} \leq 1 + \dfrac{x}{x^2+1} \leq 1+1 = 2.$

(c) $f(x) = 2^{\frac{(x+2)(x-2)}{x-2} - x} = 2^2 = 4.$

(d) $0 < \dfrac{x+1}{x^2+1} < 1.$

15. (a) Monótona crescente.

(b) Decrescente em $(-\infty, -1) \cup (-1, +\infty)$.

(c) Decrescente.

16. (a) $f_{\max}(0) = 2$.

(b) $f(x) = \dfrac{1}{\sqrt{(x++1/2)^2 + \dfrac{3}{4}}} \leq \dfrac{1}{\frac{3}{4}}$; $f_{\max}(-1/2) = 2\sqrt{3}/3$.

(c) $f(x) = 3 + x + \dfrac{1}{x} = \left(\sqrt{x} - \dfrac{1}{\sqrt{x}}\right)^2 + 5 \geq 5$; $f_{\min}(1) = 5$.

(d) $f_{\max}(-1/2\sqrt{2}) = \dfrac{2}{\sqrt[6]{8}} + \sqrt[6]{8}.$

17. (a) $2\pi$.

(b) $2\pi$.

(c) $\pi$.

# Capítulo 3

# Sequências Numéricas

Em matemática, uma sequência é uma coleção enumerada de objetos em que repetições são permitidas e a ordem de enumeração é importante. Ao contrário de um conjunto, os mesmos elementos podem aparecer várias vezes em posições diferentes dependendo da ordem. Formalmente, uma sequência pode ser definida como uma função dos números naturais.

## 3.1 Definição de Sequência Numérica

**Definição 3.1** *Se a cada número natural n fazemos corresponder um número real $a_n$, então dizemos que está definida uma sequência numérica*

$$a_1, a_2, a_3, \cdots, a_n, \cdots,$$

*em que os números $a_1, a_2, \cdots$ chamam-se termos da sequência, e $a_n$ é o termo geral.*

Vamos denotar a sequência numérica por $(a_n)_{n\in\mathbb{N}}$ ou simplesmente por $(a_n)_n$.
Uma sequência pode ser definida com ajuda da fórmula

$$a_n = f(n) \quad n \in \mathbb{N},$$

onde $f$ é alguma função definida no conjunto dos números naturais; neste caso, esta fórmula chama-se fórmula do termo geral da sequência $(a_n)_n$.
Por exemplo

1. $a_n = (2n)!$, $n \in \mathbb{N}$;
$$(a_n)_n = ((2n)!)_n = (2!, 4!, 6!, 8!, \dots,)$$

2. $a_n = \begin{cases} n^3, & \text{se } n = 2k \\ 1/(n+1), & \text{se } n = 2k-1, \end{cases} \quad k = 1, 2, \cdots$
Assim, podemos enumerar os primeiros 5 termos da sequência
$$(a_n)_n = \left(1/2, 2^3, 1/4, 4^3, 1/6, \dots,\right)$$

3. $a_n = \sqrt[3]{n}, n \in \mathbb{N}$;
$$(a_n)_n = (\sqrt[3]{n})_n = \left(1, \sqrt[3]{2}, \sqrt[3]{3}, \sqrt[3]{4}, \dots,\right)$$

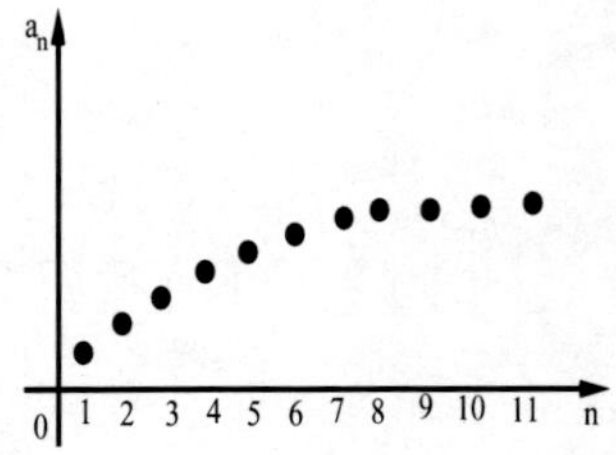


Figura 3.1: Representação dos primeiros 11 termos da sequência numérica $(\sqrt[3]{n})_n$

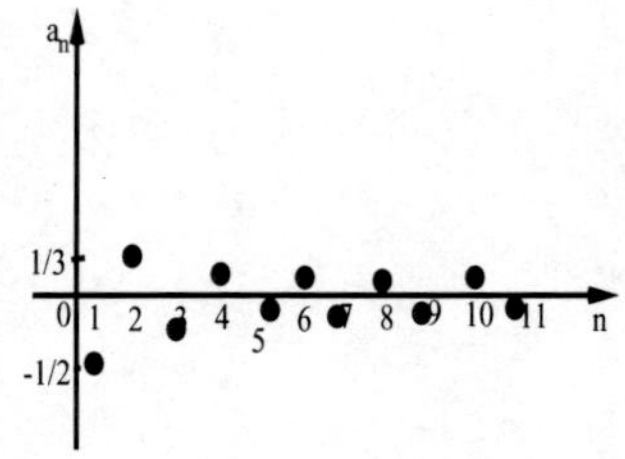


Figura 3.2: Representação dos primeiros 11 termos da sequência numérica $\left(\dfrac{(-1)^n}{n+1}\right)_n$

4. $a_n = \dfrac{(-1)^n}{n+1}$, $n \in \mathbb{N}$;

$$(a_n)_n = \left(\frac{(-1)^n}{n+1}\right)_n = \left(-\frac{1}{2}, \frac{1}{3}, -\frac{1}{4}, -\frac{1}{5}, \dots,\right)$$

Podemos também definir uma sequência usando uma relação de recorrência. Este método consiste em definir um ou alguns termos da sequência, e logo escrever uma fórmula que nos permita encontrar o termo geral $a_n$ através dos primeiros termos. Por exemplo,

1. $a_1 = 2, a_{n+1} = a_n - 1$ para $n \geq 1$;

2. $c_1 = -1, c_2 = 1, c_n = 3c_{n-1} - c_{n-2}$ para $n \geq 3$.

Destas duas relações de recorrência, encontramos,

$$\begin{array}{l} a_1 = 2,\ a_2 = 1,\ a_3 = 0,\ a_4 = -1,\ a_5 = -2, \cdots; \\ c_1 = -1,\ c_2 = 1,\ c_3 = 4,\ c_4 = 11,\ c_5 = 29. \cdots \end{array}$$

**Exemplo 3.1** *[Sequência de Fibonacci] Uma das mais famosas sequências é a sequência de Fibonacci*[1] *dada pelos seguintes inteiros:*

$$1, 1, 2, 3, 5, 8, 13, 21, 34, 55, 89, 144, 233, 377, 610, 987, 1597, \dots$$

Por definição, os dois primeiros termos da sequência são 1 e 1, e cada termo da sequência, a partir do segundo termo é a soma dos dois termos anteriores. Em termos matemáticos, esta sequência pode ser definida como uma relação de recorrência:

$$F_n = F_{n-1} + F_{n-2},\ n \geq 3, \quad \text{com} \quad F_1 = 1,\ F_2 = 1.$$

A sequência descoberta por Fibonacci podemos encontrá-la na computação, matemática, jogos, na música e até na natureza!

Figura 3.3: A espiral aloe de Fibonacci

O descobrimento de Fibonacci nos apresenta outras surpresas como sua aplicação em diferentes áreas, como a construção de um retângulo com quadrados internos cujos lados têm comprimento igual aos números de Fibonacci. Este retângulo se assemelha ao retângulo áureo.

[1]Leonardo Fibonacci ou Leonardo de Pisa (1170-1250), matemático italiano

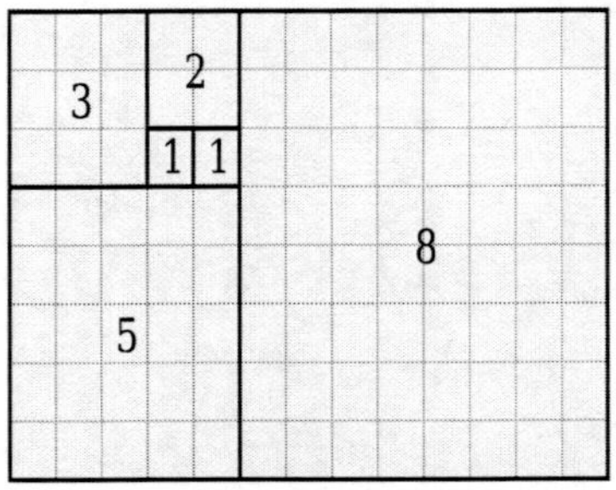


Figura 3.4: Retângulo Áureo

O número áureo, conhecido também como razão áurea, proporção divina, é um número irracional representado por $\varphi$. Esta razão define-se por

$$\varphi = \frac{F_n}{F_{n-1}}, \quad \text{quando } n \to \infty (n \text{ tende para infinito}).$$

Na seção 3.4, Limite de uma Sequência, vamos calcular esta razão áurea.

## 3.2 Sequências Monótonas

Agora vamos considerar sequências específicas, chamadas de monótonas, que ligados ao axioma da Completude dos números reais nos darão um critério sobre a convergência de sequências que estudaremos na seção 3.6.

**Definição 3.2** *Uma sequência $(a_n)_n$ chama-se crescente, se para qualquer número natural $n$ vale a desigualdade*

$$a_{n+1} > a_n, \quad n \in \mathbb{N}.$$

**Exemplo 3.2** *Mostre que a sequência $(a_n)_n$ com termo geral $a_n = \dfrac{n-4}{n+1}$, é uma sequência crescente.*

Precisamos verificar que $a_{n+1} - a_n > 0$. De fato,

$$a_{n+1} - a_n = \frac{(n+1)-4}{n+1+1} - \frac{n-4}{n+1} = \frac{n^2 - 2n - n^2 + 2n + 8 - 3}{(n+2)(n+1)} = \frac{5}{(n+2)(n+1)} > 0.$$

Desta forma, $a_{n+1} > a_n$ para todo $n \in \mathbb{N}$.

**Definição 3.3** *Uma sequência $(a_n)$ chama-se decrescente, se para qualquer número natural $n$ vale a desigualdade*

$$a_{n+1} < a_n, \quad n \in \mathbb{N}.$$

**Exemplo 3.3** *Mostre que a sequência $(a_n)_n$ com termo geral $a_n = \dfrac{1}{n}$ é uma sequência decrescente.*

De fato, $a_{n+1} - a_n = \dfrac{1}{n+1} - \dfrac{1}{n} = -\dfrac{1}{n(n+1)} < 0$. Desta forma $a_{n+1} < a_n$.

**Definição 3.4** *Uma sequência* $(a_n)_n$ *chama-se não decrescente, se para qualquer número natural* $n$ *vale a relação*

$$a_{n+1} \geq a_n, \quad n \in \mathbb{N}.$$

**Definição 3.5** *Uma sequência* $(a_n)_n$ *chama-se não crescente, se para qualquer número natural* $n$ *vale a relação*

$$a_{n+1} \leq a_n, \quad n \in \mathbb{N}.$$

Exemplos de sequências não crescentes e não decrescentes são as sequências constantes: $(c, c, c, \ldots, ), \ c \in \mathbb{R}$.

Em geral, estes quatro tipos de sequências chamam-se *sequências monótonas.*

## 3.3 Sequências Limitadas

Uma propriedade importante das sequências numéricas muito útil nos resultados posteriores é a limitação das sequências.

**Definição 3.6** *A sequência* $(a_n)_n$ *chama-se limitada superiormente, se existe um número real* $M$ *tal que, para qualquer número natural* $n$ *vale a desigualdade* $a_n \leq M$.

Exemplos de sequências limitadas superiormente são as seguintes sequências com termos gerais,

$$a_n = -2n^3, \quad b_n = (-1)^{n+1}, \quad c_n = 3\pi\cos^6\frac{\pi n}{4}.$$

De fato,

$$a_n \leq 0, \quad b_n \leq 1, \quad c_n \leq 3\pi \qquad n \in \mathbb{N}.$$

**Definição 3.7** *A sequência* $(a_n)_n$ *chama-se limitada inferiormente, se existe um número real* $L$ *tal que, para qualquer número natural* $n$ *vale a desigualdade* $a_n \geq L$.

Exemplos de sequências limitadas inferiormente são as seguintes sequências com termos gerais,

$$a_n = 5^{n+1}, \quad b_n = (-1)^{n+3}, \quad c_n = n! \qquad n \in \mathbb{N}.$$

De fato

$$a_n \geq 25, \quad b_n \geq -1, \quad c_n \geq 1.$$

**Definição 3.8** *Uma sequência* $(a_n)_n$ *chama-se limitada, quando ela é limitada superior e inferiormente. Ou equivalentemente, se existem números reais* $A$ *e* $B$ *tais que,*

$$A \leq a_n \leq B, \quad \forall n \in \mathbb{N}.$$

Uma outra forma de definir uma sequência limitada, é dada por:

**Definição 3.9** *Uma sequência* $(a_n)_n$ *chama-se limitada, quando existe um número real positivo* $L$ *tal que,*

$$|a_n| \leq L, \quad \forall n \in \mathbb{N}.$$

A sequência com termo geral $a_n = 3/(n^2+5)$ é um exemplo de sequência limitada. De fato, para qualquer $n$ natural verifica-se;

$$0 < \frac{3}{n^2+5} < 1, \quad \text{isto é,} \quad 0 < a_n < 1, \quad \forall n \in \mathbb{N}.$$

**Exemplo 3.4** *Mostremos que a sequência cujo termo geral* $a_n = \dfrac{n+3}{n+2}$ *é limitada.*

Como $a_n = \dfrac{n+3}{n+2} = \dfrac{n+2+1}{n+2} = 1 + \dfrac{1}{n+2} \leq \dfrac{4}{3}$, para qualquer natural $n$, então $(a_n)_n$ é limitada superiormente.

Como $n+4 > n+3$, segue que $\dfrac{n+4}{n+3} > 1$, ou seja $a_{n+1} = \dfrac{n+4}{n+3} > 1$.

Agora verifiquemos que a sequência é decrescente. De fato,

$$a_{n+1} - a_n = \frac{n+4}{n+3} - \frac{n+3}{n+2} = -\frac{1}{(n+3)(n+2)} < 0,$$

isto é, $a_{n+1} < a_n, \forall n \in \mathbb{N}$. Segue das duas últimas desigualdades:

$$1 < a_{n+1} < a_n \leq \frac{4}{3}.$$

Isto mostra que a sequência $(a_n)_n$ também é limitada inferiormente. Logo por definição, a sequência $\left(\dfrac{n+3}{n+2}\right)_n$ é limitada.

## 3.4 Limite de uma Sequência

De forma intuitiva, podemos pensar que uma sequência tende a um número real fixo $L$, quando todos os seus termos, exceto alguns, ficam muito próximos do número real $L$.
Agora vamos introduzir formalmente a definição matemática de limite de uma sequência.

**Definição 3.10** *O número* $a$ *chama-se limite da sequência* $(a_n)_n$*, se para qualquer número positivo (arbitrário)* $\varepsilon$*, encontra-se um número* $n_o \in \mathbb{N}$ *tal que, para todos os naturais* $n > n_o$ *vale a desigualdade*

$$|a_n - a| < \varepsilon.$$

Para denotar que $a$ é o limite da sequência $(a_n)_n$, usamos a seguinte notação: $\lim\limits_{n\to\infty} a_n = a$.
Se a sequência possui limite, dizemos que ela converge, caso contrário, dizemos que ela diverge.

Como a desigualdade $|a_n - a| < \varepsilon$ é equivalente às desigualdades $-\varepsilon < a_n - a < \varepsilon$, ou, $a-\varepsilon < a_n < a+\varepsilon$, então a afirmação que $a$ é limite da sequência $(a_n)_n$, equivale a dizer que para qualquer $\varepsilon > 0$ , encontra-se $n_o \in \mathbb{N}$, que depende de $\varepsilon$, tal que todos os termos da sequência começando com o índice $n_o + 1$, ou seja, $a_{n_o+1}, a_{n_o+2}, \cdots$ pertencem ao intervalo $(a-\varepsilon, a+\varepsilon)$, e fora deste intervalo encontra-se somente um número finito de termos da sequência (no máximo $n_o$ termos).

**Teorema 3.1 (Unicidade)** *Se a sequência* $(a_n)_n$ *converge para o número* $a$*, isto é,*

$$\lim_{n\to\infty} a_n = a,$$

*então este número é único.*

**Prova:** Suponhamos que a sequência $(a_n)_n$ convirja para dois limites diferentes $a_*$ e $a_{**}$. Isto significa que :

$$\begin{cases} \forall\varepsilon > 0, \ \exists n_1, \text{ tal que } \forall n > n_1 \longrightarrow |a_n - a_*| < \varepsilon \\ \forall\varepsilon > 0, \ \exists n_2, \text{ tal que } \forall n > n_2 \longrightarrow |a_n - a_{**}| < \varepsilon \end{cases}$$

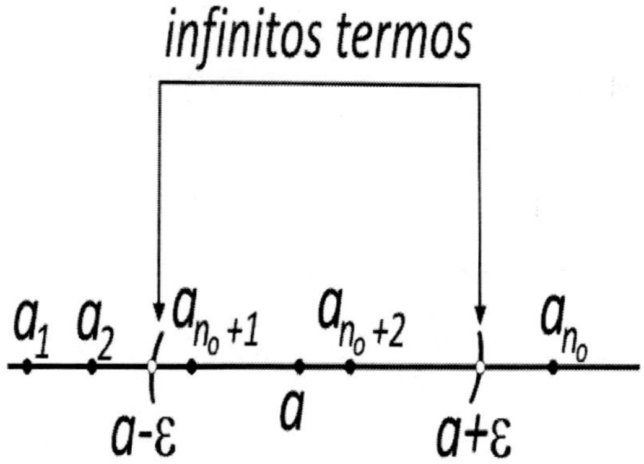


Figura 3.5: No intervalo $(a-\varepsilon, a+\varepsilon)$, encontram-se infinitos termos da sequência

Escolhendo $\varepsilon$ tão pequeno que $(a_* - \varepsilon, a_* + \varepsilon) \cap (a_{**} - \varepsilon, a_{**} + \varepsilon) = \emptyset$ e $n_o = \max\{n_1, n_2\}$, teríamos que para todo $n > n_o$, $a_n \in (a_* - \varepsilon, a_* + \varepsilon) \cap (a_{**} - \varepsilon, a_{**} + \varepsilon)$, o que não é possível, pois a interseção é vazia. Desta forma $a_* = a_{**}$. ■

**Observação 3.1** *Na prova acima, também podemos escolher por exemplo* $\varepsilon = \dfrac{|b-a|}{2}$, *para garantir que*

$$(a-\varepsilon, a+\varepsilon) \cap (b-\varepsilon, b+\varepsilon) = \emptyset.$$

**Exemplo 3.5** *Mostre que o número* $\dfrac{1}{3}$ *é o limite da sequência* $\left(\dfrac{n+20}{3n}\right)_{n\in\mathbb{N}}$, *isto é,*

$$\lim_{n\to\infty} = \frac{n+20}{3n} = \frac{1}{3}$$

.

É necessário mostrar que para cada $\varepsilon$ positivo, encontra-se um $n_o$ tal que para todo $n > n_o$ segue

$$\left|\frac{n+20}{3n} - \frac{1}{3}\right| < \varepsilon.$$

Como $\left|\dfrac{n+20}{3n} - \dfrac{1}{3}\right| = \left|\dfrac{20}{3n}\right| = \dfrac{20}{3n}$. Então a desigualdade $\left|\dfrac{n+20}{3n} - \dfrac{1}{3}\right| < \varepsilon$ é equivalente à desigualdade $\dfrac{20}{3n} < \varepsilon$, isto é, $n > \dfrac{20}{3\varepsilon}$. Se tomarmos o número natural $n_o$ maior que $\dfrac{20}{3\varepsilon}$, então para qualquer número natural maior que este $n_o$, cumpre-se

$$\left|\frac{n+20}{3n} - \frac{1}{3}\right| = \frac{20}{3n} < \frac{20}{3n_o} < \frac{20}{3\frac{20}{3\varepsilon}} = \varepsilon,$$

e isto significa que $\displaystyle\lim_{n\to\infty} \frac{n+20}{3n} = \frac{1}{3}$.

**Exemplo 3.6** *Mostre que se* $|q| < 1$, *então*

$$\lim_{n\to\infty} = q^n = 0.$$

Suponhamos que $q \neq 0$, pois o caso $q = 0$ é automático. Como $0 < |q| < 1$, então $1/|q| > 1$. Isto significa que $1/|q| = 1 + \gamma$, onde $\gamma > 0$. Usando a desigualdade de Bernoulli, temos:

$$1/|q|^n = (1/|q|)^n = (1+\gamma)^n \geq 1 + n\gamma > n\gamma.$$

Daqui segue que $|q|^n < \dfrac{1}{n\gamma}$ para todo $n$ natural. Escolhamos $n_o > e^{-\ln \gamma\varepsilon} + 1$.
Assim, dado $\varepsilon > 0$ e para cada $n > n_o$ temos

$$\frac{1}{n_o} > \frac{1}{n} \quad \text{ou} \quad \frac{1}{\gamma n_o} > \frac{1}{\gamma n},$$

e portanto

$$|q^n - 0| = |q^n| = |q|^n < \frac{1}{n\gamma} < \frac{1}{\gamma n_o} < \frac{1}{\gamma\left(e^{-\ln\gamma\varepsilon} + 1\right)} < \frac{1}{\gamma e^{-\ln\gamma\varepsilon}} = \frac{1}{\gamma\frac{1}{\gamma\varepsilon}} = \varepsilon.$$

**Exemplo 3.7** *Mostre que a sequência $(a_n)_n = \left((-1)^n\right)_n$ não possui limite.*

Mostremos isto por contradição. Suponhamos que a sequência $(a_n)_n$ converge para o número $a$. Então para qualquer $\varepsilon$ positivo existe um número $n_o = n_o(\varepsilon)$, tal que, para cada $n > n_o$ vale a desigualdade $|a_n - a| < \varepsilon$. Em particular para $\varepsilon = 1/2$, existe $n_1$ tal que para qualquer $n > n_1$, vale

$$|a_n - a| < 1/2.$$

Como $2n_1 > n_1$ e $2n_1 + 1 > n_1$, então para os termos $a_{2n_1}$ e $a_{2n_1+1}$ da sequência, cumprem-se as desigualdades

$$|a_{2n_1} - a| < 1/2, \quad \text{e} \quad |a_{2n_1+1} - a| < 1/2.$$

Como $a_{2n_1} = (-1)^{2n_1} = 1$, e $a_{2n_1+1} = (-1)^{2n_1+1} = -1$, temos

$$|1 - a| < 1/2, \quad |-1 - a| < 1/2,$$

donde segue

$$2 = |(1-a) + (a+1)| \leq |1-a| + |1+a| < 1/2 + 1/2 = 1.$$

Assim, da suposição que a sequência $(a_n)_n$ converge, obtemos que $2 < 1$, absurdo.

Uma outra forma de mostrar que o limite da sequência $((-1)^n)$ não existe, é analisar o seguinte limite:

$$\lim_{n\to\infty}(-1)^n = \begin{cases} 1 & \text{se } n \text{ é par} \\ -1 & \text{se } n \text{ é ímpar.} \end{cases}$$

Observamos que ele tende para dois limites diferentes. Como o limite de uma sequência se existir é único, pelo Teorema de Unicidade 3.1, então segue que a sequência $\left((-1)^n\right)_n$ não possui limite.

**Exemplo 3.8** *Mostre que se, a sequência $(a_n)_{n\in\mathbb{N}}$ converge para o número $a$, então a sequência $(\cos a_n)_{n\in\mathbb{N}}$ converge para $\cos a$.*

Seja $\varepsilon > 0$. Como $\lim\limits_{n\to\infty} a_n = a$, então dado $\varepsilon > 0$ arbitrário, existe um número $n_o \in \mathbb{N}$, tal que

$$|a_n - a| < \varepsilon, \quad n > n_o.$$

Para estes números, temos

$$\begin{aligned}
|\cos a_n - \cos a| &= \left| -2 \operatorname{sen} \frac{a_n - a}{2} \operatorname{sen} \frac{a_n + a}{2} \right| \leq \\
&\leq 2 \left| \operatorname{sen} \frac{a_n - a}{2} \right| \left| \operatorname{sen} \frac{a_n + a}{2} \right| \leq \\
&\leq 2 \left| \frac{a_n - a}{2} \right| = \\
&= |a_n - a| < \varepsilon,
\end{aligned}$$

ou seja $\lim\limits_{n \to \infty} \cos a_n = \cos a$.

**Observação 3.2** *Aqui usamos o fato que* $\left| \operatorname{sen} \frac{a_n + a}{2} \right| \leq 1$ *e* $\left| \operatorname{sen} \frac{a_n - a}{2} \right| \leq \left| \frac{a_n - a}{2} \right|$.

**Exemplo 3.9** *Mostre que se o termo geral da sequência* $(a_n)_n$, $a_n \geq 0$ *para todo* $n$ *e* $\lim\limits_{n \to \infty} a_n = a$, *então* $\lim\limits_{n \to \infty} \sqrt{a_n} = \sqrt{a}$.

Notemos que $a \geq 0$. Consideremos primeiramente o caso $a > 0$; escrevendo

$$|\sqrt{a_n} - \sqrt{a}| = \left| \frac{(\sqrt{a_n} - \sqrt{a})(\sqrt{a_n} + \sqrt{a})}{\sqrt{a_n} + \sqrt{a}} \right| = \left| \frac{a_n - a}{\sqrt{a_n} + \sqrt{a}} \right| < \frac{|a_n - a|}{\sqrt{a}}.$$

Tomemos qualquer $\varepsilon > 0$, e considerando $\lim\limits_{n \to \infty} a_n = a$, então para o número $\varepsilon_1 = \varepsilon\sqrt{a}$, existe um número $n_1 \in \mathbb{N}$, tal que

$$|a_n - a| < \varepsilon_1, \quad n > n_1.$$

Então para cada $n > n_1$ temos

$$|\sqrt{a_n} - \sqrt{a}| < \frac{|a_n - a|}{\sqrt{a}} < \frac{\varepsilon_1}{\sqrt{a}} = \frac{\varepsilon\sqrt{a}}{\sqrt{a}} = \varepsilon.$$

Agora consideremos $a = 0$ e $\varepsilon$ qualquer número positivo, então existe um $n_2$ tal que para todos $n > n_2$

$$|\sqrt{a_n} - \sqrt{a}| = |\sqrt{a_n} - \sqrt{0}| = |\sqrt{a_n}| = \sqrt{a_n} < \sqrt{\varepsilon^2} = |\varepsilon| = \varepsilon.$$

Portanto, em ambos os casos: $a > 0$ e $a = 0$, e para qualquer $\varepsilon > 0$ encontra-se $n_o$ tal que para todos $n > n_o$, cumpre-se

$$|\sqrt{a_n} - \sqrt{a}| < \varepsilon,$$

e isto significa que

$$\lim_{n \to \infty} \sqrt{a_n} = \sqrt{a} = \sqrt{\lim_{n \to \infty} a_n}.$$

No próximo exemplo vamos encontrar o número áureo prometido no Exemplo 3.1 da seção 3.1

**Exemplo 3.10** *fibon[Sequência de Fibonacci] Encontremos o número áureo da sequência de Fibonacci:*

$$1, 1, 2, 3, 5, 8, 13, 21, 34, 55, 89, 144, 233, 377, 610, 987, 1597, \ldots$$

Em termos matemáticos, esta sequência pode ser definida como uma relação de recorrência:

$$F_n = F_{n-1} + F_{n-2}, \; n \geq 3, \; \text{ com } \; F_1 = 1, \; F_2 = 1.$$

O número áureo, conhecido também como razão áurea, proporção divina, é um número irracional representado por $\varphi$. Esta razão define-se por

$$\varphi = \lim_{n\to\infty} \varphi_n, \quad \text{onde} \quad \varphi_n = \frac{F_n}{F_{n-1}}.$$

Consideremos algumas aproximações para certos valores de $n$:

$$\begin{aligned}
n &= 15, \ F_n = 610, \quad \varphi_{15} = \frac{610}{377} = 1,6180371 \\
n &= 16, \ F_n = 987, \quad \varphi_{16} = \frac{987}{610} = 1,6180327 \\
n &= 17, \ F_n = 1597, \quad \varphi_{17} = \frac{1597}{987} = 1,6180344 \\
\vdots &= \cdots \quad \cdots
\end{aligned}$$

A última linha desta tabela sugere que, quando $n$ cresce, a razão $\varphi_n$ se aproxima cada vez mais do número áureo $\varphi$.

Tentemos calcular este número. Vejamos,

$$\varphi_{n+1} = \frac{F_{n+1}}{F_n} = \frac{F_n + F_{n-1}}{F_n} = 1 + \frac{F_{n-1}}{F_n} = 1 + \frac{1}{\varphi_n}.$$

Supondo que $\lim\limits_{n\to\infty} \varphi_n = \varphi$, segue que $\lim\limits_{n\to\infty} \varphi_{n+1} = \varphi$, então basta resolver a equação $\varphi = 1 + \dfrac{1}{\varphi}$ para chegar a proporção divina

$$\varphi = \frac{1+\sqrt{5}}{2} = 1,61803398874\ldots.$$

O seguinte resultado expõe uma relação entre sequência convergente e sequência limitada.

**Teorema 3.2** *Toda sequência convergente é limitada.*

**Prova:** Seja $(x_n)_n$ a sequência convergente, ou seja $\lim\limits_{n\to\infty} x_n = a$: $\forall \varepsilon > 0$, encontra-se um número $n_o \in \mathbb{N}$ tal que, para todos os naturais $n > n_o$ vale a desigualdade

$$|x_n - a| < \varepsilon.$$

Agora consideremos os seguintes números: $\varepsilon$, $|x_1 - a|$, $|x_2 - a|$, $|x_3 - a|, \ldots |x_{n_o} - a|$. Assim se denotarmos por

$$\alpha = \max\{\varepsilon, \ |x_1 - a|, \ |x_2 - a|, \ |x_3 - a|, \ldots |x_{n_o} - a|\},$$

podemos escrever $|x_n - a| \leq \alpha \ \ \forall n \in \mathbb{N}$, ou seja

$$a - \alpha \leq x_n \leq a + \alpha \ \ \forall n \in \mathbb{N}. \qquad \blacksquare$$

Observa-se que um resultado inverso nem sempre é verdadeiro, isto é, nem toda sequência limitada é convergente, tal como mostra o **Exemplo 3.7**.

### 3.4.1 Sequências Infinitesimais

**Definição 3.11** *Diz-se que a sequência* $(x_n)_n$ *é uma sequência infinitesimal se* $\lim\limits_{n\to\infty} x_n = 0$*:*

$$\forall \varepsilon > 0 \ \exists n_o, \ \forall n \geq n_o \Longrightarrow |x_n| < \varepsilon.$$

Já vimos no Exemplo 3.6 que a sequência $(q^n)_n$ com $|q| < 1$ é uma sequência infinitesimal. Também, a sequência $\left(\dfrac{1}{n}\right)_n$ é uma sequência infinitesimal, pois

$$\lim_{n\to\infty} \frac{1}{n} = 0.$$

As sequências infinitesimais têm algumas propriedades importantes.

**Teorema 3.3** *Se* $(x_n)_n$ *e* $(y_n)_n$ *são duas sequências infinitesimais, então* $(x_n \pm y_n)_n$ *é uma sequência infinitesimal.*

**Prova:** Dado $\varepsilon > 0$, escolhamos $n_o \in \mathbb{N}$ tal que

$$|x_n| < \frac{\varepsilon}{2}, \quad |y_n| < \frac{\varepsilon}{2}, \quad n > n_o;$$

então

$$|x_n \pm y_n| \leq |x_n| + |y_n| < \frac{\varepsilon}{2} + \frac{\varepsilon}{2} = \varepsilon. \quad \blacksquare$$

**Teorema 3.4** *Se* $(x_n)_n$ *é uma sequências infinitesimal, e* $(b_n)_n$ *é uma sequência limitada, não necessariamente convergente, então* $(b_n x_n)_n$ *é uma sequência infinitesimal.*

**Prova:** Como a sequência $(b_n)_n$ é limitada, segue que, $|b_n| \leq c$ para todo $n$.
Agora, dado $\varepsilon > 0$, escolhamos $n_o$ tal que

$$|x_n| < \frac{\varepsilon}{c}, \quad \text{quando } n > n_o;$$

então para $n > n_o$

$$|b_n x_n| = |b_n||x_n| < c\frac{\varepsilon}{c} = \varepsilon. \quad \blacksquare$$

**Exemplo 3.11** *Mostre que*

$$\lim_{n\to\infty} \frac{8}{3n+5} \cos\frac{\pi\sqrt{n^3+12}}{n^4+7n-5} = 0.$$

Como a sequência $(b_n)_n = \left(\cos\dfrac{\pi\sqrt{n^3+12}}{n^4+7n-5}\right)_{n\in\mathbb{N}}$ é limitada, pois $\left|\cos\dfrac{\pi\sqrt{n^3+12}}{n^4+7n-5}\right| \leq 1$ e $\lim\limits_{n\to\infty} \dfrac{8}{3n+5} = 0$, então a sequência $\left(\dfrac{8}{3n+5}\right)_{n\in\mathbb{N}}$ é infinitesimal, e portanto, a sequência $\left(\dfrac{8}{3n+5}\cos\dfrac{\pi\sqrt{n^3+12}}{n^4+7n-5}\right)_{n\in\mathbb{N}}$ é uma sequência infinitesimal, isto é,

$$\lim_{n\to\infty} \frac{8}{3n+5} \cos\frac{\pi\sqrt{n^3+12}}{n^4+7n-5} = 0.$$

### 3.4.2 Sequências Infinitas

**Definição 3.12** *Diz-se que a sequência* $(x_n)_n$ *é uma sequência infinita se* $\lim\limits_{n\to\infty} x_n = \infty$*:*

$$\forall A > 0\ \exists n_o,\ \forall n \geq n_o \Longrightarrow |x_n| > A.$$

Se a sequência $(x_n)_n$, $n = 1, 2, \ldots$ é tal que $\forall A > 0\ \exists n_o,\ \forall n \geq n_o \Longrightarrow x_n > A$, então escrevemos

$$\lim_{n\to\infty} x_n = +\infty.$$

Se a sequência $(x_n)_n$, $n = 1, 2, \ldots$ é tal que $\forall A > 0\ \exists n_o,\ \forall n \geq n_o \Longrightarrow x_n < -A$, então escrevemos

$$\lim_{n\to\infty} x_n = -\infty.$$

Notemos que se $\lim\limits_{n\to\infty} x_n = \pm\infty$, então $\lim\limits_{n\to\infty} \dfrac{1}{x_n} = 0.$

**Exemplo 3.12** *Mostre que*

$$\lim_{n\to\infty} n^2 = +\infty.$$

Seja $A$ um número positivo qualquer e escolhemos $n_o = \left[\sqrt{A}\right]^2 + 1$. Então para todo $n > n_o$ vale a desigualdade

$$n^2 > n_o^2 = \left(\left[\sqrt{A}\right] + 1\right)^2 > \left(\sqrt{A}\right)^2 = A.$$

**Exemplo 3.13** *Mostre que*

$$\lim_{n\to\infty} -n^3 = -\infty.$$

Seja $A$ um número positivo qualquer e escolhemos $n_o = \left[\sqrt[3]{A}\right] + 1$. Então para todo $n > n_o$ vale a desigualdade

$$-n^3 < -n_o^3 = -\left(\left[\sqrt[3]{A}\right] + 1\right)^3 < -\left(\sqrt[3]{A}\right)^3 = -A.$$

## 3.5 Operações com Sequências

Antes de enunciar as operações aritméticas que podem ser feitas com sequências convergentes, enunciemos um resultado importante.

**Teorema 3.5** *A sequência* $(a_n)_n$ *possui limite igual a* $a$ *se, e somente se,* $a_n = a + \alpha_n$, $n = 1, 2, 3, \ldots$, *onde* $(\alpha_n)_n$ *é uma sequência infinitesimal.*

**Prova:** Suponhamos que $\lim\limits_{n\to\infty} a_n = a$. Escrevamos $\alpha_n = a_n - a, n = 1, 2, \ldots$. Assim, $\forall \varepsilon > 0\ \exists n_o,\ \forall n \geq n_o$, segue $|a_n - a| < \varepsilon$, ou seja $|\alpha_n| < \varepsilon$.

Agora suponhamos que $a_n = a + \alpha_n, n = 1, 2, \ldots$, com $\lim\limits_{n\to\infty} \alpha_n = 0 :\ \forall \varepsilon > 0\ \exists n_o,\ \forall n \geq n_o$, isto é, $|\alpha_n| < \varepsilon$. Como $\alpha_n = a_n - a$, segue que

$$|\alpha_n| = |a_n - a| < \varepsilon. \qquad \blacksquare$$

Usando o Teorema 3.5 acima, facilmente podemos mostrar as propriedades das operações aritméticas das sequências que possuem limites;

[2] A parte inteira de um número x, $[x]$, é o maior número inteiro menor ou igual a x. Por exemplo, $[2,45] = 2$

**Teorema 3.6** *Sejam* $(x_n)_n$ *e* $(y_n)_n$ *duas sequências convergentes, isto é,* $\lim_{n\to\infty} x_n = a$ *e* $\lim_{n\to\infty} y_n = b$, *então:*

1. $\lim_{n\to\infty}(x_n \pm y_n) = \lim_{n\to\infty} x_n \pm \lim_{n\to\infty} y_n = a \pm b$

2. $\lim_{n\to\infty} cx_n = c\lim_{n\to\infty} x_n = ca$, *c-constante;*

3. $\lim_{n\to\infty} x_n y_n = \lim_{n\to\infty} x_n \lim_{n\to\infty} y_n = ab$

4. $\lim_{n\to\infty} \dfrac{x_n}{y_n} = \dfrac{\lim_{n\to\infty} x_n}{\lim_{n\to\infty} y_n} = \dfrac{a}{b}$, *quando* $y_n \neq 0,\ b \neq 0$.

**Prova:** Podemos escrever $x_n = a + \alpha_n$, $y_n = b + \beta_n$, onde $(\alpha_n)_n$ e $(\beta_n)_n$ são sequências infinitesimais. Então

1. $\lim_{n\to\infty}(x_n \pm y_n) = a \pm b + \lim_{n\to\infty} \alpha_n \pm \lim_{n\to\infty} \beta_n = a \pm b$

2. $\lim_{n\to\infty} cx_n = ca + c\lim_{n\to\infty} \alpha_n = ca$;

3. $\lim_{n\to\infty} x_n y_n = ab + a\lim_{n\to\infty} \beta_n + b\lim_{n\to\infty} \alpha_n + \lim_{n\to\infty} \alpha_n\beta_n = ab$

4. $\dfrac{x_n}{y_n} - \dfrac{a}{b} = \dfrac{a+\alpha_n}{b+\beta_n} - \dfrac{a}{b} = \dfrac{ab + \alpha_n b - ab - a\beta_n}{b(b+\beta_n)} = \dfrac{\alpha_n}{b+\beta_n} - \dfrac{a\beta_n}{b(b+\beta_n)}$.
   Tomando o limite obtemos,

$$\lim_{n\to\infty}\left(\frac{x_n}{y_n} - \frac{a}{b}\right) = \lim_{n\to\infty}\left(\frac{\alpha_n}{b+\beta_n} - \frac{a\beta_n}{b(b+\beta_n)}\right) = 0.$$

No caso, $b = 0$ e $a \neq 0$ temos que $\dfrac{x_n}{y_n} \to \pm\infty$.

No caso, $a = 0$ e $b = 0$, pode acontecer que exista ou não o limite: $\lim_{n\to\infty} \dfrac{x_n}{y_n}$. Por exemplo;

$$x_n = 1/n,\ y_n = 1/n^3: \quad \lim_{n\to\infty} \frac{x_n}{y_n} = +\infty$$
$$x_n = 1/n,\ y_n = 1/\sqrt{n}: \quad \lim_{n\to\infty} \frac{x_n}{y_n} = 0$$
$$x_n = 1/n,\ y_n = 1/(2n): \quad \lim_{n\to\infty} \frac{x_n}{y_n} = 2.$$

**Observação 3.3** *Já mostramos que a sequência* $(q^n)_{n\in\mathbb{N}}$, *quando* $|q| < 1$, *tende para zero, ou seja* $\lim_{n\to\infty} q^n = 0$.

*Por outro lado, se* $q > 1$, *ou seja,* $1/q < 1$, *então,*

$$\lim_{n\to\infty} q^n = \lim_{n\to\infty} \frac{1}{1/q^n} = \lim_{n\to\infty} \frac{1}{(1/q)^n} = +\infty.$$

**Exemplo 3.14**

$$\lim_{n\to\infty} \frac{n^2+7}{3n^2+n-2} = \lim_{n\to\infty} \frac{1+7/n^2}{3+1/n-2/n^2} = \frac{1}{3};$$
$$\lim_{n\to\infty} \frac{n^3-2n}{2n^4+n^2+3} = \lim_{n\to\infty} \frac{1-2/n^3}{2n+1/n+3/n^3} = 0.$$

**Observação 3.4** *Se $(l_n)_n$ é uma sequência que converge para $l$, e os termos da sequência e o número $l$ pertencem ao domínio de uma função elementar $f$, onde $f(x)$ é uma das seguintes funções:*

$$a^x,\ x^\alpha,\ \log_r x,\ \operatorname{sen} x,\ \cos x,\ \tan x,\ \operatorname{cotg} x,\ \operatorname{arcsen} x,\ \arccos x,\ etc.,$$

*então*

$$\lim_{n\to\infty} f(l_n) = f(l),\ isto\ \ é,$$

$$\lim_{n\to\infty} a^{l_n} = a^l,\ \lim_{n\to\infty} (l_n)^\alpha = l^\alpha,\ \lim_{n\to\infty} \log_a l_n = \log_a l,\ \lim_{n\to\infty} \cos l_n = \cos l,\ etc.$$

*Esta propriedade é válida para todas as funções contínuas.*

**Teorema 3.7** *Sejam $(a_n)_n$ e $(b_n)_n$ duas sequências convergentes, isto é, $\lim\limits_{n\to\infty} a_n = a$ e $\lim\limits_{n\to\infty} b_n = b$, com $b_n > 0$ e $b > 0$, então:*

$$\lim_{n\to\infty} b_n^{a_n} = b^a.$$

**Prova:** Escrevendo $b_n^{a_n}$ na forma:

$$b_n^{a_n} = e^{\ln b_n^{a_n}} = e^{a_n \ln b_n},$$

temos

$$\begin{aligned}\lim_{n\to\infty} b_n^{a_n} &= \lim_{n\to\infty} e^{a_n \ln b_n} = e^{\lim\limits_{n\to\infty} a_n \ln b_n} = \\ &= e^{\lim\limits_{n\to\infty} a_n . \lim\limits_{n\to\infty} \ln b_n} = e^{\lim\limits_{n\to\infty} a_n . \ln \lim\limits_{n\to\infty} b_n} = \\ &= e^{a \ln b} = e^{\ln b^a} = b^a. \quad \blacksquare\end{aligned}$$

**Teorema 3.8 (Teorema do Sanduíche)** *Se*

$$\lim_{n\to\infty} a_n = \lim_{n\to\infty} b_n = A$$

*e as desigualdades $a_n \le c_n \le b_n$ valem a partir de um certo $n \in \mathbb{N}$, então existe o limite da sequência $(c_n)_{n\in\mathbb{N}}$ e $\lim\limits_{n\to\infty} c_n = A$.*

**Prova:** Seja $\varepsilon > 0$ arbitrário, então:

$$\lim_{n\to\infty} a_n = A \iff \forall\varepsilon > 0, \exists n_1,\ |a_n - A| < \varepsilon,\quad \forall n > n_1 : \quad A-\varepsilon < a_n < A+\varepsilon$$
$$\lim_{n\to\infty} b_n = A \iff \forall\varepsilon > 0, \exists n_2,\ |b_n - A| < \varepsilon,\quad \forall n > n_2 : \quad A-\varepsilon < b_n < A+\varepsilon$$

Podemos escolher $n_o = \max(n_1, n_2)$, tal que $\forall n > n_o$, temos

$$A-\varepsilon < a_n \le c_n \le b_n < A+\varepsilon.$$

Daqui, segue que

$$A-\varepsilon < c_n < A+\varepsilon,$$

e isto significa que

$$\lim_{n\to\infty} c_n = A. \quad \blacksquare$$

**Exemplo 3.15** *Mostre que*

$$\lim_{n\to\infty} \sqrt[n]{6} = 1.$$

Para qualquer $n \geq 2, n \in \mathbb{N}$, vale a desigualdade $\sqrt[n]{6} > 1$. Isto significa que podemos escrever, $\sqrt[n]{6} = 1 + c_n$, donde $6 = (1 + c_n)^n \geq 1 + nc_n > nc_n$, pela desigualdade de Bernoulli. Daqui, temos $0 < c_n < 6/n$ para todo $n \geq 2$, e pelo Teorema 3.8

$$\lim_{n\to\infty} c_n = 0.$$

Como $\sqrt[n]{6} = 1 + c_n$ e $(c_n)_{n\in\mathbb{N}}$ é uma sequência infinitesimal, então

$$\lim_{n\to\infty} \sqrt[n]{6} = 1.$$

**Exemplo 3.16** *Mostre que a sequência* $(\sqrt{n^2+5} - n)_{n\in\mathbb{N}}$ *converge, e encontre este limite.*

Como as sequências $(\sqrt{n^2+5})_{n\in\mathbb{N}}$ e $(n)_{n\in\mathbb{N}}$ não são sequências convergentes, por isso não podemos aplicar o limite à expressão $\sqrt{n^2+5} - n$. Mas, podemos escrever $\sqrt{n^2+5} - n$ na seguinte forma:

$$\begin{aligned}\sqrt{n^2+5} - n &= \frac{\sqrt{(n^2+5} - n)(\sqrt{n^2+5} + n)}{\sqrt{n^2+5} + n} = \frac{n^2 + 5 - n^2}{\sqrt{n^2+5} + n} = \\ &= \frac{5}{\sqrt{n^2+5} + n}.\end{aligned}$$

Como

$$0 < \frac{5}{\sqrt{n^2+5} + n} = \frac{5}{n\left(\sqrt{1 + 5/n^2} + 1\right)} < \frac{5}{2n}$$

e $\lim_{n\to\infty} \frac{5}{2n} = 0$, então pelo Teorema 3.8, temos

$$\lim_{n\to\infty} (\sqrt{n^2+1} - n) = 0.$$

**Exemplo 3.17** *Mostre que*

$$\lim_{n\to\infty} \frac{10^n}{n!} = 0.$$

Para $n > 10$, temos

$$\begin{aligned}0 &< \frac{10^n}{n!} = \left(\frac{10}{1}\frac{10}{2}\frac{10}{3}\frac{10}{4}\cdots\frac{10}{11}\right)\frac{10}{12}\cdots\frac{10}{n} < \\ &< \frac{10^{11}}{11!}\left(\frac{10}{12}\right)^{n-11} = \\ &= \frac{10^{11}}{11!}\left(\frac{12}{10}\right)^{11}\left(\frac{10}{12}\right)^n.\end{aligned}$$

Como $\frac{10}{12} < 1$, temos $\lim_{n\to\infty} \left(\frac{10}{12}\right)^n = 0$, segue que

$$\lim_{n\to\infty} \frac{10^n}{n!} = 0.$$

## 3.6 Existência do Limite de uma Sequência Monótona Limitada

Já foi mostrado na seção 3.5 que uma sequência convergente é limitada, mas, o fato dela ser limitada não implica que ela seja convergente. Por exemplo, a sequência $((-1)^n)_{n\in\mathbb{N}}$ é limitada mas não é convergente, como já foi visto antes.

Se uma sequência, além de ser limitada, for monótona, então ela é convergente, conforme mostra o seguinte teorema.

**Teorema 3.9** *Toda sequência monótona e limitada possui limite.*

**Prova:** Seja $(x_n)_n$ a sequência limitada e monótona. Suponhamos por conveniência que a sequência $(x_n)_n$ seja crescente. Como ela é limitada, isto é, $|x_n| \leq c, \quad \forall n \in \mathbb{N}$, segue que ela possui supremo $\xi$, com $\xi \leq c$. Mostremos que $\xi = \lim\limits_{n\to\infty} x_n$.
De fato, primeiramente notamos que nenhum termo da sequência, é maior que $\xi$, e em segundo lugar, $\forall \varepsilon > 0$, $\exists n_o$, tal que

$$\xi - \varepsilon < x_{n_o}.$$

Como a sequência $(x_n)_n$ é crescente, segue que $\forall n > n_o \;\; x_{n_o} < x_n$ e

$$\xi - \varepsilon < x_n \leq \xi < \xi + \varepsilon,$$

isto é $|x_n - \xi| < \varepsilon$, ou seja

$$\lim_{n\to\infty} x_n = \xi. \qquad \blacksquare$$

O caso da sequência ser decrescente, mostra-se de maneira análoga

**Exemplo 3.18** *Definimos*

$$x_1 = \sqrt{2}, \; x_2 = \sqrt{2+\sqrt{2}}, \quad x_3 = \sqrt{2+\sqrt{2+\sqrt{2}}}, \cdots$$

*e*

$$x_n = \underbrace{\sqrt{2+\sqrt{2+\cdots+\sqrt{2}}}}_{n \text{ raízes}}.$$

*Mostre que esta sequência é convergente e calcule seu limite.*

É fácil ver que

$$x_{n+1} = \underbrace{\sqrt{2+\sqrt{2+\cdots+\sqrt{2}}}}_{n+1 \text{ raízes}} = \sqrt{2+x_n}, \tag{3.1}$$

donde segue que a sequência $(x_n)_n$ é monótona crescente. Observamos que $x_n < \sqrt{2}+1$. Agora mostremos que $x_{n+1}$ também é menor que este número, ou seja, $x_{n+1} < \sqrt{2}+1$. De fato

$$x_{n+1} = \sqrt{2+x_n} < \sqrt{2+\sqrt{2}+1} < \sqrt{2+2\sqrt{2}+1} = \sqrt{(\sqrt{2}+1)^2} = \sqrt{2}+1.$$

Assim, pelo Teorema 3.9 a sequência $(x_n)_n$ converge : $\lim\limits_{n\to\infty} x_n = a$. Calculemos $a$.
Da equação (3.1), obtemos

$$x_{n+1}^2 = 2 + x_n.$$

Agora tomando limite, chegamos a esta equação quadrática

$$a^2 = 2 + a.$$

Esta equação possui duas raízes

$$a_{1,2} = \frac{1 \pm \sqrt{1+8}}{2}.$$

$a$ não pode ser negativo, por isso, vale apenas $a = 2$.

Na próxima seção veremos mais uma aplicação direta deste teorema, quando iremos definir o número de Euler $e$.

## 3.7 O número $e$

O número de Euler[3] $e$ é uma importante constante que aparece em muitos contextos, principalmente porque é a base para logaritmos naturais. Esta constante também é usada para entender o crescimento exponencial, para explicar a decadência radioativa. Claro, também encontramos o número de Euler nas finanças, usado para calcular como a riqueza pode crescer devido a juros compostos.

Figura 3.6: Leonhard Paul Euler

**Exemplo 3.7.1** *Mostre que a sequência* $(a_n)_{n\in\mathbb{N}}$*, cujo termo geral é* $a_n = \left(1 + \dfrac{1}{n}\right)^n, n \in \mathbb{N}$ *converge.*

Primeiro, mostremos que a sequência $(a_n)$ é crescente. De fato, consideremos os seguintes $(n+1)$ números, sendo os $n$ primeiros termos iguais a $(1 + 1/n)$ e o último igual a 1

$$(1 + \frac{1}{n}), (1 + \frac{1}{n}), \ldots, (1 + \frac{1}{n}), 1,$$

e levando em consideração que a média aritmética é maior que a média geométrica, temos

$$\frac{\left(1 + \dfrac{1}{n}\right).n + 1}{n+1} > \sqrt[n+1]{\left(1 + \frac{1}{n}\right)^n .1},$$

[3]Leonhard Paul Euler, grande matemático e físico suíço de língua alemã que passou a maior parte de sua vida na Rússia e na Alemanha. 1707-1783

ou

$$\frac{n+2}{n+1} > \sqrt[n+1]{\left(1+\frac{1}{n}\right)^n},$$

ou

$$\left(1+\frac{1}{n+1}\right) > \sqrt[n+1]{\left(1+\frac{1}{n}\right)^n}.$$

Elevando ambos os membros da desigualdade à potência $(n+1)$, obtemos

$$\left(1+\frac{1}{n+1}\right)^{n+1} > \left(1+\frac{1}{n}\right)^n.$$

Desta forma $a_{n+1} > a_n$, para $n \geq 1$, e portanto, a sequência $(a_n)_n$ é crescente.

Para mostrar que a sequência é limitada usemos o binômio de Newton[4]:

$$\begin{aligned}
\left(1+\frac{1}{n}\right)^n &= \sum_{k=0}^{n} C_k^n 1^{n-k}\left(\frac{1}{n}\right)^k = \\
&= 1+\frac{n}{1}.\frac{1}{n}+\frac{n(n-1)}{2!}\frac{1}{n^2}+ \\
&+\frac{n(n-1)(n-2)}{3!}\frac{1}{n^3}+\ldots+\frac{n(n-1)(n-2)\ldots(n-k+1)}{k!}\frac{1}{n^k}+\ldots+ \\
&+\frac{n(n-1)(n-2)\ldots[n-(n-1)]}{n!}\frac{1}{n^n}= \qquad (3.2)\\
&= 1+1+\frac{1}{2!}\left(1-\frac{1}{n}\right)+\frac{1}{3!}\left(1-\frac{1}{n}\right)\left(1-\frac{2}{n}\right)+\ldots \\
&+\frac{1}{k!}\left(1-\frac{1}{n}\right)\left(1-\frac{2}{n}\right)\ldots\left(1-\frac{k-1}{n}\right)+\ldots \\
&\ldots+\frac{1}{n!}\left(1-\frac{1}{n}\right)\left(1-\frac{2}{n}\right)\ldots\left(1-\frac{n-1}{n}\right).
\end{aligned}$$

Usando o fato que $\left(1-\frac{1}{n}\right) < 1$; $\left(1-\frac{1}{n}\right)\left(1-\frac{2}{n}\right) < 1$, etc., obtemos da expressão (3.2) a desigualdade

$$\left(1+\frac{1}{n}\right)^n < 1+1+\frac{1}{2!}+\frac{1}{3!}+\ldots+\frac{1}{k!}+\ldots+\frac{1}{n!}. \qquad (3.3)$$

Por outro lado, temos:

$$\frac{1}{3!} < \frac{1}{2^2};\ \frac{1}{4!} < \frac{1}{2^3};\ \ldots;\ \frac{1}{n!} < \frac{1}{2^{n-1}}.$$

Portanto, podemos escrever a desigualdade (3.3) acima na forma

$$\left(1+\frac{1}{n}\right)^n < 1+1+\frac{1}{2!}+\frac{1}{3!}+\ldots+\frac{1}{k!}+\ldots+\frac{1}{n!} < 1+1+\frac{1}{2}+\frac{1}{2^2}+\ldots+\frac{1}{2^{n-1}}.$$

Observamos que na última desigualdade, os termos a partir do segundo, formam uma progressão

[4]Issac Newton (1642-1727), grande matemático e físico inglês

geométrica de razão 1/2 sendo o primeiro termo igual a 1, por isso

$$\begin{aligned}\left(1+\frac{1}{n}\right)^n &< 1+[1+\frac{1}{2}+\frac{1}{2^2}+\ldots+\frac{1}{2^{n-1}}] = \\ &= 1+\frac{1-\left(\frac{1}{2}\right)^n}{1-\frac{1}{2}} = \\ &= 1+[2-\left(\frac{1}{2}\right)^{n-1}] < 3,\end{aligned}$$

isto é,

$$\left(1+\frac{1}{n}\right)^n < 3, \text{ para todo } n \in \mathbb{N}.$$

Como $\left(1+\frac{1}{1}\right)^1 = 2$, sendo a sequência crescente, temos

$$2 \leq \left(1+\frac{1}{n}\right)^n < 3, \text{ para todo } n \in \mathbb{N},$$

e isto significa que a sequência $\left(\left(1+\frac{1}{n}\right)^n\right)_{n\in\mathbb{N}}$ é limitada.

Assim mostramos que a sequência $\left(\left(1+\frac{1}{n}\right)^n\right)_{n\in\mathbb{N}}$ é crescente e limitada, logo, pelo Teorema 3.9, pode-se concluir que a sequência converge.

**Definição 3.13** *Denotamos o limite*

$$\lim_{n\to\infty}\left(1+\frac{1}{n}\right)^n = e,$$

*onde e é o número em homenagem a Euler*[5]*).*

O valor do número $e$ é aproximadamente $2,718281828459045235360287$.

**Observação 3.5** *Na verdade o limite da Definição 3.13 também vale quando $n \to -\infty$, isto é,*

$$\lim_{n\to\pm\infty}\left(1+\frac{1}{n}\right)^n = e$$

**Exemplo 3.19** *Encontre o seguinte limite*

$$\lim_{n\to\infty}\left(1+\frac{k}{n}\right)^n.$$

Reescrevendo o limite, obtemos:

$$\begin{aligned}\lim_{n\to\infty}\left(1+\frac{k}{n}\right)^n &= \lim_{n\to\infty}\left[\left(1+\frac{1}{\frac{n}{k}}\right)^{\frac{n}{k}}\right]^k = \\ &\overset{\frac{n}{k}=m}{=} \lim_{m\to\infty}\left[\left(1+\frac{1}{m}\right)^m\right]^k = \\ &= \left[\lim_{m\to\infty}\left(1+\frac{1}{m}\right)^m\right]^k = \\ &= e^k.\end{aligned}$$

[5]Leonhard Euler (1707-1783), grande matemático suíço

**Exemplo 3.20** *Encontre o seguinte limite*

$$\lim_{n\to\infty}\left(\frac{n+2}{n+1}\right)^{2n}.$$

Temos

$$\left(\frac{n+2}{n+1}\right)^{2n}=\left(1+\frac{1}{n+1}\right)^{2n}=\left(\left(1+\frac{1}{n+1}\right)^{n+1}\right)^{2n/(n+1)}.$$

Como

$$\lim_{n\to\infty}\left(1+\frac{1}{n+1}\right)^{n+1}=\lim_{n\to\infty}\left(1+\frac{1}{n}\right)^{n}=e,$$

e $\lim\limits_{n\to\infty}\dfrac{2n}{n+1}=2$, então, segue

$$\lim_{n\to\infty}\left(\frac{n+2}{n+1}\right)^{2n}=\lim_{n\to\infty}\left(\left(1+\frac{1}{n+1}\right)^{n+1}\right)^{\lim\limits_{n\to\infty}2n/(n+1)}=e^2.$$

**Exemplo 3.21** *Calcule o seguinte limite*

$$\lim_{n\to\infty}\left(1-\frac{1}{7n}\right)^{3n-8}.$$

Temos

$$\begin{aligned}\lim_{n\to\infty}\left(1-\frac{1}{7n}\right)^{3n-8}&=\lim_{n\to\infty}\left(1-\frac{1}{7n}\right)^{-7n(\frac{-3}{7})-8}=\\&=\lim_{n\to\infty}\left(1-\frac{1}{7n}\right)^{-7n(\frac{-3}{7})}.\left(1-\frac{1}{7n}\right)^{-8}=\\&=[\lim_{n\to\infty}\left(1-\frac{1}{7n}\right)^{-7n}]^{\frac{-3}{7}}.\lim_{n\to\infty}\left(1-\frac{1}{7n}\right)^{-8}=\\&=e^{-3/7}.1=e^{-3/7}.\end{aligned}$$

**Observação 3.6** *Quando $n\to\pm\infty$, $\dfrac{1}{n}\to 0$, então podemos obter uma outra forma para calcular o número e;*

$$e=\lim_{n\to\pm\infty}\left(1+\frac{1}{n}\right)^{n}\overset{\frac{1}{n}=\alpha}{=}\lim_{\alpha\to 0}(1+\alpha)^{\frac{1}{\alpha}}.$$

**Exemplo 3.22** *Encontre o seguinte limite*

$$\lim_{\alpha\to 0}(1+2\alpha)^{\frac{1}{\alpha}}.$$

Escrevendo o limite na seguinte forma, temos

$$\lim_{\alpha\to 0}(1+2\alpha)^{\frac{1}{\alpha}}=\lim_{\alpha\to 0}(1+2\alpha)^{2\frac{1}{2\alpha}}=\lim_{\alpha\to 0}\left((1+2\alpha)^{\frac{1}{2\alpha}}\right)^2=e^2.$$

### 3.7.1 Aplicação do Número $e$ na Taxa de Juros

O número de Euler $e$ desempenha um grande papel em todos os processos que envolvem crescimentos ou decaimentos contínuos. Vamos nos restringir somente ao cálculo de juros compostos, "a oitava maravilha".

Quando calculamos os juros compostos, a cada período é acrescido um valor de juros proporcional ao valor já acumulado, ou seja, a taxa de juros incide sobre o valor acumulado, que aumenta a cada período. Dessa forma, o valor dos juros acrescidos a cada período é sempre crescente. Assim, mostraremos que a expressão da forma $\left(1+\dfrac{k}{n}\right)^n$ encontra-se na taxa de juros compostos.

Suponhamos que o incremento de um determinado capital acontece ao longo de um ano. Se o capital $C$ é colocado a $t\%$ ao ano. Após um ano teríamos o montante:

$$C + Ck = C(1+k), \quad \text{onde} \quad k = \frac{t}{100}.$$

No segundo ano teríamos

$$C(1+k) + C(1+k)k = C(1+k)^2$$

no terceiro ano

$$C(1+k)^2 + C(1+k)^2k = C(1+k)^3$$

e em geral após $m$ anos teríamos

$$C(1+k)^m. \tag{3.4}$$

**Exemplo 3.23** *Encontre o montante final obtido quando emprestamos 500 reais por 12 anos a uma taxa de juros compostos de* $5\%$ *ao ano.*

Primeiramente, vamos escrever os dados do problema:
$C = 500$, $t = 5\%$, donde $k = \dfrac{5}{100} = \dfrac{1}{20}$ e $m = 12$. Assim, pela fórmula (3.4), obtemos o montante final

$$\begin{aligned} \text{Montante final} &= C(1+k)^m = 500\left(1+\frac{1}{20}\right)^{12} = \\ &= 500\left(\frac{21}{20}\right)^{12} = 500\,(1,05)^{12} \approx 500(1,796) \\ &\approx 897,928 \end{aligned}$$

Suponhamos agora que o incremento do capital seja em $\dfrac{1}{n}$ do ano, e com isto o número $k = \dfrac{t}{100}$ diminui em $n$ vezes, pois a taxa de juros era considerada em um ano, e o número do tempo aumentou em $n$ vezes, portanto o incremento do capital (montante) em $m$ anos será:

$$C\left(1+\frac{k}{n}\right)^{mn}. \tag{3.5}$$

**Exemplo 3.24** *Encontre o montante final obtido quando aplicamos 500 reais por 12 anos a uma taxa de juros compostos de* $5\%$ *em 3 vezes ao ano.*

Primeiramente, vamos escrever os dados do problema:
$C = 500$, $t = 5\%$, $n = 3$, donde $k = \dfrac{5}{3 \times 100} = \dfrac{1}{60}$ e $m = 12$. Assim, pela fórmula (3.5), obtemos o montante final

$$\begin{aligned} \text{Montante final} &= C\left(1 + k\frac{k}{n}\right)^{mn} = 500\left(1 + \frac{1}{60}\right)^{36} = \\ &= 500\left(\frac{61}{60}\right)^{36} \approx 500\,(1,016)^{36} \approx 500(1,771) \\ &\approx 885,408 \end{aligned}$$

Por fim, se o número $n$ aumenta infinitamente, isto é, se o incremento do capital ocorre no menor tempo (continuamente), então após $m$ anos o montante final será:

$$\begin{aligned} \lim_{n\to\infty} C\left(1 + \frac{k}{n}\right)^{mn} &= C \lim_{n\to\infty}\left[\left(1 + \frac{k}{n}\right)^{n/k}\right]^{mk} = \\ &= Ce^{km}. \end{aligned}$$

## 3.8 Subsequências

**Definição 3.14** *Seja $(n_k)_n$ uma sequência crescente dos números naturais. Então a sequência $(a_{n_k})_{k\in\mathbb{N}}$ chama-se subsequência da sequência $(a_n)_n$.*

Na definição de subsequência, o índice $k$ será o encarregado de enumerar todos os seus termos e não o $n$. Sendo assim, $n_k$ tenderá ao infinito quando $k$ tende ao infinito.

**Proposição 3.1** *Se a sequência $(a_n)_n$ possui limite $a$, então a subsequência $(a_{n_k})_{k\in\mathbb{N}}$ também converge para o número $a$.*

**Prova:** Como $a_n \to a$ quando $n \to \infty$: $\forall\varepsilon > 0$, $\exists n_o$ tal que para $n > n_o$, cumpre-se

$$|a_n - a| < \varepsilon,$$

segue que, quando $n_k \to \infty$, existe $k_o$ tal que, para todo $k > k_o$, teremos $n_k > n_o$. Então

$$|a_{n_k} - a| < \varepsilon. \qquad \blacksquare$$

**Exemplo 3.25** *As sequências $2, 4, 6, 8, \ldots$ e $1, 3, 5, 7, \ldots$ são duas subsequências da sequência dos números naturais $(n)_n$.*

No **Exemplo 3.18**, já mostramos que o limite da sequência $((-1)^n)_n = (-1, 1, -1, 1, -1, 1, \ldots,)$ não existe. Agora mostremos esta afirmação em termos de subsequências. Sejam $((-1)^{2n-1})_n = (-1, -1, -1, -1, \ldots,)$ e $((-1)^{2n})_n = (1, 1, 1, 1, \ldots,)$ duas subsequências da sequência $((-1)^n)_n$. Como estas duas subsequências são constantes, então $(-1)^{2n-1} \to -1$ e $(-1)^{2n-1} \to 1$ convergem a dois números diferentes. Assim

$$\lim_{n\to\infty}(-1)^n = \begin{cases} -1 \ , & \text{se } n \text{ é ímpar} \\ 1 \ , & \text{se } n \text{ é par.} \end{cases}$$

Observamos que a sequência $((-1)^n)_n$ tende para dois números diferentes: $-1$ e $1$. Como o limite de uma sequência se existir é único, pelo Teorema de Unicidade 3.1, então segue que a

sequência $((-1)^n)_n$ não possui limite.
A seguir, enunciemos um resultado fundamental da teoria das sequências, atribuídos aos grandes matemáticos Bolzano[6] e Weierstrass[7].

Figura 3.7: Bernard Placidus Johann Nepomuk Bolzano e Karl Wilhelm Theodor Weierstrass

**Teorema 3.10** *[Bolzano-Weiestrass] Toda sequência limitada possui uma subsequência convergente.*

**Prova:** Seja $(x_n)_n$ a sequência limitada, isto, é, existem $a, b \in \mathbb{R}$ tais que,

$$a \leq x_n \leq b, \ \forall n \in \mathbb{N} \iff (x_n)_n \subset [a, b].$$

Agora vamos dividir o intervalo $[a, b]$ em dois intervalos iguais, e suponhamos que um deles, digamos $[a_1, b_1]$ contenha infinitos termos da sequência. A seguir dividimos novamente o intervalo $[a_1, b_1]$ em dois intervalos iguais, e suponhamos que um deles, digamos $[a_2, b_2]$ contenha infinitos termos da sequência. Continuando com este processo, vamos obter uma sequência de intervalos encaixantes

$$[a, b] \supset [a_1, b_1] \supset [a_2, b_2] \supset \ldots$$

Segue daqui que $|b_n - a_n| = \dfrac{|b-a|}{2^n}$, ou seja $\lim\limits_{n\to\infty} |b_n - a_n| = 0$.
Em virtude do Teorema dos Intervalos Encaixantes[8], $\cap_{n\in\mathbb{N}}[a_n, b_n] \neq \emptyset$, ou seja, existe $c \in [a_n, b_n], \forall n \in \mathbb{N}$.
Para uma sequência crescente $(n_k)_k$ existe uma subsequência $(x_{n_k})_k \in [a_n, b_n]$, pois em cada intervalo $[a_n, b_n]$ temos uma sequência infinita.

Como

$$|x_{n_k} - c| \leq |b_n - a_n| \to 0,$$

segue que

$$\lim_{k\to\infty} x_{n_k} = c. \quad \blacksquare$$

[6]Bernard Placidus Johann Nepomuk Bolzano (1781 - 1848), matemático Checo, teólogo e filósofo da antiga Boémia, que pesquisou também problemas ligados ao espaço, à força e à propagação de ondas.
[7]Karl Wilhelm Theodor Weierstrass ( 1815 - 1897), matemático alemão, professor na Universidade de Berlim.
[8]ver exercício 3 do capítulo 2

## 3.9 Limite Superior e Limite Inferior

Primeiramente vamos introduzir a definição de supremo e ínfimo de uma sequência numérica real. Consideremos a sequência limitada $(x_n)_{n\in\mathbb{N}}$ de números reais.

**Definição 3.15** *Diz-se que o número $A$ é o supremo da sequência $(x_n)_{n\in\mathbb{N}}$ se*

1. $x_n \leq A, \ \forall n \in \mathbb{N}$;

2. $\forall \varepsilon > 0$, *existe um número $n$ tal que* $x_n > A - \varepsilon$.

Vamos denotar o supremo da sequência $(x_n)_n$ por $A = \sup x_n$.
Analogamente definimos o ínfimo da sequência $(x_n)_{n\in\mathbb{N}}$.

**Definição 3.16** *Diz-se que o número $B$ é o ínfimo da sequência $(x_n)_{n\in\mathbb{N}}$ se*

1. $x_n \geq B, \ \forall n \in \mathbb{N}$;

2. $\forall \varepsilon > 0$, *existe um número $n$ tal que* $x_n < B + \varepsilon$.

Denotemos o ínfimo da sequência $(x_n)_n$ por $B = \inf x_n$.
Agora consideremos alguns exemplos.

**Exemplo 3.26** *Considere a sequência*

$$(x_n)_n = \left(1 - \operatorname{sen}\frac{\pi n}{2}\right)_n = \left(0, 1, 2, 1, \cdots, 1 - \operatorname{sen}\frac{\pi n}{n}, \cdots\right)$$

.

Escrevendo mais explicitamente os primeiros oito termos da sequência,

$$\left(1 - \operatorname{sen}\frac{\pi n}{2}\right)_n = \left(0, 1, 2, 1, 0, 1, 2, 1, \cdots, 1 - \operatorname{sen}\frac{\pi n}{n}, \cdots\right),$$

observamos que

$$\sup x_n = 2 \text{ e } \inf x_n = 0.$$

**Exemplo 3.27** *Considere a sequência* $(x_n)_n = \left(1 - n \operatorname{sen}\frac{n\pi}{2}\right)_n = (0, 1, 4, \cdots)$.

Escrevendo mais explicitamente os primeiros oito termos da sequência,

$$\left(1 - n \operatorname{sen}\frac{\pi n}{2}\right)_n = \left(0, 1, 4, 1, -4, 1, -6, 1, \cdots, 1 - n \operatorname{sen}\frac{\pi n}{n}, \cdots\right),$$

observamos que

$$\sup x_n = +\infty \text{ e } \inf x_n = -\infty.$$

Agora vamos introduzir as definições de limite superior e limite inferior. Consideremos a sequência limitada $(x_n)_{n\in\mathbb{N}}$ de números reais. Definamos a sequência $(S_k)_k$ como sendo

$$S_k = \sup\{x_k, x_{k+1}, x_{k+2}, \cdots, x_n, \cdots\} = \sup_{n\geq k} x_n.$$

É fácil ver que $S_k \geq S_{k+1} \geq S_{k+2} \geq \cdots$, ou seja, $(S_k)_k$ é monótona não crescente, por isso pelo Teorema 3.9 a sequência é convergente. Isto motiva a seguinte definição.

**Definição 3.17** *Definimos o limite superior da sequência* $(x_n)_{n\in\mathbb{N}}$ *como sendo o*

$$\inf_{k\in\mathbb{N}} \sup_{n\geq k} x_n.$$

*A notação que usamos para denotar este limite é*

$$\lim_{n\to\infty} \sup x_n = \inf_{k\in\mathbb{N}} \sup_{n\geq k} x_n.$$

Analogamente, definindo a sequência $(A_k)_k$ como sendo

$$A_k = \inf\{x_k, x_{k+1}, x_{k+2}, \cdots, x_n, \cdots\} = \inf_{n\geq k} x_n.$$

É fácil ver que $A_k \leq A_{k+1} \leq A_{k+2} \leq \cdots$, ou seja, $(A_k)_k$ é monótona não decrescente, por isso pelo Teorema 3.9 a sequência é convergente. Isto permite a seguinte definição.

**Definição 3.18** *Definimos o limite inferior da sequência* $(x_n)_{n\in\mathbb{N}}$ *como sendo o*

$$\sup_{k\in\mathbb{N}} \inf_{n\geq k} x_n.$$

*A notação que usamos para denotar este limite é*

$$\lim_{n\to\infty} \inf x_n = \sup_{k\in\mathbb{N}} \inf_{n\geq k} x_n.$$

Antes de considerar alguns exemplos vamos elencar algumas propriedades dos limites superiores e inferiores.

**Proposição 3.2** *Sejam* $(x_n)_{n\in\mathbb{N}}$ *e* $(y_n)_{n\in\mathbb{N}}$ *duas sequências reais limitadas, então tem lugar as seguintes afirmações:*

1. $\lim\limits_{n\to\infty} \inf x_n \leq \lim\limits_{n\to\infty} \sup x_n$;

2. $\lim\limits_{n\to\infty} \sup(x_n + y_n) \leq \lim\limits_{n\to\infty} \sup x_n + \lim\limits_{n\to\infty} \sup y_n$;

3. $\lim\limits_{n\to\infty} \inf(x_n + y_n) \geq \lim\limits_{n\to\infty} \inf x_n + \lim\limits_{n\to\infty} \inf y_n$;

4. $\lim\limits_{n\to\infty} \sup(-x_n) = -\lim\limits_{n\to\infty} \inf x_n$;

5. $\inf\limits_{n} x_n \leq \lim\limits_{n\to\infty} \inf x_n \leq \lim\limits_{n\to\infty} \sup x_n \leq \sup\limits_{n} x_n$.

**Observação 3.7** *Se existem* $\lim\limits_{n\to\infty} \inf x_n$ *e* $\lim\limits_{n\to\infty} \sup x_n$*, temos*

$$\lim_{n\to\infty} \inf x_n \leq \lim_{n\to\infty} \sup x_n.$$

*Obviamente se a sequência* $(x_n)_{n\in\mathbb{N}}$ *é convergente, então*

$$\lim_{n\to\infty} \inf x_n = \lim_{n\to\infty} \sup x_n.$$

**Exemplo 3.28** *Consideremos a sequência* $(x_n)_n = (-1, 1, -1, 1, \cdots)$.
*Então*

$$\sup\{x_k, x_{k+1}, x_{k+2}, \cdots, x_n, \cdots\} = \sup\{x_n, n \geq k\} = 1$$

*e*

$$\inf\{x_k, x_{k+1}, x_{k+2}, \cdots, x_n, \cdots\} = \inf\{x_n, n \geq k\} = -1,$$

*portanto*

$$\lim_{n\to\infty} \inf x_n = -1 \text{ e } \lim_{n\to\infty} \sup x_n = 1.$$

## 3.10 Critério de Cauchy para a Existência do Limite

Antes de introduzir a definição de sequência fundamental ou de Cauchy, vamos lembrar a definição de convergência de sequências. Seja $(x_n)_n$ uma sequência numérica convergente, isto é, $\lim\limits_{n\to\infty} x_n = a$, ou seja:

$$\forall \varepsilon > 0 \;\; \exists n_o, \text{ tal que } |x_n - a| < \varepsilon \;\; (n > n_o).$$

Figura 3.8: Augustin Louis Cauchy

**Definição 3.19 (Sequência de Cauchy)** *A sequência numérica $(x_n)_n$ é dita fundamental ou de Cauchy*[9] *se satisfaz a seguinte condição: para todo $\varepsilon > 0$, existe um $n_o$ tal que*

$$|x_n - x_m| < \varepsilon, \quad \textit{para} \;\; \textit{todos}\; n, m > n_o.$$

**Teorema 3.11 (Critério de Cauchy)** *Para que a sequência numérica $(x_n)_n$ seja convergente, é necessário e suficiente que a sequência seja de Cauchy.*

**Prova:** Vamos mostrar a condição necessária do teorema. Suponhamos que a sequência $(x_n)_n$ seja convergente, isto é, $\lim\limits_{n\to\infty} x_n = a$, então,

$$|x_n - x_m| = |x_n - a + a - x_m| \leq |x_n - a| + |x_m - a| < \frac{\varepsilon}{2} + \frac{\varepsilon}{2} = \varepsilon.$$

Agora, suponhamos que a sequência $(x_n)_n$ é de Cauchy, precisamos provar que ela é convergente. Para atingir nosso objetivo, vamos mostrar, primeiramente, que uma sequência de Cauchy é limitada. De fato, consideremos $\varepsilon = 1$ e encontremos um $n_o$ tal que,

$$|x_n - x_m| < 1, \quad (n, m > n_o).$$

Fixando algum $m > n_o$, obtemos da última desigualdade

$$|x_n| < 1 + |x_m| \;\; (n > m),$$

donde concluímos que $(x_n)_n$ é limitado.
Em segundo lugar, usando o Teorema de Bolzano-Weierstrass 3.10, para concluirmos que da

[9]Augustin Louis Cauchy ( 1789 - 1857) um matemático francês, que introduziu o rigor na Análise Matemática.

sequência $(x_n)_n$ existe uma subsequência convergente $(x_{n_k})_k$, tal que $\lim\limits_{k\to\infty} x_{n_k} = a$.
E por último, vamos provar que a sequência $(x_n)_n$ converge para $a$. Seja $\varepsilon > 0$, então por definição

$$\text{existe, } n_\varepsilon, k_\varepsilon : \quad |x_n - x_{n_k}| < \frac{\varepsilon}{2}, \quad \forall n > n_\varepsilon, k > k_\varepsilon.$$

Passando ao limite quando $k \to \infty$, obtemos

$$|x_n - a| < \frac{\varepsilon}{2} < \varepsilon, \quad \forall n > n_\varepsilon.$$

Como $\varepsilon$ foi arbitrário, segue que $\lim\limits_{n\to\infty} x_n = a$. ■
Para maiores detalhes, sugerimos ver o livro de Nikolsky [11].

**Exemplo 3.29** *Mostremos que a equação de Kepler*[10]

$$x = a \operatorname{sen} x + b,$$

*que descreve a posição de um planeta na sua órbita, onde* $0 < a, b < 1$ *e* $x$ *a variável desconhecida, possui uma única solução.*

Figura 3.9: Johannes Kepler

Tomemos um $x_o$ arbitrário e construímos a seguinte sequência numérica:

$$\begin{array}{ll} x_1 = a \operatorname{sen} x_o + b, & x_2 = a \operatorname{sen} x_1 + b, \quad \ldots \\ \vdots = \vdots, & \vdots = \vdots \\ x_n = a \operatorname{sen} x_{n-1} + b, & x_{n+1} = a \operatorname{sen} x_n + b, \quad \ldots \end{array}$$

Subtraindo a primeira igualdade da segunda, obtemos

$$x_2 - x_1 = a(\operatorname{sen} x_1 - \operatorname{sen} x_o) = 2a \operatorname{sen}\left(\frac{x_1 - x_o}{2}\right) \cos\left(\frac{x_1 + x_o}{2}\right).$$

Usando o fato que as funções seno e cosseno são funções limitadas: $|\operatorname{sen}\beta| \le 1$, $|\cos\beta| \le 1$, e também $|\operatorname{sen}\beta| \le |\beta|$ temos

$$|x_2 - x_1| \le 2a\frac{|x_1 - x_o|}{2} = a|x_1 - x_o|. \tag{3.6}$$

[10]Johannes Kepler grande astrônomo, astrólogo e matemático alemão. 1571-1630

De forma análoga, podemos obter a seguinte desigualdade:

$$|x_3 - x_2| \leq a|x_2 - x_1|,$$

ou usando a desigualdade (3.6), podemos escrever:

$$|x_3 - x_2| \leq a^2|x_1 - x_0|.$$

Continuando com este processo, $n$ vezes, obtemos a desigualdade

$$|x_{n+1} - x_n| \leq a^n|x_1 - x_o|. \tag{3.7}$$

Agora, consideremos dois números $n$ e $m$ com $m > n$, e analisemos a diferença $x_m - x_n$:

$$x_m - x_n = x_m - x_{m-1} + x_{m-1} - x_{m-2} + x_{m-2} - x_{m-3} + \ldots + x_{n+1} - x_n.$$

Usando a desigualde triangular generalizada e a desigualdade (3.7), obtemos:

$$\begin{aligned} |x_m - x_n| &\leq |x_m - x_{m-1}| + |x_{m-1} - x_{m-2}| + |x_{m-2} - x_{m-3}| + \ldots + |x_{n+1} - x_n| \leq \\ &\leq a^{m-1}|x_1 - x_o| + a^{m-2}|x_1 - xo| + \ldots a^n|x_1 - x_o| \leq \\ &\leq (a^{m-1} + a^{m-2} + a^{m-3} + \ldots + a^n)|x_1 - x_o| = \\ &= a^n\frac{1 - a^{m-n}}{1 - a}|x_1 - x_o|. \end{aligned}$$

Como $\lim\limits_{n\to\infty} a^n = 0$ e $0 < a^{m-n} < 1$ quando $m > n$ e $|x_1 - x_o|$ constante, temos

$$\lim_{n\to\infty} |x_m - x_n| = 0, \text{e por tanto } \lim_{n\to\infty} (x_m - x_n) = 0.$$

E isto significa que existe

$$\lim_{n\to\infty} x_n = \sigma.$$

Usando a continuidade da função sen, podemos escrever

$$\sigma = a \operatorname{sen} \sigma + b, \tag{3.8}$$

isto é, o limite $\sigma$ da sequência $(x_n)_n$ é raiz da equação de Kepler.

Agora mostremos a unicidade. Suponhamos que a equação de Kepler possui uma outra solução diferente de $\sigma$, digamos $\sigma_1$, isto é,

$$\sigma_1 = a \operatorname{sen} \sigma_1 + b.$$

Subtraindo desta equação, a equação (3.8), obtemos

$$\sigma_1 - \sigma = a(\operatorname{sen} \sigma_1 - \operatorname{sen} \sigma) = 2a \operatorname{sen} \frac{\sigma_1 - \sigma}{2} \cos \frac{\sigma_1 + \sigma}{2},$$

donde,

$$|\sigma_1 - \sigma| \leq a|\sigma_1 - \sigma|.$$

## 3.11 Exercícios do Capítulo 3

1. Mostre que as sequências $(a_n)_n$ são crescentes se seus termos gerais são:

    (a) $a_n = n^2 + 1$;

    (b) $a_n = n^3 - n^2$;

    (c) $a_n = \dfrac{2^n}{2n+1}$.

2. Mostre que as sequências $(a_n)_n$ são limitadas superiormente se seus termos gerais são:

    (a) $a_n = 1000 - \sqrt{n}$;

    (b) $a_n = 7 - 2n - n^2$;

    (c) $a_n = \dfrac{n^2+2}{n^2+1}$.

3. Mostre que as sequências $(a_n)_n$ são limitadas inferiormente se seus termos gerais são:

    (a) $a_n = n^2 - n - 11$;

    (b) $a_n = \dfrac{1}{n} + \operatorname{sen}\sqrt{n}$;

    (c) $a_n = \dfrac{(-1)^n}{n} + \dfrac{n+2}{n^2}$.

4. Mostre que as sequências $(a_n)_n$ são limitadas se seus termos gerais são:

    (a) $a_n = \sqrt{n+1} - \sqrt{n}$;

    (b) $a_n = \dfrac{1}{n^2} - \cos\dfrac{1}{n+1}$;

    (c) $a_n = \dfrac{2n+3}{n^2+2n+3}$.

5. Use a definição para mostrar que as sequências $(a_n)_n$ possuem limites, se:

    (a) $a_n = \dfrac{3n+2}{n}$;

    (b) $a_n = (-1)^n \dfrac{1}{1+n^2}$;

    (c) $a_n = \dfrac{\operatorname{sen} n + \cos n}{\sqrt{n}}$;

    (d) $a_n = \left(\dfrac{1}{5}\right)^n$.

6. Sejam $x_1 = 0,3,\quad x_2 = 0,33,\quad x_3 = 0,333, \ldots, x_n = 0,\overbrace{33\ldots33}^{n}, \ldots$ os termos da sequência $(x_n)_n$. Mostre que esta sequência converge para $\frac{1}{3}$.

7. Calcule o limite das sequências:

   (a) $\lim\limits_{n\to\infty} \dfrac{3n+1}{n-5}$;

   (b) $\lim\limits_{n\to\infty} \dfrac{-4n^2+5n-6}{n^2-6}$;

   (c) $\lim\limits_{n\to\infty} \dfrac{\operatorname{sen}^2(n+3)}{n+2}$;

   (d) $\lim\limits_{n\to\infty} \dfrac{\sqrt{n^3}+4n+2}{9n\sqrt{n}+5}$;

   (e) $\lim\limits_{n\to\infty} \left(\sqrt[3]{n} - \sqrt[3]{n+1}\right)$;

   (f) $\lim\limits_{n\to\infty} \dfrac{1+2+3+\ldots+n}{n^2-4}$;

   (g) $\lim\limits_{n\to\infty} \left(n - \sqrt{n^2+3}\right)$;

   (h) $\lim\limits_{n\to\infty} \dfrac{(n+2)!+(n+1)!}{(n+3)!}$;

   (i) $\lim\limits_{n\to\infty} \dfrac{1^2+2^2+3^2+\ldots+n^2}{n^3+1}$;

   (j) $\lim\limits_{n\to\infty} \left(\sqrt{n+\sqrt{n+\sqrt{n}}} - \sqrt{n}\right)$;

   (k) $\lim\limits_{n\to\infty} \dfrac{\sqrt[n]{n}+\sqrt[n]{n+1}+\sqrt[n]{n+2}}{\sqrt{n}+2}$.

8. Encontre

   (a) $\lim\limits_{n\to\infty} \left(1+\dfrac{1}{2n}\right)^{3n+1}$;

   (b) $\lim\limits_{n\to\infty} \left(\dfrac{3+n}{1+n}\right)^{1-n}$;

   (c) $\lim\limits_{n\to\infty} \left(\dfrac{n^2+3}{n^2+1}\right)^{n^2}$;

   (d) $\lim\limits_{n\to\infty} \left(\dfrac{1}{3n}\right)^{n}$;

   (e) $\lim\limits_{n\to\infty} n(\ln(n+1) - \ln n)$;

(f) $\lim_{n\to\infty}\left(\frac{n+3}{n+1}\right)^{3n}$;

(g) $\lim_{n\to\infty}\sqrt[3\alpha]{1+3\alpha}$.

9. Mostre que:

(a) $\lim_{n\to\infty}\sqrt[n]{8}=1$;

(b) $\lim_{n\to\infty}\frac{2^n}{3^n}=0$;

(c) $\lim_{n\to\infty}\frac{5^n}{n!}=0$;

(d) $\lim_{n\to\infty}\frac{\log_3 n}{n}=0$.

10. Mostre que:

(a) $\lim_{n\to\infty}\sqrt[3]{n}=+\infty$;

(b) $\lim_{n\to\infty}2^n=+\infty$;

(c) $\lim_{n\to\infty}\log_2 n=+\infty$;

(d) $\lim_{n\to\infty}\left(\sqrt{n}-\sqrt{n^2+1}\right)=-\infty$.

## 3.12 Respostas

1. (a) $a_n=n^2+1$, $a_{n+1}=(n+1)^2+1$. Verificase que $a_{n+1}-a_n=(n+1)^2-n^2=2n+1>0$.

   (b) $a_n=n^3-n^2$, $a_{n+1}=(n+1)^3-(n+1)^2$. $a_{n+1}-a_n=(n+1)(2n+1)+n^2-(2n+1)>0$.

   (c) $a_n=\frac{2^n}{2n+1}$, $a_{n+1}=\frac{2^{n+1}}{2n+3}$. Segue que $\frac{a_{n+1}}{a_n}>1$.

2. (a) $a_n=1000-\sqrt{n}\leq 999$;

   (b) $a_n=7-2n-n^2\leq 4$;

   (c) $a_n=\frac{n^2+2}{n^2+1}\leq 2$.

3. (a) $a_n=n^2-n-11=(n-1/2)^2-15/4\geq -7/2$;

   (b) $a_n=\frac{1}{n}+\operatorname{sen}\sqrt{n}\geq -1$;

(c) $a_n = \dfrac{(-1)^n}{n} + \dfrac{n+2}{n^2} \geq -1.$

4. (a) $a_n = \sqrt{n+1} - \sqrt{n} = \dfrac{1}{\sqrt{n+1}+\sqrt{n}}$, donde $0 \leq \dfrac{1}{\sqrt{n+1}+\sqrt{n}} \leq \dfrac{1}{\sqrt{2}+1}$

(b) $0 \leq \dfrac{1}{n^2} \leq 1$ e $-1 \leq -\cos\frac{1}{n+1} \leq 1$, donde $-1 \leq \dfrac{1}{n^2} - \cos\dfrac{1}{n+1} \leq 2,$

(c) $0 < \dfrac{2n+3}{n^2+2n+3} \leq 1.$

5. Use a definição para mostrar que as sequências $(a_n)_n$ possuem limites, se:

(a) $\forall\varepsilon > 0, \exists n_o = 2/\varepsilon$, tal que para todo $n > n_o$:

$$|\frac{3n+2}{n} - 3| = \frac{2}{n} \leq \frac{2}{n_o} = \varepsilon.$$

(b) $\forall\varepsilon > 0, \exists n_o = 1/\sqrt{\varepsilon}$, tal que para todo $n > n_o$:

$$|(-1)^n\frac{1}{1+n^2}| \leq |\frac{1}{n^2}| \leq \frac{1}{n_o^2} = \varepsilon.$$

(c) $\forall\varepsilon > 0, \exists n_o = 4/\varepsilon^2$, tal que para todo $n > n_o$:

$$|\frac{\operatorname{sen} n + \cos n}{\sqrt{n}}| \leq \frac{2}{\sqrt{n}}| \leq \frac{2}{\sqrt{n_o}} = \varepsilon.$$

(d) $\forall\varepsilon > 0$, escolha $n_o = 5^{\log_5 \frac{1}{\varepsilon}}$.

6. $\dfrac{1}{3} - x_n = \dfrac{1}{3.10^n}$. Escolhemos $n_o$ de tal forma que satisfaça

$$\frac{1}{3.10^n} < \varepsilon,$$

ou seja $n_o > \log_{10}\dfrac{1}{\varepsilon} - \log_{10} 3$, assim, para todo $n > n_o$, temos

$$\lim_{n\to\infty} x_n = \frac{1}{3}.$$

7. (a) 3;

(b) $\displaystyle\lim_{n\to\infty} \frac{-4n^2+5n-6}{n^2-6} = \lim_{n\to\infty} \frac{-4n^2/n^2+5n/n^2-6/n^2}{n^2/n^2-6/n^2} = -4;$

(c) 0;

(d) 1/9;

(e) $\displaystyle\lim_{n\to\infty}\left(\sqrt[3]{n} - \sqrt[3]{n+1}\right) = \lim_{n\to\infty} \frac{-1}{\sqrt[3]{n^2}+\sqrt[3]{n}(n+1)+\sqrt[3]{(n+1)^2}} = 0;$

(f) $\lim_{n\to\infty} \dfrac{1+2+3+\ldots+n}{n^2-4} = \lim_{n\to\infty} \dfrac{\frac{n(n+1)}{2}}{n^2-4} = 1/2;$

(g) $\lim_{n\to\infty} \left(n - \sqrt{n^2+3}\right) = 0;$

(h) $\lim_{n\to\infty} \dfrac{(n+2)!+(n+1)!}{(n+3)!} = \lim_{n\to\infty} \dfrac{(n+1)!\,(n+2+1)}{(n+1)!(n+2)(n3)} = 0;$

(i) $\lim_{n\to\infty} \dfrac{1^2+2^2+3^2+\ldots+n^2}{n^3+1} = \lim_{n\to\infty} \dfrac{n(n+1)(2n+1)}{6(n^3+1)} = 1/3;$

(j) $\lim_{n\to\infty} \left(\sqrt{n+\sqrt{n+\sqrt{n}}} - \sqrt{n}\right) = \lim_{n\to\infty} \dfrac{\sqrt{n+\sqrt{n}}}{\sqrt{n+\sqrt{n+\sqrt{n}}}+\sqrt{n}} = 1/2;$

(k) $\lim_{n\to\infty} \dfrac{\sqrt[n]{n}+\sqrt[n]{n+1}+\sqrt[n]{n+2}}{\sqrt[n]{n}+2} = \dfrac{1+1+1}{1+2} = 1.$

8. Encontre

(a) $e^{3/2}$;

(b) $e^{-2}$;

(c) $e^2$;

(d) $\lim_{n\to\infty} \left(\dfrac{1}{3n}\right)^n;$

(e) 1;

(f) $e^6$;

(g) $e$.

9. (a) $\forall n \geq 2,\ \ \sqrt[n]{8} > 1$. Escrevendo $\omega_n = \sqrt[n]{8} - 1 > 0$, ou seja $8 = 1+\omega_n)^n \geq 1 + n\omega_n > n\omega_n$. Daqui $0 < \omega_n < \dfrac{8}{n}$ e $\lim_{n\to\infty} \omega_n = 0$. Logo $\lim_{n\to\infty} \sqrt[n]{8} = 1$.

(b) Segue do fato que $\dfrac{2}{3} < 1$.

(c) $0 < \dfrac{5}{1}.\dfrac{5}{2}.\dfrac{5}{3}.\dfrac{5}{4}.\dfrac{5}{5}.\dfrac{5}{6}.\dfrac{5}{7}\cdots\dfrac{5}{n} < \dfrac{5^6}{6!}.\dfrac{5^{n-6}}{7^{n-6}} = \dfrac{5^6}{6!}.\left(\dfrac{5}{7}\right)^{n-6} \to 0.$

(d) Como $\log_3\sqrt{n} < \sqrt{n}$, segue que $\dfrac{\log_3 n}{2} < \sqrt{n}$, ou seja $0 < \dfrac{\log_3 n}{n} < \dfrac{2}{\sqrt{n}}$.

10. (a) $\forall \Delta > 0$ existe $n_o$ tal que $\forall n > n_o$, $\sqrt[3]{n} > \Delta$. Escolhendo $n_o = \Delta^3$, temos $\sqrt[3]{n} > \sqrt[3]{n_o} = \Delta$.

(b) $\forall \Delta > 0$ existe $n_o$ tal que $\forall n > n_o = \log_2 \Delta$, temos $2^n > \Delta$.

(c) $\forall \Delta > 0$ existe $n_o$ tal que $\forall n > n_o = 2^{\Delta}$, temos $\log_2 n > \Delta$.

(d) $\forall \Delta > 0$ existe $n_o$ tal que $\forall n > n_o = \Delta$, temos $\sqrt{n} - \sqrt{n^2+1} < -\Delta$.

# Capítulo 4

# Topologia na Reta

A noção de distância entre dois pontos da reta numérica nos leva a uma das operações fundamentais da Análise Matemática: o limite. Também, da definição de distância no conjunto dos números reais chegamos à noção de espaço métrico. Neste capítulo apresentaremos as noções básicas de Topologia na reta: conjuntos abertos, fechados e compactos, que servirão de ponto de partida de conceitos como limite de uma função, continuidade, derivação e integração, que estudaremos nos capítulos seguintes.

**Definição 4.1** *Seja $X \subset \mathbb{R}$ um subconjunto não vazio. A função não negativa $\rho : X \times X \to \mathbb{R}$ é chamada de métrica em $X$ se verifica:*

1. $\rho(x, y) > 0$ *se* $x \neq y$ *e* $\rho(x, y) = 0$ *se* $x = y$;

2. $\rho(x, y) = \rho(y, x)$, *(simetria);*

3. $\rho(x, z) \leq \rho(x, y) + \rho(y, z)$, $x, y, z \in X$ *(desigualdade triangular).*

**Definição 4.2** *Um espaço métrico é definido como sendo o par $(X, \rho)$, onde $X$ é um conjunto não vazio e $\rho$ é a métrica definida em $X$.*

Notemos que em um conjunto podemos definir distintas métricas, no resultado obter diferentes espaços métricos. Do outro lado, em diferentes conjuntos, a métrica pode ser definida por uma mesma regra (axiomas).

Indiquemos alguns exemplos básicos de espaços métricos.

**Exemplo 4.1**

1. O conjunto dos números reais $\mathbb{R}$ com a métrica

$$\rho(x, y) = |x - y|$$

é um espaço métrico.
Vale uma generalização imediata para o conjunto $\mathbb{R}^n$ de todas as $n$-uplas:

2. $\mathbb{R}^n$ com a métrica euclideana

$$\rho(x,y) = \left(\sum_{i=1}^{n} |y_i - x_i|^2\right)^{1/2},$$

onde $x_i$ e $y_i$, $i = 1, 2, \ldots, n$ são as coordenadas dos pontos $x$ e $y$ respectivamente, é um espaço métrico.
É fácil observar que as funções

$$\rho_1(x,y) = \max_i |y_i - x_i|,$$

$$\rho_2(x,y) = \sum_{i=1}^{n} |y_i - x_i|$$

definidas em $\mathbb{R}^n$ também satisfazem os axiomas da métrica e portanto $\mathbb{R}^n$ é um espaço vetorial com cada uma dessas métricas.

3. **(Métrica discreta).** Para qualquer conjunto $X$, definimos a métrica $\rho$ como sendo

$$\rho(x,y) = \begin{cases} 0, & \text{se } x = y \\ 1, & \text{se } x \neq y. \end{cases}$$

## 4.1 Conjuntos Abertos

Seja $\mathbb{R}$ o conjunto dos números reais, agora espaço métrico, e sejam $x_o \in \mathbb{R}$ e $r$ um número positivo.
Definimos uma vizinhança do ponto $x_o$, $V(x_o, r)$(intervalo aberto) em $\mathbb{R}$ como sendo o conjunto:

$$V(x_o, r) = \{x \in \mathbb{R};\ |x - x_o| < r\}.$$

Claramente, observamos que,

$$x \in V(x_o, r - \varepsilon) \subset V(x_o, r) \subset V(x_o, r + \varepsilon), \quad \forall r > \varepsilon > 0.$$

**Definição 4.3** *Diz-se que o ponto $x_o \in X$ é ponto interior do conjunto $X$ se existe um $\delta > 0$ tal que $V(x_o, \delta)$, está contido em $X$.*

**Definição 4.4** *O conjunto $X$ é aberto se ele contém uma vizinhança de cada um de seus pontos ou se todos os seus pontos são interiores.*

**Definição 4.5** *O interior de um conjunto $X$ é a união de todos os conjuntos abertos contidos em $X$, ou seja é o conjunto aberto maximal contido em $X$.*

Vamos denotar o interior de $X$ por $int(X)$.

Claramente, $intX$ coincide com o conjunto dos pontos interiores de $X$. De fato, se $x_o$ é um ponto interior, então o intervalo aberto $V(x_o, \delta)$ está contido em $X$ e, portanto, é um subconjunto do conjunto aberto maximal $int(X) \subset X$. Com base nesta afirmação, podemos dizer

**Definição 4.6** *Um conjunto $X \subset \mathbb{R}$ é aberto quando $X = int(X)$.*

**Exemplo 4.2** *O intervalo aberto $A = (3, 7) \subset \mathbb{R}$ é um conjunto aberto.*

Seja $x \in A$, então $3 < x < 7$, isto é, $x - 3 > 0$ e $7 - x > 0$.
Consideremos $\varepsilon = \min\{x - 3, 7 - x\}$, isto garante que $\varepsilon > 0$. É necessário provar que $V(x, \varepsilon) \subset A$.
De fato, suponhamos que $t \in V(x, \varepsilon)$, ou seja $|t - x| < \varepsilon$,

$$3 = x - (x - 3) \leq x - \varepsilon < t < x + \varepsilon \leq x + 7 - x = 7,$$

assim, $t \in (3, 7)$. ■

No entanto, os intervalos da forma $(a, b] \subset \mathbb{R}$ com $a < b$ não são abertos, pois, qualquer que seja $\varepsilon > 0$, temos

$$(b - \varepsilon, b + \varepsilon) \not\subset (a, b].$$

**Definição 4.7** *Seja $X \subset \mathbb{R}$. Dizemos que $x \in X$ é um ponto de fronteira de $X$, se para qualquer vizinhança de $x$*

$$V(x, \varepsilon) \cap X \neq \emptyset \ \ e \ \ V(x, \varepsilon) \cap X^c \neq \emptyset.$$

Denotamos a coleção dos pontos fronteira por $\partial X$.

**Lema 4.1** *Seja $X \subset \mathbb{R}$, então*

$$int(X) = X \backslash \partial(X).$$

**Prova:** Suponhamos que $x \in int(X)$, então existe um intervalo $V(x, \varepsilon) \subset X$, ou seja, todo o intervalo $V(x, \varepsilon)$ está contido em $X$ e portanto, $x \in X$. Daqui segue que $V(x, \varepsilon) \cap X^c = \emptyset$, ou seja, $x \notin \partial X$. Isto mostra que, $x \in int(X) \subset X \backslash \partial(X)$.

Se $x \in X \backslash \partial X$, então $x \in X$ e $x \notin \partial X$. Consideremos $V(x, \varepsilon)$ uma vizinhança do ponto $x$. Assim, $V(x, \varepsilon) \cap X \neq \emptyset$ e $V(x, \varepsilon) \cap X^c = \emptyset$, ou seja $x \in X \backslash \partial X \subset V(x, \varepsilon) \subset X$. ■

**Corolário 4.1** *Se $X \subset \mathbb{R}$ é aberto, então $X \cap \partial X = \emptyset$.*

**Teorema 4.1** *São válidas as seguintes afirmações:*

1. *$\mathbb{R}$ e o conjunto vazio $\emptyset$ são abertos*

2. *A união de qualquer família de subconjuntos abertos de $\mathbb{R}$ é aberto.*

3. *A interseção de uma coleção finita de abertos é aberto.*

**Prova:**

1. $\mathbb{R}$ é aberto porque contém todos os intervalos abertos. Por sua vez o conjunto vazio $\emptyset$ é aberto porque ele não contém ponto algum. ■

2. Seja $(A_\lambda)_{\lambda \in I}$ uma família de conjuntos abertos, onde $I$ é um conjunto de índices. Se $x \in \cup_{\lambda \in I} A_\lambda$, então $x$ pertence ao menos a um dos conjuntos $A_\lambda$. Como este conjunto é aberto, ele contém uma vizinhança de $x$ que na sua vez está contido na união dos $A_\lambda$, e portanto $A = \cup_{\lambda \in I} A_\lambda$ é um conjunto aberto. ■

3. Consideremos $A_1, A_2, \ldots, A_n$ conjuntos abertos, e seja $x \in \cap_{k=1}^{n} A_k$, então $x \in A_k$ para todo $k = 1, 2, \ldots, n$. Como $A_k$ é aberto, existe $r_k$ positivo tal que $V(x, r_k) \subset A_k$. Seja $r = \min\{r_1, r_2, \ldots, r_n\}$. Em vista do observado acima, $V(x, r) \subset V(x, r_k) \subset A_k \quad k = 1, 2, \ldots, n$. Assim $V(x, r) \subset (\cap_{k=1}^{n} A_k)$. ■

Embora, por 2., vemos que a reunião de uma família de conjuntos abertos é aberto, mas a interseção de uma família infinita de abertos não é necessariamente aberto. De fato, consideremos o seguinte exemplo

**Exemplo 4.3** *Consideremos os conjuntos* $A_n = (-1/n, 1/n)$ *abertos em* $\mathbb{R}$. *Mas cuja interseção* $\cap_{n=1}^{\infty} A_n = \{0\}$ *não é aberto.*

**Lema 4.2** *Um conjunto* $X \subset \mathbb{R}$ *é aberto, se e somente se, ele coincide com a união de uma família de intervalos abertos.*

**Prova.** De acordo com o Teorema 4.1, a união de uma família qualquer de abertos é aberto. De outro lado, se $X$ é aberto, então para cada um de seus pontos existe um intervalo $V(x, \varepsilon_x)$ que está em $X$. Assim, temos $X = \cup_{x \in X} V(x, \varepsilon_x)$. De fato, a união $\cup_{x \in X} V(x, \varepsilon_x)$ é um subconjunto de $X$, pois cada intervalo $V(x, \varepsilon_x)$ é um subconjunto de $X$, e a união contém cada ponto $x \in X$, pois $x \in V(x, \varepsilon_x)$. ■

## 4.2 Conjuntos Fechados

**Definição 4.8** *Um ponto* $x \in \mathbb{R}$, *chama-se ponto aderente ao conjunto* $X \subset \mathbb{R}$, *se qualquer vizinhança sua contém ao menos um ponto de* $X$.

Segue da definição que, qualquer ponto de $X$ é aderente a $X$: é suficiente tomar uma sequência constante com termo geral $x_n = c$.

**Definição 4.9** *Chama-se fecho do conjunto* $X$ *ao conjunto* $\overline{X}$ *que consiste de todos os pontos que são aderentes a* $X$.

**Definição 4.10** *Diz-se que o conjunto* $X$ *é fechado se* $X = \overline{X}$.

Assim, podemos dizer que $\overline{X}$ é o menor conjunto fechado de $\mathbb{R}$ que contém $X$.

**Teorema 4.2** *Seja* $X \subset \mathbb{R}$. *A operação de aderência possui as seguintes propriedades:*

1. $X \subset \overline{X}$,

2. $\overline{\overline{X}} = \overline{X}$,

3. *Se* $X_1 \subset X_2$, *então* $\overline{X_1} \subset \overline{X_2}$,

*4.* $\overline{X_1 \cup X_2} = \overline{X_1} \cup \overline{X_2}$.

**Prova:**

1. Como todo ponto aderente de $X$ é o limite de uma sequência $(x_n)_n$ em $X$, basta tomar uma sequência constante, pois todo ponto pertencente a $X$ é um ponto de aderência de $X$. Mas também podem existir pontos aderentes que não pertencem a $X$, por isso, $X \subset \overline{X}$. ∎

2. Consideremos um ponto arbitrário $x \in \overline{\overline{X}}$, neste caso, em qualquer vizinhança $V(x, \varepsilon)$ de $x$ : $(x-\varepsilon, x+\varepsilon)$, $\varepsilon > 0$, existe um ponto $x_1 \in \overline{X}$, tal que se escolhermos $\varepsilon_1 = \varepsilon - |x - x_1|$, a vizinhança $V(x_1, \varepsilon_1)$ está totalmente dentro de $V(x, \varepsilon)$. De fato se $\xi \in V(x_1, \varepsilon_1)$, é fácil ver que $|\xi - x_1| < \varepsilon$ e como $|x - x_1| < \varepsilon - \varepsilon_1$, temos pela desigualdade triangular;

$$|\xi - x| = |\xi - x_1 + x_1 - x| \leq |\xi - x_1| + |x_1 - x| < \varepsilon_1 + (\varepsilon - \varepsilon_1) = \varepsilon,$$

isto significa que $\xi \in V(x, \varepsilon)$. Como $V(x, \varepsilon)$ é uma vizinhança arbitrária de $x$, segue que $x \in \overline{X}$. ∎

3. O leitor verificará facilmente que a inclusão é verdadeira.

4. Se $x \in \overline{X_1 \cup X_2}$, então $x$ pertence pelo menos a um dos conjuntos $\overline{X_1}$ ou $\overline{X_2}$, isto é,

$$\overline{X_1 \cup X_2} \subset \overline{X_1} \cup \overline{X_2}.$$

Como $X_1 \subset (X_1 \cup X_2)$ e $X_2 \subset (X_1 \cup X_2)$, temos pela propriedade 3):

$$\overline{X_1} \subset \overline{X_1 \cup X_2} \text{ e } \overline{X_2} \subset \overline{X_1 \cup X_2}.$$

Segue daqui que $\overline{X_1} \cup \overline{X_2} \subset \overline{X_1 \cup X_2}$. Portanto, $\overline{X_1 \cup X_2} = \overline{X_1} \cup \overline{X_2}$. ∎

Assim, dos resultados anteriores, podemos verificar que para qualquer conjunto $X \subset \mathbb{R}$,

$$int(X) \subset X \subset \overline{X}.$$

**Teorema 4.3** *Se $X \subset \mathbb{R}$ é aberto, então o complementar de $X$, $X^c$ é fechado. Se $X$ é fechado, então $X^c$ é aberto.*

**Prova:** Seja $X$ aberto, isto significa que cada ponto de $X$ possui uma vizinhança que está completamente contida em $X$, ou seja não tem qualquer ponto comum com $X^c$. Isto significa que nenhum ponto de $X$ pode ser ponto aderente a $X^c$, ou seja $X^c$ é fechado.
Agora suponhamos que $X^c$ é fechado, segue que qualquer ponto de $X$ possui uma vizinhança totalmente em $X$, isto é, $X$ é aberto. ∎

**Teorema 4.4** *As seguintes afirmações são válidas:*

*1. $\mathbb{R}$ e o conjunto vazio $\emptyset$ são fechados*

2. *A interseção de qualquer família de subconjuntos fechados de* $\mathbb{R}$ *é fechado.*

3. *A união de uma coleção finita de fechados é fechado.*

**Prova:**

1. Claramente $\mathbb{R}^c = \emptyset$ e $\emptyset^c = \mathbb{R}$. Como $\emptyset$ e $\mathbb{R}$ são abertos, segue que $\mathbb{R}$ e $\emptyset$ são fechados. ∎

2. Seja $(F_\lambda)_{\lambda \in I}$ uma família de conjuntos fechados. Pelo Teorema 4.3, se $F_\lambda$ é fechado $\forall \lambda \in I$, então $(F_\lambda)^c$ é aberto, portanto, $\cup_{\lambda \in I}(F_\lambda)^c$ é aberto. Usando a lei de De Morgan, temos,
$$(\bigcap_{\lambda \in I} F_\lambda)^c = \bigcup_{\lambda \in I}(F_\lambda)^c \text{ é aberto.}$$
E isto mostra que $\bigcap_{\lambda \in I} F_\lambda$ é fechado. ∎

3. Seja $F_1, F_2, \ldots, F_n$ uma família finita de conjuntos fechados. Pelo mostrado no item 2, temos do fato de $(F_k)^c$ ser aberto $\forall\ k = 1, 2, \ldots, n$, segue que $\cap_{k=1}^n (F_k)^c$ é aberto. Então, de novo, pela lei de De Morgan;
$$(\bigcup_{k=1}^n F_k)^c = \bigcap_{k=1}^n (F_k)^c \text{ é aberto.}$$
Logo $\bigcup_{k=1}^n F_k$ é um conjunto fechado. ∎
Pelo item 2. do Teorema 4.4, vemos que a interseção de uma família de conjuntos fechados é fechado, mas a união de uma família infinita de fechados não é necessariamente fechado.

**Exemplo 4.4** *Consideremos um conjunto* $X \subset \mathbb{R}$ *não necessariamente fechado. Podemos escrever* $X$ *como sendo* $X = \cup_{x \in X}\{x\}$. *Como* $\cup_{x \in X}\{x\}$ *é fechado, segue daqui que a união infinita de fechados não é fechado.*

### 4.2.1 Pontos de Acumulação

Um ponto $x \in \mathbb{R}$ chama-se ponto de acumulação do conjunto $X \subset \mathbb{R}$ quando em toda vizinhança deste ponto, existe algum ponto de $X$. Em outras palavras, $\forall \varepsilon > 0,\ \ V(x, \varepsilon) \cap (X - \{x\}) \neq \emptyset$.
Denotemos por $X'$ o conjunto dos pontos de acumulação de $X$.

É fácil ver que todo ponto de acumulação é também um ponto de aderência. Mas observamos que nem todo ponto de aderência é um ponto de acumulação. Por exemplo consideremos um conjunto unitário $X = \{a\}$. O elemento $a$ é um ponto de aderência, já que a sequência constante $(x_n)_n = (a)_n$ converge para $a$, mas não é um ponto de acumulação, pois não existe nenhuma sequência de elementos de $X$ diferentes de $a$ convergindo para $a$.

O ponto de acumulação pode pertencer a $X$ ou não. Por exemplo:

1. Se $X$ é finito, então ele não tem pontos de acumulação.
   Como um exemplo desta afirmação consideremos o conjunto $X = \{1/2, 1/3, \ldots, 1/n\}$, 0 é o único ponto de acumulação de $X$ e $0 \notin X$.

2. Seja $X = \{$números racionais pertencentes ao intervalo $[2,4] \subset \mathbb{R}\}$. Neste caso todo ponto do intervalo $[2,4]$ é um ponto de acumulação para $X$. Em geral, qualquer numero real é ponto de acumulação para o conjunto dos números racionais;

3. Se $X$ é um conjunto fechado, então os pontos de acumulação de $X$, são precisamente os pontos de $X$.

Um ponto $x \in X$, chama-se *ponto isolado* de $X$ quando qualquer vizinhança de $x$, $V(x,\varepsilon)$, suficientemente pequena não contém outros pontos de $X$ distintos de $x$, isto é, existe $\varepsilon > 0$ tal que $V(x,\varepsilon) \cap (X \setminus \{x\}) = \emptyset$.

**Definição 4.11** *Diz-se que $D$ é um conjunto discreto se todos os seus pontos forem isolados.*

Por exemplo, o conjunto dos números naturais e o conjunto dos números inteiros são exemplos de dois conjuntos discretos no conjunto dos números reais.

Todo ponto de aderência do conjunto $X$ pode ser um ponto de acumulação ou um ponto isolado de $X$. Daqui segue que a aderência $\overline{X}$ consiste em geral de três tipos de pontos:

- Os pontos isolados de $X$,

- Os pontos de acumulação de $X$, pertencentes a $X$,

- Os pontos de acumulação de $X$, que não pertencem a $X$.

Segue destas observações que, o fecho de um conjunto é a união do próprio conjunto com o conjunto dos pontos de acumulação, ou seja,

**Proposição 4.1**

$$\overline{X} = X \cup X'.$$

**Definição 4.12** *Um conjunto é fechado se ele contém todos seus pontos de acumulação.*

**Lema 4.3** *Um intervalo fechado em $\mathbb{R}$ é um conjunto fechado.*

**Prova:** Como o intervalo fechado contém todos os seus pontos de acumulção, segue que ele é um conjunto fechado. ∎

O fecho de qualquer intervalo da forma $(a,b)$, $(a,b]$, $[a,b)$ ou $[a,b]$, em que $a < b$, é o intervalo fechado $[a,b]$.

A seguir, vamos enunciar e provar um resultado importante de topologia que será fundamental para estudos posteriores. O leitor interessado em outra demonstração deste teorema pode consultar o magnífico livro do matemático russo Kolmogorov [6] e o livro de Elon [9].

**Teorema 4.5 (Bolzano-Weierstrass)** *Todo conjunto limitado infinito em $\mathbb{R}$ possui ao menos um ponto de acumulação.*

**Demonstração;** Seja $X$ um conjunto limitado e infinito. Como $X$ é limitado, existe um intervalo finito, digamos $[c, d]$ tal que $X \subset [c, d]$. Denotemos o ponto médio deste intervalo por:

$$M_1 = \frac{c+d}{2},$$

então podemos escrever $X$ como a união dos conjuntos:

$$X = (X \cap [c, M_1]) \cup (X \cap [M_1, d]),$$

daqui, podemos inferir que $(X \cap [c, M_1])$ ou $(X \cap [M_1, d])$ possuem infinitos pontos. Assim, definimos:

$$\begin{array}{l} c_1 = M_1, \quad d_1 = d, \quad \text{se } (X \cap [M_1, d] = X_1) \text{ for infinito} \\ c_1 = c, \quad d_1 = M_1, \quad \text{caso contrário.} \end{array}$$

Agora, seja $M_2 = \dfrac{c_1 + d_1}{2}$, ponto médio de $X_1$, então um dos intervalos $X \cap [c_1, M_2]$ ou $X \cap [M_2, d_1]$ é infinito.
Suponhamos que $X_2 = X \cap [c_2, d_2]$, onde $c_2 = M_2, d_2 = d_1$ seja infinito. Proseguindo com este processo podemos definir recursivamente:

$$\begin{array}{l} M_{n+1} = \dfrac{c_n + d_n}{2} \\ c_{n+1} = M_{n+1}, \quad d_{n+1} = d_n, \quad \text{se } (X \cap [M_{n+1}, d_n]) \text{ for infinito} \\ c_{n+1} = c_n, \quad d_{n+1} = M_{n+1}, \quad \text{caso contrário.} \end{array}$$

Denotemos por $X_{n+1} = X_n \cap [c_{n+1}, d_{n+1}]$, o conjunto infinito de pontos obtido pelo método recursivo anterior.
Agora observamos que a sequência $(c_n)_n$ é não decrescente e limitada superiormente por $d$ e a sequência $(d_n)_n$ é não crescente e limitada inferiormente por $c$. Assim, pelo **Teorema 3.9**, sobre sequências monótonas e limitadas, garantimos a existência dos limites:

$$\lim_{n\to\infty} c_n, \quad \text{e} \quad \lim_{n\to\infty} d_n.$$

Pela definição de $c_n$ e $d_n$, temos

$$d_n - c_n = \frac{d-c}{2^n},$$

e portanto,

$$\lim_{n\to\infty} (d_n - c_n) = \lim_{n\to\infty} \frac{d-c}{2^n} = 0,$$

segue daqui que estes limites devem ser iguais:

$$\lim_{n\to\infty} c_n = \lim_{n\to\infty} d_n = x_o.$$

Para finalizar, mostremos que $x_o$ é um ponto de acumulação de $X$, ou seja, devemos mostrar que para todo $\varepsilon > 0$ o conjunto $B(x_o, \varepsilon) \cap X$ possui infinitos pontos. De fato, fixemos $\varepsilon > 0$ e escolhamos $n$ tal que:

$$d_n - c_n < \varepsilon.$$

Como $x \in [c_n, d_n]$, temos que $[c_n, d_n] \subseteq B(x_o, \varepsilon)$ . Logo $B(x_o, \varepsilon) \cap X \supseteq [c_n, d_n] \cap X = X_n$. Como $X_n$ é infinito por construção, segue que $x_o$ é um ponto de acumulação de $X$. ∎

## 4.3 Conjuntos Compactos

Um fato de fundamental interesse para a Análise é a definição de conjunto compacto. Mas, antes de dar sua definição formal, introduziremos a noção de cobertura de um conjunto em $\mathbb{R}$.

**Definição 4.13** *Seja $G \subset \mathbb{R}$ um conjunto qualquer. Uma coleção de conjuntos abertos $\mathcal{A} = \{A_s;\ s \in I\}$, onde $I$ é um conjunto de índices qualquer, chama-se cobertura aberta do conjunto $G$ se $G \subset \cup_{s\in I} A_s$.*

Uma subcoleção qualquer da família $\mathcal{A}$, cuja união contém o conjunto $G$ é chamada de subcobertura de $G$. A subcobertura é chamada de finita, se contém um número finito de termos.

Partindo desta definição, podemos enunciar a seguinte definição importante de conjunto compacto.

**Definição 4.14** *Um conjunto $K \subset \mathbb{R}$ chama-se compacto, quando qualquer cobertura aberta de $K$ possui uma subcobertura finita, que ainda cobre $K$.*

Existem alguns autores que consideram esta definição como o Teorema de Borel[1]-Lebesgue[2]. De qualquer forma, vou adotar este enunciado como definição de conjunto compacto.

Figura 4.1: Émile Borel e Henri Lebesgue

**Exemplo 4.5** *Cada conjunto finito é compacto.*

**Prova:** Seja $K = \{x_1, x_2, \ldots, x_n\}$, um conjunto finito. Consideremos uma cobertura aberta $\mathcal{A} = \{A_s;\ s \in I\}$ de $K$, isto é,

$$\bigcup_{s\in I} A_s \supset K.$$

Então para cada $j = 1, 2, \ldots, n$, $x_j \in \bigcup_{s\in I} A_s$. Podemos escolher $x_j \in A_j$, e considerar o seguinte subconjunto,

$$\mathcal{A}' = \{A_1, A_2, \ldots, A_n\}.$$

Então $A_1 \cup A_2 \cup \cdots \cup A_n \supset K$. ■

Uma outra caracterização dos conjuntos compactos de $\mathbb{R}$, é dado em termos de conjuntos limitados e fechados.

[1]Émile Borel (1871-1956), grande matemático francês

[2]Henri Lebesgue (1875-1941), grande matemático francês

**Definição 4.15** *Um subconjunto* $S \subset \mathbb{R}$ *é limitado se, para algum* $x \in \mathbb{R}$ *e* $r > 0$, *temos* $S \subset V(x, r)$.

**Teorema 4.6 (Heine[3]).** *Um conjunto* $K$ *é compacto, se e somente se, é limitado e fechado.*

Figura 4.2: Heinrich Eduard Heine

**Prova:** Antes de provar o teorema, vamos levar em consideração a definição de conjunto compacto em termos de sequências equivalente com a Definição 4.15.

**Definição 4.16** *Um conjunto* $K \subset \mathbb{R}$ *é dito compacto se qualquer sequência de elementos de* $K$ *possui uma subsequência que converge para um ponto de* $K$.

Agora voltemos ao teorema. Seja $K$ um conjunto compacto. Suponhamos que $K$ não seja limitado, então para cada $x \in \mathbb{R}$, a família de intervalos $V(x, n)$, $n = 1, 2, \ldots$, é uma cobertura aberta de $K$ que não possui uma subcobertura finita, logo $K$ não é compacto.

Suponhamos que $K$ não seja fechado, isto significa que ele não contém nenhum de seus pontos de acumulação. Consideremos uma sequência $(x_n)_n$ de elementos de $K$ que converge para um elemento $x \notin K$. Como $(x_n)_n$ é convergente, então cada subsequência desta sequência converge a este mesmo ponto. Portanto, tal sequência não possui uma subsequência que converge a um ponto em $K$, segue daqui que $K$ não é compacto. Absurdo!

Agora suponhamos que $K$ seja fechado e limitado. Consideremos uma sequência $(x_n)_n \in K$. Obviamente esta sequência é limitada, portanto, possui uma subsequência convergente para $x \in K$, pois $K$ é fechado. Segue daqui que $K$ é compacto. ■

**Exemplo 4.6** *Todo intervalo da forma* $[a, b] \subset \mathbb{R}$ *é compacto, pois é limitado e fechado. Intervalos da forma* $[a, b)$, $(a, b]$ *ou* $(a, b)$ *não são compactos, embora sejam limitados mas não são fechados. Intervalos da forma* $(-\infty, a]$ *e* $[b, +\infty)$ *também não são compactos pois não são limitados, embora eles sejam fechados.*

**Exemplo 4.7** *Todo conjunto* $K \subset \mathbb{R}$ *compacto contém um elemento mínimo e um elemento máximo, pois o* $\sup K$ *e* $\inf K$ *pertencem a* $K$ *e,*

$$\inf K \leq x \leq \sup K, \quad \forall x \in K.$$

[3]Heinrich Eduard Heine (1821 - 1881), matemático alemão

**Lema 4.4** *Um subconjunto fechado de um conjunto compacto é compacto.*

**Prova:** Seja $K$ um conjunto compacto e $K_o \subset K$ um subconjunto fechado. Segue daqui que $K_o$ é limitado. Consideremos agora uma sequência $(x_n)_n$ de elementos de $K_o$. Como $(x_n)_n \subset K$, esta sequência possui uma subsequência convergente. Como $K_o$ é fechado, o limite desta subsequência pertence a $K_o$. Portanto, qualquer sequência de elementos em $K_o$ possui uma subsequência que converge em $K_o$, o que implica que $K_o$ é compacto. ∎

## 4.4 Exercícios do Capítulo 4

1. Um conjunto $X \subset \mathbb{R}$ é fechado, se e somente se, para toda sequência convergente $(x_n)_n$ com termos em $X$, tem-se $\lim\limits_{n\to\infty} x_n \in X$.

2. Prove que todo conjunto finito de $\mathbb{R}$ é fechado.

3. Para qualquer conjunto $X$, mostre que $X'$ é fechado.

4. Mostre que o conjunto dos números racionais $\mathbb{Q}$ não é aberto nem fechado.

5. Calcule os pontos aderentes das seguintes sequências

   (a) $\left(\dfrac{n-2n^2}{3-8n^2}\right)_n$;

   (b) $\left(\dfrac{1-(-1)^n}{4} - \dfrac{5}{n}\right)_n$.

6. Encontre os pontos interiores e de fronteira dos seguintes conjuntos

   (a) $(2,7)$;

   (b) $[3,9)$;

   (c) $\{3,7,12\}$;

   (d) $\mathbb{R}$;

   (e) $\{\frac{1}{n},\ n \in \mathbb{N}\}$;

7. Mostre que um conjunto finito não possui ponto de acumulação.

8. Se $(a_n)_n$ é uma sequência que converge para $a$, então existe uma subsequência $(a_{n_k})$ que converge para $a$.

9. Mostre as seguintes afirmações

   (a) Se $A \subset B$ então $int(A) \subset int(B)$;

   (b) Se $A$ é aberto, e $A \subset B$, então $int(A) \subset B$;

   (c) $int(A \cap B) = int(A) \cap int(B)$.

10. Mostre que os intervalos fechados em $\mathbb{R}$ da forma $\{x;\ a \leq x \leq b\}$, com $a$ e $b$ números fixos, são conjuntos fechados.

11. Um ponto $a$ é um ponto de acumulação do conjunto $A$, se e somente se, qualquer vizinhança de $a$ contém infinitos pontos de $A$.

12. Seja $K = \{0, 1, 1/2, 1/3, \ldots, 1/n, \ldots\}$. Mostre que $K$ é compacto em $\mathbb{R}$.

## 4.5 Respostas

1. $x = \overline{X}$, ou seja $\lim\limits_{n\to\infty} x_n \in X$.
   Do outro lado, como $\lim\limits_{n\to\infty} x_n \in X$, segue que $x = \overline{X}$, ou seja fechado.
   Um conjunto $X \subset \mathbb{R}$ é fechado, se e somente se, para toda sequência convergente $(x_n)_n$ com termos em $X$, tem-se $\lim\limits_{n\to\infty} x_n \in X$.

2. Como todo conjunto finito de $\mathbb{R}$ é limitado, segue que seus pontos extremos são aderentes a ele, e portanto é fechado.

3. Como todo elemento do conjunto $X$ é aderente do conjunto $X$ e além disso, todos os pontos de acumulação pertencem a $X'$, por isso $X'$ é fechado.

4. Como os pontos de acumulação de $\mathbb{Q}$ estão em $\mathbb{R}$, então $\mathbb{Q}$ não é fechado. De outro lado, qualquer intervalo com centro num ponto racional contém números irracionais, e portanto, não pode ser aberto.

5. (a) $\dfrac{1}{4}$.

   (b) se $n$ é par, 0 é ponto de aderência, se $n$ é ímpar, $\dfrac{1}{2}$ é ponto aderente.

6. (a) Os pontos interiores são da forma $2 < x < 7$ e pontos de fronteira são $\{2, 7\}$.

   (b) Os pontos interiores são da forma $3 < x < 9$ e pontos de fronteira são $\{3, 9\}$.

   (c) O conjunto não tem pontos interiores e os pontos da fronteira são $\{3, 7, 12\}$;

   (d) $\text{int}(\mathbb{R}) = \mathbb{R}$ e o conjunto fronteira de $\mathbb{R}$ é o conjunto vazio.

   (e) O conjunto não tem pontos interiores. Os pontos de fronteira é o conjunto $\{\frac{1}{n},\ n \in \mathbb{N}\} \cup \{0\}$.

7. Seja $M = \{x_1, x_2, \ldots, x_n\}$ o conjunto finito, e seja $\varepsilon < dist(x_i, x_j), i, j = 1, 2, 3, \ldots, n$ com $i \neq j$, então $(x_i - \varepsilon, x_i + \varepsilon) \cap M \setminus \{x_i\} = \emptyset$.

8. Se a sequência $(a_n)_n$ é convergente, então ela é limitada, assim, podemos aplicar o Teorema de Bolzano-Weierstrass.

9. (a) Óbvio.

   (b) Sempre $int(A) \subset A$, mas como $A \subset B$, segue $int(A) \subset B$;

   (c) $int(A \cap B) \subset int(A)$ e $int(A \cap B) \subset int(B)$, segue $int(A \cap B) \subset int(A) \cap int(B)$. Também, pelo item $(a), int(A) \cap int(B) \subset int(A \cap B)$, donde segue a igualdade.

10. Seja $A = [a, b]$, como $a = \inf A$ e $b = \inf A$ e eles pertencem ao conjunto $A$, segue que $A$ é fechado.

11. Considere a sequência $(x_n)_n \in A$, tal que a distância de $x_n$ até $a$ seja menor que $1/n$, então o conjunto $(a - 1/n, a + 1/n) \cap A$ é infinito.

12. É fácil ver que $K$ é limitado e fechado, portanto, é compacto em $\mathbb{R}$.

# Capítulo 5

# Limite de uma Função

## 5.1 Definição de Limite de uma Função

A teoria dos limites esclarece o sentido exato das definições como "$f(x)$ tende a $A$ quando $x$ se aproxima de $a$", "$f(x)$ tende a $A$ quando $x$ cresce ilimitadamente", etc.

Primeiramente, começaremos nosso estudo de maneira informal e intuitiva por acharmos que dessa maneira chegaremos a uma definição matemática precisa.

Suponhamos que exista um número $A$, tal que para qualquer $\varepsilon > 0$ encontra-se uma vizinhança $(a-\delta, a+\delta)$, $\delta > 0$, com centro no ponto $a$, e para cada $x \neq a$ desta vizinhança, o valor da função $f(x)$ pertence ao intervalo $(A-\varepsilon, A+\varepsilon)$, então é usual dizer que "$f(x)$ tende a $A$ quando $x$ se aproxima de $a$"e escreve-se:

$$\text{“}f(x) \longrightarrow A, \text{ quando } x \longrightarrow a\text{” ou } \lim_{x\to a} f(x) = A.$$

Neste caso, dizemos que o número $A$ é o limite da função $f(x)$ quando $x \to a$.

Quando dizemos que $x$, pertencente à vizinhança $(a-\delta, a+\delta)$, significa que

$$a-\delta < x < a+\delta \quad \text{ou} \quad -\delta < x-a < \delta.$$

A última desigualdade pode-se escrever na seguinte forma

$$|x-a| < \delta.$$

Todos os valores de $x$, pertencentes à vizinhança $(a-\delta, a+\delta)$, com $x \neq a$ (vizinhança furada), podem ser escritos na seguinte forma

$$0 < |x-a| < \delta.$$

De forma análoga, para qualquer valor de $f(x)$ pertencente à vizinhança $(A-\varepsilon, A+\varepsilon)$, valem as desigualdades

$$A-\varepsilon < f(x) < A+\varepsilon \quad \text{ou} \quad -\varepsilon < f(x)-A < \varepsilon \quad \text{ou} \quad |f(x)-A| < \varepsilon.$$

Feito os formalismos preliminares, podemos formular matematicamente a definição de limite, devido a Cauchy.

**Definição 5.1 (Cauchy)** *O número $A$ chama-se limite da função $f(x)$ quando $x \to a$, se para qualquer número positivo $\varepsilon$, existe um número $\delta = \delta(a, \varepsilon) > 0$, tal que, para cada $x$ pertencente à vizinhança furada de $a$ ou satisfazendo a condição $0 < |x - a| < \delta$, segue que*

$$|f(x) - A| < \varepsilon.$$

O número $\delta(a, \varepsilon)$ indica a dependência de $\delta$ do ponto $a$ e do $\varepsilon$. Da definição de limite, observa-se que é irrelevante saber se o ponto $a$ pertence ou não ao domínio de definição da função $f$, ou seja, não interessa o valor de $f(a)$, até porque $f(a)$ pode não estar definido. O mais importante é saber o comportamento da função $f$ quando $x$ se aproxima de $a$ com $x \neq a$.

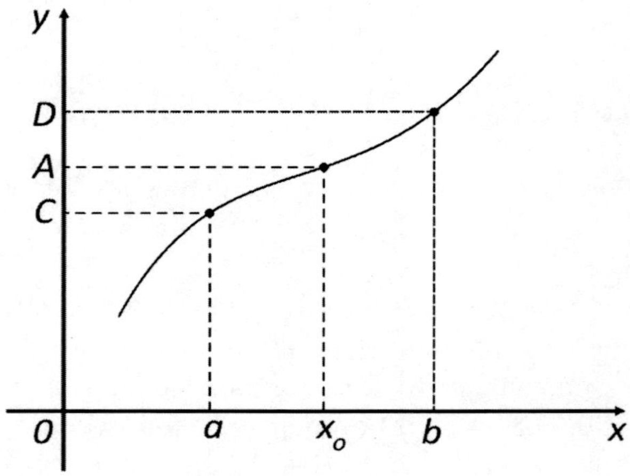


Figura 5.1: $a = x_o - \delta$, $b = x_o + \delta$, $C = A - \varepsilon$, $D = A + \varepsilon$

O limite de uma função também pode ser introduzido em termos de sequência numérica, devido a Heine.

**Definição 5.2 (Heine)** *O número $A$ chama-se limite da função $f(x)$ quando $x \to a$, se*

1. *a função $f$ está definida na vizinhança furada de $a$;*

2. *para cada sequência numérica $x_1, x_2, x_3, \ldots, x_n, \ldots$ definida no domínio de $f$ com $x_n \neq a$, $\forall n \in \mathbb{N}$ e $x_n \to a$ quando $n \to \infty$, tal que*

$$\lim_{n \to \infty} f(x_n) = A.$$

Mostra-se num curso mais completo de Análise que estas duas definições são equivalentes. Veja por exemplo [11] e [5].

**Exemplo 5.1** *Mostremos que*

$$\lim_{x \to 3} (2x + 5) = 11.$$

É necessário mostrar que para qualquer $\varepsilon > 0$ encontra-se um $\delta > 0$ tal que para cada $x$ satisfazendo a condição $0 < |x - 3| < \delta$, vale a desigualdade $|(2x + 5) - 11| < \varepsilon$.
De fato, escrevendo

$$|(2x + 5) - 11| = |2x - 6| = 2|x - 3|,$$

e escolhendo $\delta = \varepsilon/2$, temos que para cada $x$ satisfazendo a condição $0 < |x-3| < \delta = \varepsilon/2$, segue

$$|(2x+5)-11| = 2|x-3| < 2\delta = 2 \times \frac{\varepsilon}{2} = \varepsilon.$$

Assim, mostramos que $\lim_{x\to 3}(2x+5) = 11$.

**Exemplo 5.2** *Mostremos que*

$$\lim_{x\to 4} \frac{x^2-16}{x-4} = 8.$$

Na definição de limite de uma função quando $x \to a$, a variável $x$ não precisa tomar o valor $a$. Assim para $x \neq 4$ temos $\dfrac{x^2-16}{x-4} = x+4$, e isto significa que o limite da função dada, quando $x \to 4$ coincide com o limite da função $f(x) = x+4$, quando $x \to 4$.
Tomemos um $\varepsilon > 0$ e escolhamos o seu $\delta$ tal que para cada $x$ satisfazendo a condição $0 < |x-4| < \delta$, vale a desigualdade $|(x+4)-8| < \varepsilon$. Como $|(x+4)-8| = |x-4|$, então por exemplo para $\delta = \varepsilon/4$ temos, que para cada $x$ satisfazendo a desigualdade $0 < |x-4| < \delta$, vale a desigualdade

$$|(x+4)-8| = |x-4| < \delta = \varepsilon/4 < \varepsilon,$$

e, portanto, $\lim_{x\to 4} \dfrac{x^2-16}{x-4} = 8$.

**Exemplo 5.3** *Mostrar que a função $f(x) = x/|x|$ não possui limite quando $x \to 0$ .*

Suponhamos, que quando $x \to 0$ a função $f(x) = x/|x|$ possui limite, igual a $L$. Isto significa que para qualquer $\varepsilon > 0$, existe um $\delta = \delta(\varepsilon)$, tal que $|f(x) - L| < \varepsilon$ para cada $x$ satisfazendo a condição $0 < |x| < \delta$. Então, tomando em particular, $\varepsilon = 1$, existe $\delta_*$ tal que para cada $x$ satisfazendo $0 < |x| < \delta_*$, temos

$$|f(x) - L| < 1.$$

Para $0 < x < \delta_*$, temos $f(x) = x/|x| = 1$,

$$|1 - L| < 1, \tag{5.1}$$

e para $-\delta_* < x < 0$, temos $f(x) = x/|x| = -1$

$$|-1-L| = |1+L| < 1. \tag{5.2}$$

Da desigualdade (5.1) temos $0 < L < 2$, e da desigualdade (5.2) temos $-2 < L < 0$, o que é impossível, pois $L$ não pode ser positivo e negativo ao mesmo tempo.

**Exemplo 5.4** *Mostre que*

$$\lim_{x\to 0} \frac{\sqrt{x^2+4}-2}{x} = 0.$$

Para $x \neq 0$

$$\begin{aligned}
\frac{\sqrt{x^2+4}-2}{x} &= \frac{(\sqrt{x^2+4}-2)(\sqrt{x^2+4}+2)}{x(\sqrt{x^2+4}+2)} = \\
&= \frac{x^2+4-4}{x(\sqrt{x^2+4}+2)} = \\
&= \frac{x}{\sqrt{x^2+4}+2}.
\end{aligned}$$

Observamos que para cada $x$, vale a desigualdade $\sqrt{x^2+4}+2 > 2 > 1$, assim para cada $x \neq 0$ temos

$$\left|\frac{x}{\sqrt{x^2+4}+2}\right| < |x|.$$

Tomemos um $\varepsilon > 0$ arbitrário e escolhamos por exemplo $\delta = \varepsilon/5$. Então para cada $x$ satisfazendo $0 < |x| < \delta$, vale a desigualdade

$$\left|\frac{x}{\sqrt{x^2+4}+2} - 0\right| < |x| < \delta = \frac{\varepsilon}{5} < \varepsilon.$$

E isto por definição significa que $\lim_{x\to 0} \frac{x}{\sqrt{x^2+4}+2} = 0$, e, portanto,

$$\lim_{x\to 0} \frac{\sqrt{x^2+4}-2}{x} = \lim_{x\to 0} \frac{x}{\sqrt{x^2+4}+2} = 0.$$

## 5.2 Limites Laterais

Na reta $\mathbb{R}$, existem duas formas de aproximação da variável $x$ para o ponto $a$; podendo ser pela esquerda de $a$, quando os valores de $x$ vão crescendo até chegar perto do valor de $a$, e pode ser pela direita de $a$ quando os valores de $x$ vão decrescendo até chegar perto do valor de $a$.

Passemos agora a definir os limites laterais.

**Definição 5.3** *Seja a função $f : X \subset \mathbb{R} \to \mathbb{R}$ definido no intervalo $(c, b)$. Diz-se que $L$ é o limite lateral à direita de $f(x)$ quando $x$ tende a $c$, e escreve-se*

$$\lim_{x\to c^+} f(x) = L$$

*se para todo $\varepsilon > 0$ existe $\delta = \delta(\varepsilon) > 0$ tal que*

$$x \in X \quad e \quad c < x < c + \delta, \qquad \Longrightarrow \qquad |f(x) - L| < \varepsilon.$$

Analogamente, podemos definir o limite lateral à esquerda de $f(x)$.

**Definição 5.4** *Seja a função $f : X \subset \mathbb{R} \to \mathbb{R}$ definido no intervalo $(a, c)$. Diz-se que $L$ é o limite lateral à esquerda de $f(x)$ quando $x$ tende a $c$, e escreve-se*

$$\lim_{x\to c^-} f(x) = L$$

*se para todo $\varepsilon > 0$ existe $\delta = \delta(\varepsilon) > 0$ tal que*

$$x \in X \quad e \quad c - \delta < x < c, \qquad \Longrightarrow \qquad |f(x) - L| < \varepsilon.$$

Para ilustrar as definições introduzidas acima, vejamos alguns exemplos.

**Exemplo 5.5** *A função $y = \operatorname{sign} x$ definida por*

$$y = \operatorname{sign} x = \begin{cases} 1, & x > 0, \\ 0, & x = 0, \\ -1, & x < 0. \end{cases}$$

*possui os seguintes limites laterais quando $x \to 0$.*

$$\lim_{x\to 0^+} \operatorname{sign} x = 1,$$

e

$$\lim_{x\to 0^-} \operatorname{sign} x = -1.$$

**Exemplo 5.6** *A função $y = |x|/x$ definida por*

$$y = |x|/x = \begin{cases} 1, & x > 0, \\ -\ 1, & x < 0, \end{cases}$$

*possui os seguintes limites laterais quando $x \to 0$.*

$$\lim_{x \to 0^+} |x|/x = 1,$$

*e*

$$\lim_{x \to 0^-} |x|/x = -1.$$

Agora enunciemos um resultado importante para calcular o limite de uma função associado aos limites laterais.

**Proposição 5.1** *Sejam $f : X \subset \mathbb{R} \to \mathbb{R}$ e $c \in \mathbb{R}$. Se os limites laterais existem e são iguais, isto é,*

$$\lim_{x \to c^+} f(x) = \lim_{x \to c^-} f(x) = L,$$

*então $\lim_{x \to c} f(x) = L$.*
*Reciprocamente, se $c$ é um ponto de acumulação de $(-\infty, c) \cap X$ e $(c, +\infty) \cap X$ e*

$$\lim_{x \to c} f(x) = L,$$

*então*

$$L = \lim_{x \to c^+} f(x) = \lim_{x \to c^-} f(x).$$

**Prova:** Como $\lim_{x \to c^+} f(x) = \lim_{x \to c^-} f(x) = L$, significa que dado $\varepsilon > 0$, existem $\delta_* > 0$ e $\delta_{**} > 0$, tais que para todos os $x$ satisfazendo as condições:

$$c < x < c + \delta_* \quad \text{e} \quad c - \delta_{**} < x < c, \text{ segue } |f(x) - L| < \varepsilon.$$

Escolhendo $\delta = \min\{\delta_*, \delta_{**}\}$ e para todo $x$ satisfazendo $0 < |x - c| < \delta$, vale $|f(x) - L| < \varepsilon$, ou que significa $\lim_{x \to c} f(x) = L$.

Por outro lado , se $\lim_{x \to c} f(x) = L$, temos para qualquer $\varepsilon > 0$, existe $\delta = \delta(\varepsilon) > 0$ tal que para todo $x$ satisfazendo $0 < |x - c| < \delta \iff c - \delta < x < c + \delta$, segue $|f(x) - L| < \varepsilon$. Como $|f(x) - L| < \varepsilon$ vale para todo $x$ satisfazendo:

$$c - \delta < x < c \quad \text{e} \quad c < x < c + \delta,$$

segue a existência dos limites laterais, e

$$L = \lim_{x \to c^+} f(x) = \lim_{x \to c^-} f(x). \qquad \blacksquare$$

**Exemplo 5.7** *Calcule o seguinte limite*

$$\lim_{x \to 3} |x - 3||x + 4|.$$

Primeiramente, calculemos os limites laterais quando $x \to 3$:

$$\lim_{x \to 3^-} |x - 3||x + 4| = \lim_{x \to 3^-} -(x - 3)(x + 4) = 0;$$
$$\lim_{x \to 3^+} |x - 3||x + 4| = \lim_{x \to 3^+} (x - 3)(x + 4) = 0.$$

como $\lim_{x \to 3^-} |x - 3||x + 4| = \lim_{x \to 3^+} |x - 3||x + 4| = 0$, segue que $\lim_{x \to 3} |x - 3||x + 4| = 0$.

Observamos que os limites: $\lim_{x \to 0} \operatorname{sign} x$ e $\lim_{x \to 0} |x|/x$ analisados nos exemplos 5.5 e 5.6 na página 148, não existem, pois os limites laterais são diferentes.

## 5.3 Propriedades dos Limites das Funções

Para as funções que possuem limite, tem lugar as seguintes afirmações:

1. **Teorema 5.1 (Unicidade)** *Se o limite da função $y = f(x)$ quando $x \to a$ existe, então ele é único.*

   **Demonstração** De fato, suponhamos que

$$\lim_{x\to a} f(x) = A, \quad \text{e} \quad \lim_{x\to a} f(x) = B, \qquad \text{com } A \neq B.$$

   Consideremos $\varepsilon = \dfrac{|A-B|}{2} > 0$. Então na definição de limite, observamos que existem $\delta_1$ e $\delta_2$, tais que:

$$\begin{array}{lll} \lim\limits_{x\to a} f(x) = A \iff \forall\varepsilon > 0, \exists\delta_1 : x \in D(f), 0 < |x-a| < \delta_1 & \Longrightarrow & |f(x) - A| < \varepsilon \\ \lim\limits_{x\to a} f(x) = B \iff \forall\varepsilon > 0, \exists\delta_2 : x \in D(f), 0 < |x-a| < \delta_2 & \Longrightarrow & |f(x) - B| < \varepsilon. \end{array}$$

   Podemos escolher $\delta = \min(\delta_1, \delta_2) > 0$ e $x \in D(f)$, tal que $0 < |x-a| < \delta$, então

$$|A - B| = |f(x) - B + A - f(x)| \leq |f(x) - B| + |f(x) - A| < 2\varepsilon = |A - B|.$$

   Ou que é impossível. Assim, $A = B$. ■

2. **Teorema 5.2** *Se a função $y = f(x)$ possui limite quando $x \to a$, então na vizinhança do ponto $x = a$, $(a-\delta, a) \cup (a, a+\delta)$, a função $f(x)$ é limitada.*

   **Demonstração** Da definição de função limitada, temos que existe $M > 0$ e $\delta > 0$, tais que

$$|f(x)| \leq M \quad \forall x \in D(f) \cap (a-\delta, a+\delta).$$

   Suponhamos que $l$ seja o limite da função $f(x)$, podemos considerar por exemplo $\varepsilon = 1$, então se $x \neq a$, e $x \in dom(f) \cap (a-\delta, a+\delta)$, temos

$$|f(x)| = |f(x) - l + l| \leq |f(x) - l| + |l| < 1 + |l|.$$

   Assim, podemos escolher $M = 1 + |l|$ se $a \notin D(f)$ ou
   $M = \{1 + |l|, 1 + f(a)\} > 0$ se $a \in D(f)$. ■

3. **Teorema 5.3** *Se $\lim\limits_{x\to a} f(x) = A$ e $A > 0 (A < 0)$, então existe uma vizinhança do ponto $x = a$ e um número $l > 0$ tais que, para cada $x$ desta vizinhança, com $x \neq a$, temos $f(x) > l (f(x) < -l)$.*

   **Demonstração** Da definição de limite, com $\varepsilon = A/2$, existe um $\delta > 0$, tal que

$$|f(x) - A| < A/2 \iff -A/2 < f(x) - A < A/2 \ \forall x \in D(f) \cap (a-\delta, a+\delta), \quad x \neq a,$$

   isto é, $A/2 < f(x) < 3A/2$. Escolhendo $l = A/2$, temos que $f(x) > l > 0$.

   Podemos usar o raciocínio anterior na função $-f$ para mostrar que $f(x) < -l < 0$. ■

4. **Teorema 5.4** *Se a função $f(x)$ é igual a uma constante $C$, então $\lim_{x\to a} f(x) = C$.*

   **Demonstração** De fato, seja $\varepsilon > 0$ arbitrário, então existe $\delta > 0$, tal que

$$|f(x) - C| = |C - C| = 0 < \varepsilon, \quad \forall x \in D(f) \cap (a - \delta, a + \delta). \quad \blacksquare$$

5. **Teorema 5.5** *Se $\lim_{x\to a} f(x) = A$, então existe o limite da função $y = |f(x)|$ quando $x \to a$ e ele é igual a $|A|$, isto é,*

$$\lim_{x\to a} |f(x)| = |A|.$$

   **Demonstração** Da definição de limite, temos

$$\lim_{x\to a} f(x) = A \iff \forall \varepsilon > 0, \exists \delta : \ x \in D(f), 0 < |x - a| < \delta \quad \Longrightarrow |f(x) - A| < \varepsilon.$$

   Mas

$$||f(x)| - |A|| \leq |f(x) - A| < \varepsilon,$$

   ou seja

$$\lim_{x\to a} |f(x)| = |A|. \quad \blacksquare$$

6. **Teorema 5.6** *Se $\lim_{x\to a} f(x) = A$ e $\lim_{x\to a} g(x) = B$, então*

   *(a) Existe o limite da função $f(x) \pm g(x)$ quando $x \to a$ e é igual a $A \pm B$, isto é*

$$\lim_{x\to a}(f(x) \pm g(x)) = \lim_{x\to a} f(x) \pm \lim_{x\to a} g(x) = A \pm B;$$

   *(b) Existe o limite da função $f(x)g(x)$ quando $x \to a$ e é igual a $AB$, isto é*

$$\lim_{x\to a}(f(x)g(x)) = \lim_{x\to a} f(x) \lim_{x\to a} g(x) = AB;$$

   *Em particular, se $C$ é uma constante, então existe o limite da função $Cf(x)$ quando $x \to a$ e é igual a $CA$, isto é*

$$\lim_{x\to a} Cf(x) = C \lim_{x\to a} f(x) = CA;$$

   *(c) Se $B \neq 0$, então existe o limite da função $f(x)/g(x)$ quando $x \to a$ e é igual a $A/B$, isto é*

$$\lim_{x\to a} \frac{f(x)}{g(x)} = \frac{\lim_{x\to a} f(x)}{\lim_{x\to a} g(x)} = \frac{A}{B}.$$

7. **Teorema 5.7 (Teorema do Sanduíche)** *Se $\lim_{x\to a} f(x) = \lim_{x\to a} g(x) = A$ e existe uma vizinhança do ponto $x = a$ exceto o ponto $x = a$, onde vale $f(x) \leq h(x) \leq g(x)$, então existe o limite da função $h(x)$ quando $x \to a$ e é igual a $A$.*

   Seja $\varepsilon > 0$ arbitrário. Então existem $\delta_1$ e $\delta_2$, tais que:

   $\lim_{x\to a} f(x) = A \iff \forall \varepsilon > 0, \exists \delta_1 : \ x \in Dom(f), 0 < |x - a| < \delta_1 \quad \Longrightarrow |f(x) - A| < \varepsilon :$
   $A - \varepsilon < f(x) < A + \varepsilon$
   $\lim_{x\to a} g(x) = A \iff \forall \varepsilon > 0, \exists \delta_2 : \ x \in Dom(f), 0 < |x - a| < \delta_2 \quad \Longrightarrow |g(x) - A| < \varepsilon :$
   $A - \varepsilon < g(x) < A + \varepsilon.$

Podemos escolher $\delta = \min(\delta_1, \delta_2) > 0$ e $x \in dom(f)$, tal que $0 < |x - a| < \delta$, então

$$A - \varepsilon < f(x) \leq h(x) \leq g(x) < A + \varepsilon.$$

Daqui, segue que

$$A - \varepsilon < h(x) < A + \varepsilon,$$

e isto significa que $\lim_{x \to a} h(x) = A$. ■

**Exemplo 5.8** *Encontre*

$$\lim_{x \to 0}(12 \operatorname{sen}^3 x + 7 \cos^5 x + \frac{x-2}{x+4}).$$

Como

$$\begin{aligned}
&\lim_{x \to 0} \operatorname{sen}^3 x = [\lim_{x \to 0} \operatorname{sen} x]^3 = 0, \\
&\lim_{x \to 0} \cos^5 x = [\lim_{x \to 0} \cos x]^5 = 1, \\
&\lim_{x \to 0} \frac{x-2}{x+4} = \frac{\lim_{x \to 0}(x-2)}{\lim_{x \to 0}(x+4)} = \frac{-2}{4} = -\frac{1}{2},
\end{aligned}$$

e usando as propriedades do limite, temos

$$\begin{aligned}
\lim_{x \to 0} \quad & (12 \operatorname{sen}^3 x + 7 \cos^5 x + \tfrac{x-2}{x+4}) = \\
&= \lim_{x \to 0} 12 \operatorname{sen}^3 x + \lim_{x \to 0} 7 \cos^5 x + \lim_{x \to 0} \frac{x-2}{x+4} = \\
&= 12(0) + 7(1) - \frac{1}{2} = \frac{13}{2}.
\end{aligned}$$

**Exemplo 5.9** *Encontre*

$$\lim_{x \to 3} \frac{x^2 - 9}{x^2 - 2x - 3}.$$

Como $x^2 - 2x - 3 = (x-3)(x+1)$, e para $x \neq 3$

$$\begin{aligned}
\lim_{x \to 3} \frac{x^2 - 9}{x^2 - 2x - 3} &= \lim_{x \to 3} \frac{(x-3)(x+3)}{(x-3)(x+1)} = \lim_{x \to 3} \frac{x+3}{x+1} = \\
&= \frac{\lim_{x \to 3}(x+3)}{\lim_{x \to 3}(x+1)} = \frac{6}{4} = \\
&= \frac{3}{2}.
\end{aligned}$$

**Exemplo 5.10** *Encontre*

$$\lim_{x \to 2} \frac{x^3 - 8}{x - 2}.$$

Como $x^3 - 8 = (x-2)(x^2 + 2x + 4)$, e para $x \neq 2$

$$\lim_{x \to 2} \frac{x^3 - 8}{x - 2} = \lim_{x \to 2} \frac{(x-2)(x^2 + 2x + 4)}{x - 2} = \lim_{x \to 2}(x^2 + 2x + 4) = 12.$$

**Exemplo 5.11** *Encontre*

$$\lim_{x \to 1} \frac{\sqrt[3]{x} - 1}{\sqrt{x} - 1}.$$

Completemos o numerador até formar uma diferença de cubos e o denominador até formar uma diferença de quadrados:

$$\begin{aligned}
\lim_{x\to 1}\frac{\sqrt[3]{x}-1}{\sqrt{x}-1} &= \lim_{x\to 1}\frac{(\sqrt[3]{x}-1)(\sqrt[3]{x^2}+\sqrt[3]{x}+1)(\sqrt{x}+1)}{(\sqrt{x}-1)(\sqrt[3]{x^2}+\sqrt[3]{x}+1)(\sqrt{x}+1)} = \\
&= \lim_{x\to 1}\frac{(x-1)(\sqrt{x}+1)}{(x-1)(\sqrt[3]{x^2}+\sqrt[3]{x}+1)} = \\
&= \lim_{x\to 1}\frac{\sqrt{x}+1}{\sqrt[3]{x^2}+\sqrt[3]{x}+1} = \\
&= \frac{2}{3}.
\end{aligned}$$

**Exemplo 5.12** *Calcule*

$$\lim_{x\to 4}\frac{\sqrt{2x+1}-3}{\sqrt{x-2}-\sqrt{2}}.$$

procedendo como no exemplo anterior:

$$\begin{aligned}
\lim_{x\to 4}\frac{\sqrt{2x+1}-3}{\sqrt{x-2}-\sqrt{2}} &= \lim_{x\to 1}\frac{(\sqrt{2x+1}-3)(\sqrt{2x+1}+3)(\sqrt{x-2}+\sqrt{2})}{(\sqrt{x-2}-\sqrt{2})(\sqrt{2x+1}+3)(\sqrt{x-2}+\sqrt{2})} = \\
&= \lim_{x\to 4}\frac{(2x+1-9)(\sqrt{x-2}+\sqrt{2})}{(x-2-2)(\sqrt{2x+1}+3)} = \\
&= \lim_{x\to 4}\frac{2(x-4)(\sqrt{x-2}+\sqrt{2})}{(x-4)(\sqrt{2x+1}+3)} = \\
&= \frac{2\sqrt{2}}{3}.
\end{aligned}$$

**Exemplo 5.13** *Calcule*

$$\lim_{x\to\beta}\frac{\sqrt{x}-\sqrt{\beta}+\sqrt{x-\beta}}{\sqrt{x^2-\beta^2}}.$$

$$\begin{aligned}
\lim_{x\to\beta}\frac{\sqrt{x}-\sqrt{\beta}+\sqrt{x-\beta}}{\sqrt{x^2-\beta^2}} &= \left(\lim_{x\to\beta}\frac{\sqrt{x}-\sqrt{\beta}}{\sqrt{x^2-\beta^2}}+\lim_{x\to\beta}\frac{\sqrt{x-\beta}}{\sqrt{x^2-\beta^2}}\right) = \\
&= \left(\lim_{x\to\beta}\frac{(\sqrt{x}-\sqrt{\beta})(\sqrt{x}+\sqrt{\beta})}{\sqrt{x^2-\beta^2}(\sqrt{x}+\sqrt{\beta})}+\lim_{x\to\beta}\frac{\sqrt{x-\beta}}{\sqrt{x-\beta}\sqrt{x+\beta}}\right) = \\
&= \left(\lim_{x\to\beta}\frac{x-\beta}{\sqrt{x^2-\beta^2}(\sqrt{x}+\sqrt{\beta})}+\lim_{x\to\beta}\frac{1}{\sqrt{x+\beta}}\right) = \\
&= \left(\lim_{x\to\beta}\frac{\sqrt{x-\beta}\sqrt{x-\beta}}{\sqrt{(x-\beta)(x+\beta)}(\sqrt{x}+\sqrt{\beta})}+\lim_{x\to\beta}\frac{1}{\sqrt{x+\beta}}\right) = \\
&= \left(\lim_{x\to\beta}\frac{1}{\sqrt{x}+\sqrt{\beta}}\sqrt{\frac{x-\beta}{x+\beta}}+\lim_{x\to\beta}\frac{1}{\sqrt{x+\beta}}\right) = \\
&= \frac{1}{\sqrt{2\beta}}.
\end{aligned}$$

**Exemplo 5.14** *Mostre que*

$$\lim_{x\to 0}\frac{(1+x)^n-1}{x}=n,$$

*onde $n$ é um número natural.*

Pela fórmula do binômio de Newton e para $x \neq 0$, temos

$$\frac{(1+x)^n - 1}{x} = \frac{1 + nx + \frac{n(n-1)}{2}x^2 + \ldots + x^n - 1}{x} = $$
$$= n + \frac{n(n-1)}{2}x + \ldots + x^{n-1}.$$

Como para qualquer número natural $m$ temos $\lim_{x\to 0} x^m = 0$, então

$$\lim_{x\to 0} \frac{(1+x)^n - 1}{x} = \lim_{x\to 0}\left(n + \frac{n(n-1)}{2}x + \ldots + x^{n-1}\right) =$$
$$= \lim_{x\to 0} n + \lim_{x\to 0} \frac{n(n-1)}{2}x + \ldots + \lim_{x\to 0} x^{n-1} = n.$$

## 5.4 Primeiro Limite Fundamental $\lim_{x\to 0} \frac{\operatorname{sen} x}{x} = 1$

Para lidar com limites de algumas funções trigonométricas precisamos calcular o seguinte limite trigonométrico fundamental

$$\lim_{x\to 0} \frac{\operatorname{sen} x}{x}$$

A função $y = \frac{\operatorname{sen} x}{x}$, está definida para todo $x \in \mathbb{R},\ x \neq 0$. Mas, quando $x \to 0$, tanto o numerador como o denominador tendem a zero. Como a função $y = \frac{\operatorname{sen} x}{x}$ é par, então é suficiente encontrar o limite da função quando $x$ tende a zero pela direita.
Vamos analisar $x$ como o ângulo central (em radianos) do círculo trigonométrico de raio 1, então

$$\operatorname{sen} x = \overline{BC}, \quad x = \frac{1}{2}\operatorname{arc}(AB), \quad \tan x = \overline{BD},$$

onde $\overline{BD}$ é a tangente à circunferência no ponto $B$.

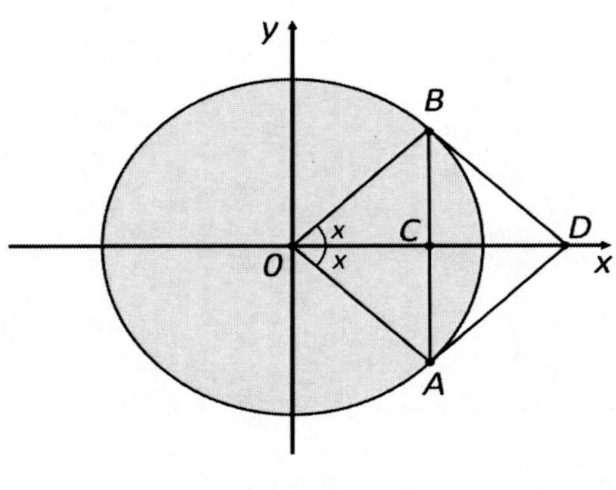


Figura 5.2: Círculo trigonométrico

Observando na figura, temos

$$2\overline{BC} < \operatorname{arc}(AB) < 2\overline{BD}, \text{ por isso}$$

$$2 \operatorname{sen} x < 2x < 2 \tan x,$$

donde, dividindo por $2\operatorname{sen} x$, obtemos:

$$1 < \frac{x}{\operatorname{sen} x} < \frac{1}{\cos x}$$

ou

$$1 > \frac{\operatorname{sen} x}{x} > \cos x.$$

Mas, como $\lim_{x\to 0} \cos x = 1$ e $\lim_{x\to 0} 1 = 1$, temos pelo Teorema 5.7 na página 151, que o limite $\lim_{x\to 0} \frac{\operatorname{sen} x}{x}$ fica constantemente entre o número 1 e uma função que tende para 1, quando $x \to 0$, e por isso concluímos

$$\lim_{x\to 0} \frac{\operatorname{sen} x}{x} = 1.$$

**Exemplo 5.15** *Encontre*

$$\lim_{x\to 0} \frac{\operatorname{sen} 4x}{\operatorname{sen} 3x}.$$

Observamos que não podemos aplicar o teorema da divisão do limite, pois a função $\sin 3x$ tende a zero quando $x \to 0$. Calculemos o limite da seguinte forma:

$$\begin{aligned}\lim_{x\to 0} \frac{\operatorname{sen} 4x}{\operatorname{sen} 3x} &= \lim_{x\to 0} \frac{\frac{\operatorname{sen} 4x}{4x} 4x}{\frac{\operatorname{sen} 3x}{3x} 3x} = \\ &= \lim_{x\to 0} \frac{4}{3} \frac{\frac{\operatorname{sen} 4x}{4x}}{\frac{\operatorname{sen} 3x}{3x}} = \\ &= \frac{4}{3} \frac{\lim_{x\to 0} \frac{\operatorname{sen} 4x}{4x}}{\lim_{x\to 0} \frac{\operatorname{sen} 3x}{3x}} = \frac{4}{3}.\end{aligned}$$

Aqui usamos o seguinte fato: se $x \to 0$, então $4x \to 0$ e $3x \to 0$. Por isso

$$\lim_{x\to 0} \frac{\operatorname{sen} 4x}{4x} = \lim_{4x\to 0} \frac{\operatorname{sen} 4x}{4x} \overset{4x=u}{=} \lim_{u\to 0} \frac{\operatorname{sen} u}{u} = 1.$$

**Exemplo 5.16** *Encontre*

$$\lim_{x\to \alpha} \frac{\operatorname{sen} x - \operatorname{sen} \alpha}{x - \alpha}.$$

Usando a fórmula da diferença de senos

$$\operatorname{sen} x - \operatorname{sen} \alpha = 2\cos\left(\frac{x+\alpha}{2}\right) \operatorname{sen}\left(\frac{x-\alpha}{2}\right),$$

podemos escrever $\frac{\operatorname{sen} x - \operatorname{sen} \alpha}{x - \alpha}$ na seguinte forma

$$\begin{aligned}\frac{\operatorname{sen} x - \operatorname{sen} \alpha}{x - \alpha} &= \frac{2\cos\left(\frac{x+\alpha}{2}\right) \operatorname{sen}\left(\frac{x-\alpha}{2}\right)}{x - \alpha} \\ &= \cos\left(\tfrac{x+\alpha}{2}\right) \frac{2\operatorname{sen}\left(\frac{x-\alpha}{2}\right)}{x - \alpha} \\ &= \cos\left(\tfrac{x+\alpha}{2}\right) \frac{\operatorname{sen}\left(\frac{x-\alpha}{2}\right)}{\frac{x-\alpha}{2}}.\end{aligned}$$

Portanto,

$$\begin{aligned}\lim_{x\to\alpha}\frac{\operatorname{sen}x-\operatorname{sen}\alpha}{x-\alpha} &= \lim_{x\to\alpha}\left[\cos\left(\frac{x+\alpha}{2}\right)\frac{\operatorname{sen}\left(\frac{x-\alpha}{2}\right)}{\frac{x-\alpha}{2}}\right]\\ &= \lim_{x\to\alpha}\cos\left(\frac{x+\alpha}{2}\right)\lim_{x\to\alpha}\frac{\operatorname{sen}\left(\frac{x-\alpha}{2}\right)}{\frac{x-\alpha}{2}}\\ &= \cos\alpha,\end{aligned}$$

pois, se $x\to\alpha$, $x-\alpha\to 0$ e $\dfrac{x-\alpha}{2}\to 0$. Por isso

$$\lim_{x\to\alpha}\frac{\operatorname{sen}(x-\alpha)/2}{(x-\alpha)/2} \overset{\frac{x-\alpha}{2}=u}{=} \lim_{u\to 0}\frac{\operatorname{sen}u}{u}=1.$$

**Exemplo 5.17** *Encontre*

$$\lim_{x\to 0}\frac{\sqrt{1+x\operatorname{sen}x}-\sqrt{\cos x}}{x^2}.$$

Antes de encontrar o limite, lembremos a fórmula do cosseno do ângulo duplo em função do seno do ângulo simples: $\cos 2x = 1-2\operatorname{sen}^2 x$, donde $1-\cos 2x = 2\operatorname{sen}^2 x$, que usaremos neste exemplo.

$$\begin{aligned}\lim_{x\to 0}\frac{\sqrt{1+x\operatorname{sen}x}-\sqrt{\cos x}}{x^2} &= \lim_{x\to 0}\frac{(\sqrt{1+x\operatorname{sen}x}-\sqrt{\cos x})(\sqrt{1+x\operatorname{sen}x}+\sqrt{\cos x})}{x^2(\sqrt{1+x\operatorname{sen}x}+\sqrt{\cos x})} =\\ &= \lim_{x\to 0}\frac{1+x\operatorname{sen}x-\cos x}{x^2(\sqrt{1+x\operatorname{sen}x}+\sqrt{\cos x})} =\\ &= \lim_{x\to 0}\frac{x\operatorname{sen}x}{x^2(\sqrt{1+x\operatorname{sen}x}+\sqrt{\cos x})}+\lim_{x\to 0}\frac{1-\cos x}{x^2(\sqrt{1+x\operatorname{sen}x}+\sqrt{\cos x})} =\\ &= \lim_{x\to 0}\frac{\frac{\operatorname{sen}x}{x}}{\sqrt{1+x\operatorname{sen}x}+\sqrt{\cos x}}+\lim_{x\to 0}\frac{2\operatorname{sen}^2\frac{x}{2}}{x^2(\sqrt{1+x\operatorname{sen}x}+\sqrt{\cos x})} =\\ &= \lim_{x\to 0}\frac{\frac{\operatorname{sen}x}{x}}{\sqrt{1+x\operatorname{sen}x}+\sqrt{\cos x}}+\frac{1}{2}\lim_{x\to 0}\frac{\frac{\operatorname{sen}\frac{x}{2}}{\frac{x}{2}}\frac{\operatorname{sen}\frac{x}{2}}{\frac{x}{2}}}{\sqrt{1+x\operatorname{sen}x}+\sqrt{\cos x}} =\\ &= \frac{1}{2}+\frac{1}{2}.\frac{1}{2}=\frac{3}{4}.\end{aligned}$$

## 5.5 Limites Infinitos

**Definição 5.5** *Seja $f: I\to\mathbb{R}$, e seja $a$ um ponto que pode ou não pertencer a $I$. Dizemos que a função $f(x)$ tende para $+\infty$ quando $x\to a$, e escrevemos*

$$\lim_{x\to a}f(x)=+\infty,$$

*se para qualquer número $A>0$, existe um $\delta>0$, tal que para cada $x$ satisfazendo a condição $0<|x-a|<\delta$, cumpre-se $f(x)>A$.*

**Definição 5.6** *Seja $f: I\to\mathbb{R}$, e seja $a$ um ponto que pode ou não pertencer a $I$. Dizemos que a função $f(x)$ tende para $-\infty$ quando $x\to a$, e escrevemos*

$$\lim_{x\to a}f(x)=-\infty,$$

*se para qualquer número $A>0$, existe um $\delta>0$, tal que para cada $x$ satisfazendo a condição $0<|x-a|<\delta$, cumpre-se $f(x)<-A$.*

**Exemplo 5.18** *Calcule*

$$\lim_{x\to 1} \frac{1}{(x-1)^4}.$$

Seja $A > 0$, então existe $\delta = \frac{1}{\sqrt[4]{A}}$, tal que, $0 < |x-1| < \delta$. Como $\frac{1}{(x-1)^4} > \frac{1}{\delta^4}$, então

$$\frac{1}{(x-1)^4} > \frac{1}{\delta^4} = \frac{1}{\left(\frac{1}{\sqrt[4]{A}}\right)^4} = A.$$

Também podemos observar que $\lim\limits_{x\to 1}(x-1)^4 = 0$, então $\lim\limits_{x\to 1} \frac{1}{(x-1)^4} = \frac{1}{\lim\limits_{x\to 1}(x-1)^4} = +\infty$.

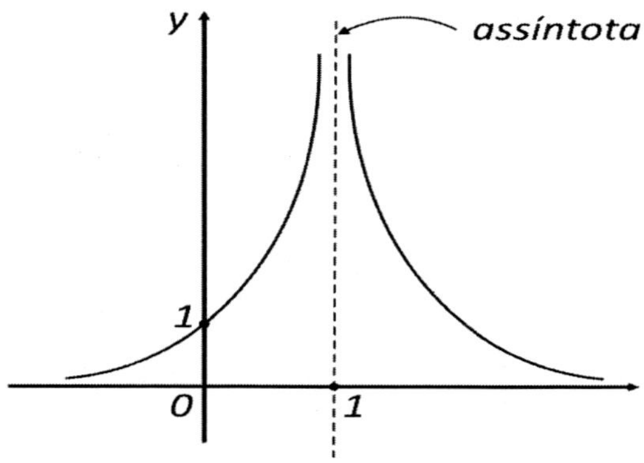


Figura 5.3: Gráfico da função $y = \frac{1}{(x-1)^4}$

**Exemplo 5.19** *Calcule*

$$\lim_{x\to 1} \frac{1}{x-1}.$$

Como $\lim\limits_{x\to 1^+}(x-1) = 0^+$ e $\lim\limits_{x\to 1^-}(x-1) = 0^-$ segue que

$$\lim_{x\to 1^+} \frac{1}{x-1} = +\infty \quad \text{e} \quad \lim_{x\to 1^-} \frac{1}{x-1} = -\infty.$$

### 5.5.1 Propriedades das Funções que Possuem Limites Infinitos

Sejam as funções $f(x)$ e $g(x)$ definidas numa vizinhança do ponto $x = c$, $(c-\delta, c+\delta) \setminus \{c\}$. Então valem as seguintes afirmações:

1. Se $\lim\limits_{x\to c} f(x) = +\infty$ e $\lim\limits_{x\to c} g(x) = +\infty$, então

   *a)* $\lim\limits_{x\to c}(f(x) + g(x)) = +\infty$;
   
   *b)* $\lim\limits_{x\to c}(f(x)g(x)) = +\infty$;

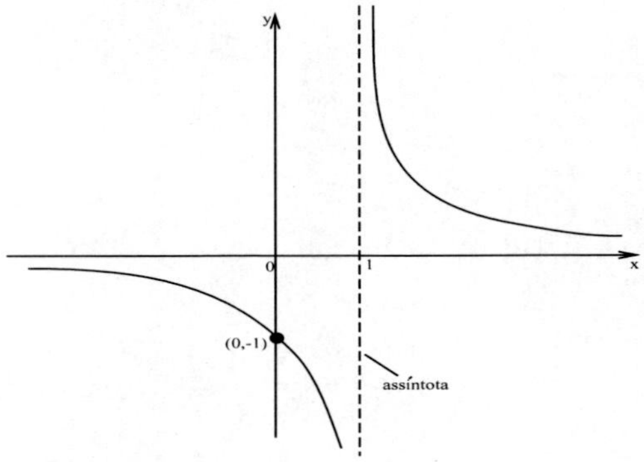


Figura 5.4: Gráfico da função $y = \dfrac{1}{x-1}$

2. Se $\lim\limits_{x\to c} f(x) = +\infty$ e $\lim\limits_{x\to c} g(x) = -\infty$, então

$$a)\ \lim_{x\to c}(f(x) - g(x)) = +\infty;$$
$$b)\ \lim_{x\to c}(f(x)g(x)) = -\infty;$$

3. Se $\lim\limits_{x\to c} f(x) = +\infty$ e $\lim\limits_{x\to c} g(x) = L$, então

$$a)\ \lim_{x\to c}(f(x)g(x)) = +\infty, \quad \text{se} \quad L > 0;$$
$$b)\ \lim_{x\to c}(f(x)g(x)) = -\infty, \quad \text{se} \quad L < 0.$$

4. Se $\lim\limits_{x\to c} f(x) = -\infty$, então

$$a)\ \lim_{x\to c} f^{2k}(x) = +\infty, \quad k \in \mathbb{N};$$
$$b)\ \lim_{x\to c} f^{2k-1}(x) = -\infty, \quad k \in \mathbb{N}.$$

5. Se $\lim\limits_{x\to a} f(x) = +\infty$, então

   (a) se $g(x) \geq M > 0$ quando, $0 < |x - c| < \delta$, então

$$\lim_{x\to c}(f(x)g(x)) = +\infty;$$

   (b) se $g(x) \leq m < 0$ quando, $0 < |x - c| < \delta$, então

$$\lim_{x\to c}(f(x)g(x)) = -\infty;$$

Por exemplo,

$$\lim_{x\to 2} \frac{1}{(x-2)^2} = +\infty \quad \text{e} \quad \lim_{x\to 2} \frac{1}{(x-3)(x-4)^2} = -\frac{1}{4},$$

então pelas afirmações acima, temos

$$\lim_{x\to 2} \frac{1}{(x-2)^2(x-3)(x-4)^2} = -\infty.$$

6. Se $\lim_{x \to c} f(x) = +\infty$, então
$$\lim_{x \to c} \frac{1}{f(x)} = 0.$$

7. Se $\lim_{x \to c} f(x) = 0$, e $f(x) \neq 0$ numa vizinhança do ponto $x = c$, então
$$\lim_{x \to c} \frac{1}{f(x)} = +\infty.$$

8. Se $\lim_{x \to c} f(x) = +\infty$, e $C > 0$ uma constante, então
$$\begin{aligned} &\lim_{x \to c} C^{f(x)} = +\infty, \quad \text{se } C > 1; \\ &\lim_{x \to c} C^{f(x)} = 0, \quad \text{se } C < 1; \\ &\lim_{x \to c} C^{-f(x)} = 0, \quad \text{se } C > 1; \\ &\lim_{x \to c} C^{-f(x)} = +\infty, \quad \text{se } C < 1 \end{aligned}$$

**Exemplo 5.20** *Mostre que*
$$\lim_{x \to 5} \frac{\operatorname{sen} x - 5}{|x-5|} = -\infty.$$

Como
$$\lim_{x \to 5} \frac{1}{|x-5|} = +\infty$$
e numa vizinhança do ponto $x = 5$, temos $\operatorname{sen} x - 5 < 0$, então podemos concluir que
$$\lim_{x \to 5} \frac{\operatorname{sen} x - 5}{|x-5|} = -\infty.$$

## 5.6 Limites no Infinito

**Definição 5.7** *Consideremos a função $f : [a, +\infty) \to \mathbb{R}$. Diz-se que o número $L$ é o limite da função $f$ quando $x \to +\infty$, se para qualquer $\varepsilon > 0$ arbitrário, encontra-se um número positivo $M$, tal que para cada $x$, satisfazendo $x > M$, vale a desigualdade $|f(x) - L| < \varepsilon$, e escrevemos*
$$\lim_{x \to +\infty} f(x) = L.$$

**Definição 5.8** *Consideremos a função $f : (-\infty, b] \to \mathbb{R}$. Dizemos que o número $L$ é o limite da função $f(x)$ quando $x \to -\infty$, se para qualquer $\varepsilon > 0$ arbitrário, encontra-se um número positivo $M$, tal que para cada $x$, satisfazendo $x < -M$, vale a desigualdade $|f(x) - L| < \varepsilon$, e escrevemos*
$$\lim_{x \to -\infty} f(x) = L.$$

**Exemplo 5.21** *Mostre que*
$$\lim_{x \to +\infty} \frac{1}{x^5 + 4} = 0.$$

Tomemos um $\varepsilon > 0$ arbitrário. Mostremos que existe $M > 0$ tal que para cada $x$ satisfazendo $x > M$, cumpre-se $\dfrac{1}{x^5+4} < \varepsilon$.

De fato, se tomarmos por exemplo $M = \sqrt[5]{1/\varepsilon}$, então para cada $x$, satisfazeendo $x > M$, temos $\dfrac{1}{x} < \dfrac{1}{M}$, ou seja $\dfrac{1}{x^5} < \dfrac{1}{M^5}$. Segue daqui,

$$\frac{1}{x^5+4} < \frac{1}{x^5} < \frac{1}{M^5} = \frac{1}{(\sqrt[5]{1/\varepsilon})^5} = \varepsilon.$$

Em geral, pode-se mostrar que

$$\lim_{x\to\pm\infty} \frac{1}{x^k} = 0, \quad k > 0.$$

Basta tomar $\varepsilon > 0$ arbitrário e $M = \sqrt[k]{1/\varepsilon}$.

**Exemplo 5.22** *1.*

$$\begin{aligned}\lim_{x\to+\infty} \frac{5x+3}{x-7} &= \lim_{x\to+\infty} \frac{5+\frac{3}{x}}{1-\frac{7}{x}} \\ &= \frac{\lim\limits_{x\to+\infty}\left(5+\frac{3}{x}\right)}{\lim\limits_{x\to+\infty}\left(1-\frac{7}{x}\right)} = \frac{5+\lim\limits_{x\to+\infty}\frac{3}{x}}{1-\lim\limits_{x\to+\infty}\frac{7}{x}} \\ &= 5;\end{aligned}$$

*2.*

$$\begin{aligned}\lim_{x\to-\infty} \frac{x^5+1}{x^5+x^3+x+3} &= \lim_{x\to-\infty} \frac{1+\frac{1}{x^5}}{1+\frac{1}{x^2}+\frac{1}{x^4}+\frac{3}{x^5}} \\ &= \frac{1+\lim\limits_{x\to+\infty}\frac{1}{x^5}}{1+\lim\limits_{x\to+\infty}\left(\frac{1}{x^2}+\frac{1}{x^4}+\frac{3}{x^5}\right)} \\ &= 1.\end{aligned}$$

**Exemplo 5.23** *Calcule*

$$\lim_{x\to+\infty} (\sqrt{9x^2+2x} - 3x).$$

Como a função $f(x) = \sqrt{9x^2+2x} - 3x$ é uma indeterminação quando $x \to +\infty$, vamos reescrevê-lo

$$\lim_{x\to+\infty} (\sqrt{9x^2+2x} - 3x) = \lim_{x\to+\infty} \frac{(\sqrt{9x^2+2x} - 3x)(\sqrt{9x^2+2x} + 3x)}{\sqrt{9x^2+2x} + 3x} =$$
$$\lim_{x\to+\infty} \frac{2x}{\sqrt{9x^2+2x} + 3x} = \lim_{x\to+\infty} \frac{2x}{x(\sqrt{9+\frac{2}{x}} + 3)} =$$
$$\lim_{x\to+\infty} \frac{2}{\sqrt{9+\frac{2}{x}} + 3} = \frac{2}{6} = \frac{1}{3}.$$

No próximo exemplo, provaremos uma regra muito útil para calcular limites de funções racionais quando $x \to \infty$.

**Exemplo 5.24** *Prove o seguinte limite*

$$\lim_{x\to\infty} \frac{a_n x^n + a_{n-1}x^{n-1} + \ldots + a_1 x + a_o}{b_m x^m + b_{m-1}x^{m-1} + \ldots + b_1 x + b_o} = \begin{cases} \infty & se \quad n > m \\ \frac{a_n}{b_n} & se \quad m = n \\ 0 & se \quad n < m \end{cases}$$

Denotemos $R(x) = \dfrac{a_n x^n + a_{n-1}x^{n-1} + \ldots + a_1 x + a_o}{b_m x^m + b_{m-1}x^{m-1} + \ldots + b_1 x + b_o}$. Consideremos $|R(x)|$. Assim,

$$\begin{aligned} |R(x)| &= \left|\frac{a_n x^n + a_{n-1}x^{n-1} + \ldots + a_1 x + a_o}{b_m x^m + b_{m-1}x^{m-1} + \ldots + b_1 x + b_o}\right| = \\ &= \frac{|x|^n |a_n + a_{n-1}x^{-1} + \ldots + a_1 x^{-n+1} + a_o x^{-n}|}{|x|^m |b_m + b_{m-1}x^{-1} + \ldots + b_1 x^{-m+1} + b_o x^{-m}|} = \\ &= |x|^{n-m}\left|\frac{a_n + a_{n-1}x^{-1} + \ldots + a_1 x^{-n+1} + a_o x^{-n}}{b_m + b_{m-1}x^{-1} + \ldots + b_1 x^{-m+1} + b_o x^{-m}}\right|. \end{aligned}$$

Se $n > m$, segue que $|x|^{n-m} \to \infty$ quando $x \to \infty$, ou seja

$$\lim_{x\to\infty} |R(x)| = \infty$$

Pela propriedade 5, das propriedades dos limites das funções, dada na seção 6.3: se $\lim\limits_{x\to\infty} |f(x)| = \infty$, segue que $\lim\limits_{x\to\infty} f(x) = \infty$. Assim, $\lim\limits_{x\to\infty} R(x) = \infty$.
Se $n = m$, $\lim\limits_{x\to\infty} |R(x)| = \left|\dfrac{a_n}{b_n}\right|$, ou seja $\lim\limits_{x\to\infty} R(x) = \dfrac{a_n}{b_n}$.
Se $n < m$,

$$\lim_{x\to\infty} |R(x)| = \lim_{x\to\infty} \frac{1}{|x|^{m-n}} \frac{|a_n + a_{n-1}x^{-1} + \ldots + a_1 x^{-n+1} + a_o x^{-n}|}{|b_m + b_{m-1}x^{-1} + \ldots + b_1 x^{-m+1} + b_o x^{-m}|} = 0,$$

portanto, $\lim\limits_{x\to\infty} R(x) = 0$.

**Exemplo 5.25** *Calcule*

$$\lim_{x\to\infty} \frac{x^{12}(2x-3)^8}{(x+1)^{15}}.$$

Como o grau do polinômio numerador é 20 e o grau do polinômio denominador é 15, segue que

$$\lim_{x\to\infty} \frac{x^{12}(2x-3)^8}{(x+1)^{15}} = \infty.$$

**Exemplo 5.26** *Calcule*

$$\lim_{x\to\infty} \frac{12x^9 - 2x^8 + x^6 + 3x^2 - 4x + 123}{3x^{13} - 21x^{12} + 4x^{10} - 8x^4 + 5x^2 + 7x - 189}.$$

Como o grau do polinômio numerador é 9 e o grau do polinômio denominador é 13, segue que

$$\lim_{x\to\infty} \frac{12x^9 - 2x^8 + x^6 + 3x^2 - 4x + 123}{3x^{13} - 21x^{12} + 4x^{10} - 8x^4 + 5x^2 + 7x - 189} = 0.$$

**Exemplo 5.27** *Calcule*

$$\lim_{x\to\infty} \frac{(x-2)^{12}(3x+5)^{10}}{(4x+13)^{22}}.$$

Desenvolvendo o produto do numerador da fração, observamos que ele é um polinômio de grau 22, ao igual que o polinômio do denominador, por isso, podemos dividir tanto o numerador como denominador por $x^{22}$. De fato, temos

$$\lim_{x\to\infty}\frac{(x-2)^{12}(3x+5)^{10}}{(4x+13)^{22}}=\lim_{x\to\infty}\frac{\dfrac{(x-2)^{12}(3x+5)^{10}}{x^{22}}}{\dfrac{(4x+13)^{22}}{x^{22}}}=\frac{3^{10}}{4^{22}}.$$

**Exemplo 5.28** *Calcule*

$$\lim_{x\to\infty}\frac{(1+x)(1+2x)(1+3x)\dots(1+15x)}{x^{15}+2}.$$

Desenvolvendo o produto do numerador da fração, observamos que ele é um polinômio de grau 15, ao igual que o polinômio do denominador, por isso, podemos dividir tanto o numerador como denominador por $x^{15}$. De fato, temos

$$\lim_{x\to\infty}\frac{(1+x)(1+2x)(1+3x)\dots(1+15x)}{x^{15}+2}=\lim_{x\to\infty}\frac{\dfrac{(1+x)(1+2x)\dots(1+15x)}{x^{15}}}{\dfrac{x^{15}+2}{x^{15}}}=15!.$$

## 5.7 Segundo Limite Exponencial Fundamental $\lim\limits_{x\to\pm\infty}\left(1+\dfrac{1}{x}\right)^{x}$

No capítulo 3 já mostramos que $\lim\limits_{n\to\infty}(1+\dfrac{1}{n})^n=e$. Um resultado análogo vale quando $n$ tende ao infinito através de valores contínuos, ou seja

$$\lim_{x\to\pm\infty}(1+\frac{1}{x})^x=e. \tag{5.3}$$

Quando $x\to\infty$, temos $\frac{1}{x}\to 0$, por isso podemos reescrever a igualdade (5.3) na seguinte forma:

$$\lim_{x\to 0}(1+x)^{\frac{1}{x}}=e. \tag{5.4}$$

**Exemplo 5.29** *Calcule o seguinte limite*

$$\lim_{x\to 0}\sqrt[x]{1+3x}.$$

Escrevamos o limite em forma exponencial para poder aplicar a fórmula (5.4) acima:

$$\begin{aligned}\lim_{x\to 0}\sqrt[x]{1+3x}&=\lim_{x\to 0}(1+3x)^{\frac{1}{x}}=\\&=\lim_{x\to 0}(1+3x)^{3(\frac{1}{3x})}=\\&=\left[\lim_{x\to 0}(1+3x)^{\frac{1}{3x}}\right]^3=\\&\overset{3x=\alpha}{=}\left[\lim_{\alpha\to 0}(1+\alpha)^{\frac{1}{\alpha}}\right]^3=\\&=e^3.\end{aligned}$$

**Exemplo 5.30** *Calcule*

$$\lim_{x\to\infty}\left(\frac{x}{1+x}\right)^x.$$

Vamos transformar nosso limite de tal forma que ele possua a cara da fórmula (5.3) acima:

$$\begin{aligned}\lim_{x\to\infty}\left(\frac{x}{1+x}\right)^x &= \lim_{x\to\infty}\left(\frac{x+1}{x}\right)^{-x} = \\ &= \lim_{x\to\infty}\left[\left(\frac{1+x}{x}\right)^x\right]^{-1} = \\ &= \left[\lim_{x\to\infty}\left(1+\frac{1}{x}\right)^x\right]^{-1} = \\ &= e^{-1}.\end{aligned}$$

**Exemplo 5.31** *Calcule*

$$\lim_{x\to\infty}\left(1+\frac{5}{x}\right)^{x+3}.$$

Como no exemplo anterior, vamos transformar nosso limite de tal forma que possamos aplicar a fórmula (5.3):

$$\begin{aligned}\lim_{x\to\infty}\left(1+\frac{5}{x}\right)^{x+3} &= \lim_{x\to\infty}\left(1+\frac{1}{\frac{x}{5}}\right)^{5\left(\frac{x+3}{5}\right)} = \\ &= \lim_{x\to\infty}\left(1+\frac{1}{\frac{x}{5}}\right)^{5\left(\frac{x}{5}\right)}\lim_{x\to\infty}\left(1+\frac{1}{\frac{x}{5}}\right)^3 = \\ &\overset{x/5=y}{=} \left[\lim_{y\to\infty}\left(1+\frac{1}{y}\right)^y\right]^5\lim_{y\to\infty}\left(1+\frac{1}{y}\right)^3 = \\ &= e^5.1 = e^5.\end{aligned}$$

**Exemplo 5.32** *Calcule*

$$\lim_{x\to 0}\frac{\ln(1+\alpha x)}{x}.$$

Usando as propriedades dos logaritmos e a fórmula (5.4), obtemos:

$$\begin{aligned}\lim_{x\to 0}\frac{\ln(1+\alpha x)}{x} &= \lim_{x\to 0}\ln(1+\alpha x)^{\frac{1}{x}} = \\ &= \lim_{x\to 0}\ln\left[(1+\alpha x)^{\frac{1}{\alpha x}}\right]^{\alpha} = \\ &= \ln\left[\lim_{x\to 0}(1+\alpha x)^{\frac{1}{\alpha x}}\right]^{\alpha} = \\ &\overset{\alpha x=y}{=} \ln\left[\lim_{y\to 0}(1+y)^{\frac{1}{y}}\right]^{\alpha} = \\ &= \ln e^{\alpha} = \alpha.\end{aligned}$$

**Exemplo 5.33** *Calcule*

$$\lim_{x\to\infty}\left(\frac{2x+3}{5x-7}\right)^{x^4}.$$

Lembremos que qualquer número positivo $A$ pode ser escrito como: $A = e^{\ln A}$. Assim,

$$\left(\frac{2x+3}{5x-7}\right)^{x^4} = e^{\ln\left(\frac{2x+3}{5x-7}\right)^{x^4}} = e^{x^4 \ln \frac{2x+3}{5x-7}}.$$

Como $\lim\limits_{x\to\infty} x^4 = +\infty$ e $\dfrac{2x+3}{5x-7} \to \dfrac{2}{5} < 1$ quando $x \to \infty$, segue que $\ln \dfrac{2x+3}{5x-7} < 0$ para $x \to \infty$. Assim $x^4 \ln \dfrac{2x+3}{5x-7} \to -\infty$ quando $x \to \infty$. Portanto

$$\lim_{x\to\infty} \left(\frac{2x+3}{5x-7}\right)^{x^4} = 0.$$

## 5.8 Exercícios do Capítulo 5

1. Usando a definição de limite de uma função no ponto, mostre que;

   (a) $\lim_{x\to 2}(2x-1)=3$;

   (b) $\lim_{x\to x_o}\dfrac{1}{x}=\dfrac{1}{x_o}$, $x_o\neq 0$;

   (c) $\lim_{x\to 1}x^3=1$;

   (d) $\lim_{x\to x_o}\sqrt{x}=\sqrt{x_o}$, $\quad x_o>0$.

2. Calcular os seguintes limites

   (a) $\lim_{x\to 2}\dfrac{x^2+2x-8}{x^3-8}$;

   (b) $\lim_{x\to 1}\dfrac{x+x^2+\ldots+x^n-n}{x-1}$;

   (c) $\lim_{x\to 2}\dfrac{x-2}{\sqrt{x}-\sqrt{2}}$;

   (d) $\lim_{x\to 1}\dfrac{x^2-1}{\sqrt[3]{x}-1}$;

   (e) $\lim_{x\to 1}\dfrac{\sqrt[m]{x}-1}{\sqrt[n]{x}-1}$;

   (f) $\lim_{x\to 1}\left(\dfrac{3}{1-\sqrt{x}}-\dfrac{2}{1-\sqrt[3]{x}}\right)$;

   (g) $\lim_{x\to 8}\dfrac{\sqrt{9+2x}-5}{\sqrt[3]{x}-2}$;

   (h) $\lim_{x\to 1}\dfrac{\sqrt[3]{x}-\sqrt[4]{x}}{x^2-1}$;

   (i) $\lim_{x\to 0}\dfrac{\sqrt{x+1}-\sqrt{1-x}}{\sqrt[3]{x+1}-\sqrt[3]{1-x}}$.

3. Encontre os seguintes limites;

   (a) $\lim_{x\to 0}\dfrac{\operatorname{sen}3x}{x}$;

   (b) $\lim_{x\to 0}\dfrac{\operatorname{sen}^2 2x}{\operatorname{sen}^2 3x}$;

   (c) $\lim_{x\to 0}\dfrac{\operatorname{sen}x}{\operatorname{sen}6x-\operatorname{sen}7x}$;

   (d) $\lim_{x\to \alpha}\dfrac{\operatorname{sen}x-\operatorname{sen}\alpha}{x-\alpha}$;

(e) $\lim\limits_{x\to\alpha} \dfrac{\operatorname{tg} x - \operatorname{tg}\alpha}{x-\alpha}$;

(f) $\lim\limits_{x\to 0} \dfrac{\cos mx - \cos nx}{\tan^2 x}$;

(g) $\lim\limits_{x\to\pi/2} \dfrac{\cos x}{\sqrt[3]{x-\pi/2}}$.

4. Encontre os seguintes limites;

(a) $\lim\limits_{x\to 0}(1+3x)^{\frac{1}{2x}}$;

(b) $\lim\limits_{x\to 0}\left(\dfrac{2-x}{2+x}\right)^{\frac{1}{\operatorname{sen} x}}$;

(c) $\lim\limits_{x\to 0} \dfrac{\ln\cos x}{\ln\cos 3x}$;

(d) $\lim\limits_{x\to 8} \dfrac{\ln x - \ln 8}{x-8}$;

(e) $\lim\limits_{x\to\alpha} \dfrac{\alpha^x - x^\alpha}{x-\alpha}$, $\alpha > 0$.

5. Mostre que;

(a) $\lim\limits_{x\to 0} \dfrac{5}{x^4} = +\infty$;

(b) $\lim\limits_{x\to 0} \dfrac{3}{\sin x} = \infty$;

(c) $\lim\limits_{x\to 2} \dfrac{2}{x^2-4} = \infty$.

6. Demonstre que;

(a) $\lim\limits_{x\to\infty} \dfrac{2}{x^2+1} = 0$;

(b) $\lim\limits_{x\to-\infty} \dfrac{x^2+1}{x^2+7} = 1$;

(c) $\lim\limits_{x\to\infty} \dfrac{1+x^2}{1+x^4} = 0$.

7. Demonstre, que se $\lim\limits_{x\to\infty} f(x) = A$ e $\lim\limits_{x\to\infty} g(x) = B$, então

(a) $\lim\limits_{x\to\infty} (f(x)+g(x)) = A+B$;

(b) $\lim\limits_{x\to+\infty} \sqrt{f(x)} = \sqrt{A}$, $A \geq 0$;

(c) $\lim\limits_{x\to+\infty} \dfrac{f(x)}{g(x)} = \dfrac{A}{B}$, $B \neq 0$.

8. Encontre os seguintes limites;

   (a) $\lim\limits_{x\to+\infty} \dfrac{\sqrt{x+\sqrt{x+\sqrt{x}}}}{\sqrt{x+1}}$;

   (b) $\lim\limits_{x\to-\infty} \dfrac{\sqrt{x^2+2}-\sqrt[3]{x^3+1}}{\sqrt[4]{x^4+8}}$;

   (c) $\lim\limits_{x\to-\infty} \dfrac{1-\sqrt{x^2+1}}{x}$;

   (d) $\lim\limits_{x\to+\infty} \dfrac{(x-1)(x+2)}{x(x-3)}$;

   (e) $\lim\limits_{x\to\infty} \dfrac{(x-1)^{20}(2x+3)^{15}}{(3x+17)^{35}}$;

   (f) $\lim\limits_{x\to+\infty} \left(x-\sqrt{x^2+x+2}\right)$;

   (g) $\lim\limits_{x\to\infty} \left(\sqrt{x^2+\sqrt{x^2+\sqrt{x^2}}}-\sqrt{x^2}\right)$.

   (h) $\lim\limits_{x\to 0} \sqrt[x]{1-2x}$.

## 5.9 Respostas

1. Pela definição do limite, mostramos:

   (a) $\forall\varepsilon>0, \exists\delta=\delta(\varepsilon); 0<|x-2|<\delta=\varepsilon/2$, temos

   $$|2x-1-3|=|2x-4|=2|x-2|<2\delta=2\varepsilon/2=\varepsilon.$$

   (b)

   (c) $\forall\varepsilon>0, \exists\delta=\delta(\varepsilon); 0<|x-1|<\delta=\varepsilon/3$, temos

   $$|x^3-1|=|(x-1)(x^2+x+1)|=|x-1||x^2+x+1|<3|x-1|<3\delta=3\varepsilon/3=\varepsilon.$$

   (d) $\forall\varepsilon>0, \exists\delta=\delta(\varepsilon); 0<|x-x_o|<\delta=\sqrt{x_o}\varepsilon$, temos

   $$|\sqrt{x}-\sqrt{x_o}|=|\frac{(\sqrt{x}-\sqrt{x_o})(\sqrt{x}+\sqrt{x_o})}{\sqrt{x}+\sqrt{x_o}}|=|\frac{x-x_o}{\sqrt{x}+\sqrt{x_o}}|<|\frac{|x-x_o|}{\sqrt{x_o}}|<\frac{\delta}{\sqrt{x_o}}=\varepsilon.$$

2. (a) Escrevendo $\dfrac{x^2+2x-8}{x^3-8} = \dfrac{(x+4)(x-2)}{(x-2)(x^2+2x+4)} = \dfrac{x+4}{x^2+2x+4}$ temos $\lim\limits_{x\to 2}\dfrac{x^2+2x-8}{x^3-8}=\dfrac{1}{2}$.

(b)

$$\lim_{x\to 1}\frac{x+x^2+\ldots+x^n-n}{x-1}=\lim_{x\to 1}\frac{x-1+x^2-1+x^3-1+\ldots+x^n-1}{x-1}=$$
$$=\lim_{x\to 1}\frac{(x-1)(1+(x+1)+(x^2+x+1)+\ldots+(x^{n-1}+x^{n-2}+\cdots+x+1)}{x-1}=$$
$$=\lim_{x\to}(1+(x+1)+(x^2+x+1)+\ldots+(x^{n-1}+x^{n-2}+\cdots+x+1))=$$
$$=1+2+3+\ldots+n=\frac{n(n+1)}{2}.$$

(c) $\lim\limits_{x\to 2}\dfrac{x-2}{\sqrt{x}-\sqrt{2}}=\lim\limits_{x\to 2}\dfrac{(\sqrt{x}-\sqrt{2})(\sqrt{x}+\sqrt{2})}{\sqrt{x}-\sqrt{2}}=2\sqrt{2}.$

(d)

$$\lim_{x\to 1}\frac{x^2-1}{\sqrt[3]{x}-1}=\lim_{x\to 1}\frac{(x-1)(x+1)(\sqrt[3]{x^2}+\sqrt[3]{x}+1)}{(\sqrt[3]{x}-1)(\sqrt[3]{x^2}+\sqrt[3]{x}+1)}=$$
$$=\lim_{x\to 1}\frac{(x-1)(x+1)(\sqrt[3]{x^2}+\sqrt[3]{x}+1)}{x-1}=6.$$

(e)

$$\lim_{x\to 1}\frac{\sqrt[m]{x}-1}{\sqrt[n]{x}-1}=$$
$$=\lim_{x\to 1}\frac{(\sqrt[m]{x}-1)(\sqrt[m]{x^{m-1}}+\sqrt[m]{x^{m-2}}+\ldots+\sqrt[m]{x}+1)(\sqrt[n]{x^{n-1}}+\sqrt[n]{x^{n-2}}+\ldots+\sqrt[n]{x}+1)}{(\sqrt[m]{x^{m-1}}+\sqrt[m]{x^{m-2}}+\ldots+\sqrt[m]{x}+1)(\sqrt[n]{x}-1)(\sqrt[n]{x^{n-1}}+\sqrt[n]{x^{n-2}}+\ldots+\sqrt[n]{x}+1)}$$
$$=\lim_{x\to 1}\frac{\sqrt[n]{x^{n-1}}+\sqrt[n]{x^{n-2}}+\ldots+\sqrt[n]{x}+1}{\sqrt[m]{x^{m-1}}+\sqrt[m]{x^{m-2}}+\ldots+\sqrt[m]{x}+1}=\frac{n}{m}.$$

(f) $\dfrac{1}{2}$.

(g) $\dfrac{12}{5}$.

(h) $\dfrac{1}{24}$.

(i) $\dfrac{3}{2}$.

3. (a) $\lim\limits_{x\to 0}\dfrac{\operatorname{sen}3x}{x}=\lim\limits_{x\to 0}\dfrac{3\operatorname{sen}3x}{3x}\overset{3x=t}{=}3\lim\limits_{t\to 0}\dfrac{\operatorname{sen}t}{t}=3$

(b) $\lim\limits_{x\to 0}\dfrac{\operatorname{sen}^2 2x}{\sin^2 3x}=\lim\limits_{x\to 0}\dfrac{\operatorname{sen}2x\operatorname{sen}2x}{\operatorname{sen}3x\operatorname{sen}3x}=\lim\limits_{x\to 0}\dfrac{4(\operatorname{sen}2x/2x)(\sin 2x/2x)}{9(\operatorname{sen}3x/3x)(\operatorname{sen}3x/3x)}=\dfrac{4}{9}.$

(c) $\lim\limits_{x\to 0}\dfrac{\operatorname{sen}x}{\operatorname{sen}6x-\operatorname{sen}7x}=\lim\limits_{x\to 0}\dfrac{2\operatorname{sen}x/2\cos x/2}{-2\operatorname{sen}x/2\cos 13x/2}=-1.$

(d)

$$\lim_{x\to\alpha}\frac{\operatorname{sen}x-\operatorname{sen}\alpha}{x-\alpha}=\lim_{x\to\alpha}\frac{2\sin\frac{x-\alpha}{2}\cos\frac{x+\alpha}{2}}{x-\alpha}=$$
$$=\lim_{x\to\alpha}\frac{\sin\frac{x-\alpha}{2}}{\frac{x-\alpha}{2}}\cos\frac{x+\alpha}{2}=\cos\alpha.$$

(e) $\dfrac{1}{\cos^2 \alpha}$.

(f) $\dfrac{n^2 - m^2}{2}$.

(g) 0.

4. (a) $\lim_{x \to 0}(1+3x)^{\frac{1}{2x}} = \lim_{x \to 0}(1+3x)^{\frac{1}{3x}\frac{3}{2}} = e^{3/2}$.

(b) $e^{-1}$.

(c) $\dfrac{1}{9}$.

(d) $\dfrac{1}{8}$.

(e) $\alpha^\alpha(\ln \alpha - 1)$

5. (a) $\forall A > 0, \exists \delta > 0; 0 < |x| < \delta = \sqrt[4]{5}/\sqrt[4]{A}$, temos

$$\frac{1}{\delta^2} < \frac{1}{x^2}, \quad \frac{5}{x^4} = \frac{5}{x^2}\frac{1}{x^2} > \frac{5}{\delta^4} = \frac{5}{(\sqrt[4]{5}/\sqrt[4]{A})^4} = A.$$

(b) $\operatorname{sen} x \sim x$ quando $x \to 0$, então $\dfrac{1}{|\operatorname{sen} x|} \sim \dfrac{1}{|x|}$. Assim,basta escolher $\delta = \dfrac{3}{A}, \forall A > 0$.

(c) $\forall A > 0, \exists \delta > 0; 0 < |x-2| < \delta = \dfrac{2}{A}$, temos

$$\frac{2}{|x^2-4|} > \frac{1}{2|x-2|} > \frac{1}{2\delta} = A.$$

6. (a) Para $\varepsilon > 0$ existe $\Delta = 1/\sqrt{\varepsilon}$, tal que para todo $x > \Delta$, temos

$$\frac{2}{x^2+1} < \frac{2}{\Delta^2+1} < \frac{2}{\Delta^2} = \varepsilon.$$

(b) Para $\varepsilon > 0$ existe $\Delta = \sqrt{\frac{6}{\varepsilon}}$, tal que para todo $x > \Delta$, temos

$$\left|\frac{x^2+1}{x^2+7} - 1\right| < \frac{6}{x^2} < \frac{6}{\Delta^2} = \varepsilon.$$

(c) Escolha $\Delta = \dfrac{1}{\sqrt{\varepsilon}}$.

7. (a) $\forall \varepsilon > 0, \exists \Delta > 0$, tal que $\forall x > \Delta$,

$$|f(x) + g(x) - (A+B)| \leq |f(x) - A| + |g(x) - B| \leq \frac{\varepsilon}{2} + \frac{\varepsilon}{2} = \varepsilon.$$

(b) Basta escrever

$$|f(x) - A| = |(\sqrt{f(x)} + \sqrt{A})(\sqrt{f(x)} - \sqrt{A})| = |\sqrt{f(x)} + \sqrt{A}||\sqrt{f(x)} - \sqrt{A}| < \varepsilon :$$

$$|\sqrt{f(x)} - \sqrt{A}| < \frac{\varepsilon}{\sqrt{A}}.$$

(c) Similar ao caso $(a)$

8. (a) 1

(b) 2

(c) 1

(d) 1

(e) $\frac{2^{15}}{3^{35}}$

(f) $-\frac{1}{2}$

(g) $\frac{1}{2}$

(h) $e^{-2}$.

# Capítulo 6

# Funções Contínuas

A continuidade é um dos conceitos centrais de cálculo e análise matemática, onde os argumentos e valores das funções podem ser números reais e até números complexos. Este conceito tem sido generalizado para funções entre espaços métricos e entre espaços topológicos. Estas últimas são as funções contínuas mais gerais, e sua definição é a base da topologia.

A definição de função contínua está fortemente ligado a outra importante definição da análise matemática, a definição de limite de uma função.

Lembremos que, quando definimos o limite de uma função num ponto dado, o valor da função neste ponto era irrelevante, pois o que nos interessava nesse momento era entender o comportamento da função na vizinhança desse ponto dado, e não no próprio ponto. Agora este ponto tem importância.

## 6.1 Definição de Continuidade

É interesante estudar agora o limite da função $y = f(x)$, num ponto $x_o$ quando este ponto pertence ao domínio da função.

**Definição 6.1** *Seja a funçao $f : [a, b] \to \mathbb{R}$ com $x_o \in (a, b)$. A função $f$ chama-se contínua no ponto $x_o$, se*

$$\boxed{\lim_{x \to x_o} f(x) = f(x_o)}$$

Para verificar a continuidade de uma função em um ponto dado $x_o$, usando a Definição 6.1 devemos observar três itens:

1. existe $f(x_o)$;

2. existe $\lim\limits_{x \to x_o} f(x)$;

3. o valor do limite no item 2 deve ser igual ao valor $f(x_o)$.

Também podemos definir a continuidade de uma função em termos de epsilon-delta tal como foi introduzida em 1817 por Bernard Bolzano.
Formalizemos esta definição de continuidade em termos de $\varepsilon$ e $\delta$.

**Definição 6.2** *Consideremos uma função $f : I \subset \mathbb{R} \to \mathbb{R}$, e seja $x_o \in I$. Dizemos que $f$ é contínua em $x_o$, quando para todo $\varepsilon > 0$ arbitrário, existe um $\delta = \delta(\varepsilon, x_o) > 0$, tal que para todo $x \in I$ com $|x - x_o| < \delta$ segue que $|f(x) - f(x_o)| < \varepsilon$.*

A notação $\delta(\varepsilon, x_o)$ é para indicar que o número $\delta$ depende tanto do $\varepsilon$ como do ponto $x_o$.

De um modo intuitivo, podemos dizer que uma função $f$ é contínua se o seu gráfico pode

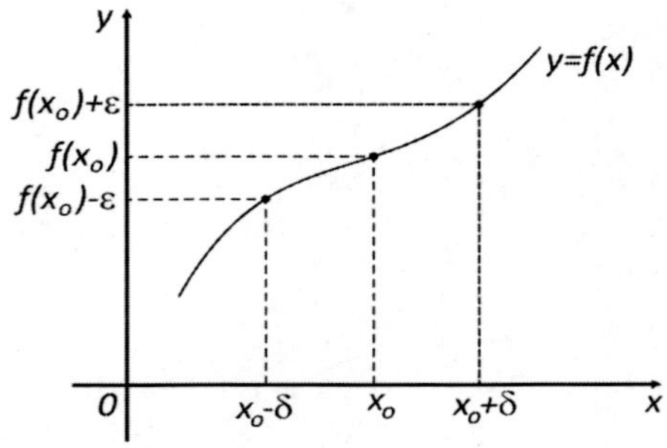


Figura 6.1: Gráfico de uma função contínua

desenhar-se sem levantar o lápis do papel conforme podemos ver na figura acima.

**Exemplo 6.1** *A função $y = ax + m$, $a \neq 0$ definida em $\mathbb{R}$ é contínua no ponto $x_o = 5$.*

De fato, seja $x_o = 5$. Dado $\varepsilon > 0$ qualquer, e seja $\delta = \dfrac{\varepsilon}{|a|}$, então:

$$|f(x) - f(5)| = |ax - m - (5a - m)| = |a||x - 5| < |a|\delta = |a|\frac{\varepsilon}{|a|} = \varepsilon.$$

Também podemos estudar a continuidade de uma função em um ponto em termos do incremento da variável independente e do incremento da função. Seja $x_o \in I = D(f)$ e seja $y_o = f(x_o)$. Consideremos um $\Delta x$ suficientemente pequeno, chamado de incremento de $x_o$, que pode ser positivo ou negativo, tal que todos os pontos da forma $x = x_o + \Delta x$ sejam pontos da vizinhança de $x_o$. Denotemos a diferença $f(x) - f(x_o) = f(x_o + \Delta x) - f(x_o)$ por $\Delta f(x_o)$, ou seja $\Delta f(x_o) = f(x_o + \Delta x) - f(x_o)$. Chamaremos $\Delta f(x_o)$ de incremento da função no ponto $x_o$.

**Definição 6.3** *Dizemos que $f$ é contínua em $x_o$, se o incremento da função em $x_o$ tende a zero quando o incremento de $x_o$ tende a zero, isto é,*

$$\lim_{\Delta x \to 0} \Delta f(x_o) = 0.$$

A definição é equivalente à

$$\begin{aligned}
&\lim_{\Delta x \to 0} \Delta f(x_o) = 0;\\
&\lim_{\Delta x \to 0} [f(x_o + \Delta x) - f(x_o)] = 0;\\
&\lim_{\Delta x \to 0} f(x_o + \Delta x) - \lim_{\Delta x \to 0} f(x_o) = 0;\\
&\lim_{\Delta x \to 0} f(x_o + \Delta x) = \lim_{\Delta x \to 0} f(x_o)\\
&\lim_{\Delta x \to 0} f(x_o + \Delta x) = f(x_o).
\end{aligned}$$

**Exemplo 6.2** *A função $f(x) = x^3$ é contínua em $x_o = 3$.*

Seja $x_o = 3$. Escrevamos todos os pontos da sua vizinhança na forma $x = 3 + \Delta x$ e

$$\Delta f(3) = f(3+\Delta x) - f(3) = (3+\Delta x)^3 - (3)^3 = (3)^3 + 3(3)^2\Delta x + 3.3(\Delta x)^2 + (\Delta x)^3 - (3)^3.$$

Agora calculemos o limite

$$\begin{aligned}\lim_{\Delta x \to 0} \Delta f(3) &= \lim_{\Delta x \to 0}[(3)^3 + 3(3)^2\Delta x + 3.3(\Delta x)^2 + (\Delta x)^3 - (3)^3] = \\ &= \lim_{\Delta x \to 0} \Delta x[3(3)^2 + 3.3\Delta x + (\Delta x)^2] = \\ &= 0.\end{aligned}$$

Isto significa que $f$ é contínua em $x_o = 3$.

Por fim, em termos de sequências numéricas, a continuidade de uma função em um ponto, expressa-se da seguinte forma: Seja uma sequência arbitrária

$$x_1, x_2, \ldots, x_n, \ldots, \qquad x_n \in I$$

que converge para $x_o$, então a sequência correspondente de valores da função

$$f(x_1), f(x_2), \ldots, f(x_n), \ldots$$

converge para $f(x_o)$ : $\lim\limits_{n\to\infty} f(x_n) = f\left(\lim\limits_{n\to\infty} x_n\right) = f(x_o)$.

**Exemplo 6.3** *Mostre que*

$$\lim_{x\to 0} x^2 = 0.$$

Consideremos a sequência numérica $\left(\dfrac{1}{n}\right)_n$. Claramente $\dfrac{1}{n} \to 0$ quando $n \to \infty$.

Assim,

$$\lim_{n\to\infty} f\left(\frac{1}{n}\right) = f\left(\lim_{n\to\infty}\frac{1}{n}\right) = f(0) = 0^2 = 0.$$

## 6.2 Continuidades Laterais. Exemplos

Similarmente, como foi feito no caso de limite, podemos definir continuidade a esquerda e continuidade a direita.

**Definição 6.4** *Sejam $f : [a,b] \to \mathbb{R}$ e $x_o \in [a,b]$. Dizemos que a função $f$ é contínua a esquerda no ponto $x_o$, se no intervalo $[a, x_o)$, temos*

$$\lim_{x\to x_o^-} f(x) = f(x_o) \quad \textit{ou} \quad \lim_{h\to 0^-} f(x_o+h) = f(x_o).$$

Analogamente

**Definição 6.5** *Sejam $f : [a,b] \to \mathbb{R}$ e $x_o \in [a,b]$. Diz-se que a função $f$ é contínua a direita no ponto $x_o$, se no intervalo $(x_o, b]$, temos*

$$\lim_{x\to x_o^+} f(x) = f(x_o) \quad \textit{ou} \quad \lim_{h\to 0^+} f(x_o+h) = f(x_o).$$

Assim, para que a função $f$ seja contínua no ponto $x_o$ é necessário e suficiente que

$$f(x_o) = \lim_{x \to x_o^-} f(x) = \lim_{x \to x_o^+} f(x),$$

ou seja,

$$\lim_{x \to x_o^-} f(x) = \lim_{x \to x_o^+} f(x) = \lim_{x \to x_o} f(x) = f(x_o).$$

**Definição 6.6** *Dis-ze que função $y = f(x)$ é contínua no intervalo $(a, b)$ se é contínua em cada ponto deste intervalo.*

A função $y = f(x)$ chama-se contínua no intervalo $[a, b]$, se ela é contínua no intervalo $(a, b)$ e no ponto $a$ é contínua a direita, e no ponto $b$ é contínua a esquerda.

Vejamos alguns exemplos para ilustrar estas definições:

**Exemplo 6.4** *1. A função $y = ax + m$, $a \neq 0$ definida em $\mathbb{R}$ é contínua em toda a reta numérica. De fato, considere um $x_o \in \mathbb{R}$ arbitrário. Dado $\varepsilon > 0$ qualquer, e seja $\delta = \dfrac{\varepsilon}{|a|}$, então:*

$$|f(x) - f(x_o)| = |ax - m - (ax_o - m)| = |a||x - x_o| < |a|\delta = |a|\frac{\varepsilon}{|a|} = \varepsilon.$$

*2. A função $y = x^3$ é contínua no ponto $x = 4$, pois*

$$\lim_{x \to 4} x^3 = 64 \quad e \quad y(4) = 64.$$

*3. A função $y = \operatorname{sign} x$ definida por*

$$y = \operatorname{sign} x = \begin{cases} \;\;\, 1, & x > 0, \\ \;\;\, 0, & x = 0, \\ -\,1, & x < 0. \end{cases}$$

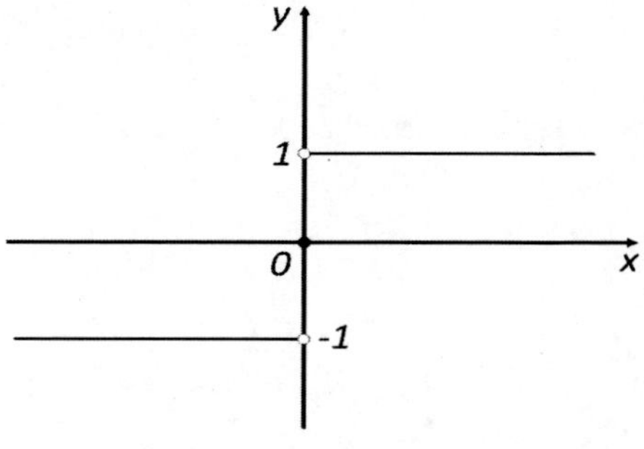


Figura 6.2: Gráfico da função sinal

*não é contínua no ponto $x = 0$, pois não existe $\lim_{x \to 0} sign\ x$,*

$$\lim_{x \to 0^+} \operatorname{sign} x = 1, \quad \lim_{x \to 0^-} \operatorname{sign} x = -1,$$

*isto é,*

$$\lim_{x \to 0^+} \operatorname{sign} x \neq \lim_{x \to 0^-} \operatorname{sign} x.$$

4. *A função $y = 3x^5$ é contínua a direita e a esquerda em qualquer ponto $x_o \in \mathbb{R}$, pois*

$$\lim_{x \to x_o^+} 3x^5 = 3x_o^5 = \lim_{x \to x_o^-} 3x^5.$$

5. *A função*

$$y = \begin{cases} x - 3, & x \geq 0, \\ 4 + x, & x < 0, \end{cases}$$

*é contínua a direita no ponto $x = 0$, pois*

$$\lim_{x \to 0^+} y(x) = \lim_{\substack{x \to 0 \\ x > 0}} y(x) = \lim_{\substack{x \to 0 \\ x > 0}} (x - 3) = -3 = y(0),$$

*mas não é contínua a esquerda no ponto $x = 0$, pois*

$$\lim_{x \to 0^-} y(x) = \lim_{\substack{x \to 0 \\ x < 0}} y(x) = \lim_{\substack{x \to 0 \\ x < 0}} (4 + x) = 4 \neq y(0).$$

6. *A função $f(x) = x^3$ é contínua em $\mathbb{R}$.*
*Seja $x_o$ um ponto arbitrário de $\mathbb{R}$. Escrevamos todos os pontos da sua vizinhança na forma $x = x_o + \Delta x$ e*

$$\Delta f(x_o) = f(x_o + \Delta x) - f(x_o) = (x_o + \Delta x)^3 - (x_o)^3 = (x_o)^3 + 3(x_o)^2\Delta x + 3x_o(\Delta x)^2 + (\Delta x)^3 - (x_o)^3.$$

*Agora calculemos o limite*

$$\begin{aligned} \lim_{\Delta x \to 0} \Delta f(x_o) &= \lim_{\Delta x \to 0} [(x_o)^3 + 3(x_o)^2\Delta x + 3x_o(\Delta x)^2 + (\Delta x)^3 - (x_o)^3] = \\ &= \lim_{\Delta x \to 0} \Delta x[3(x_o)^2 + 3x_o\Delta x + (\Delta x)^2] = \\ &= 0. \end{aligned}$$

*Isto significa que $f$ é contínua em $x_o$ e como $x_o$ foi um ponto arbitrário de $\mathbb{R}$, concluímos que $f(x) = x^3$ é contínua em $\mathbb{R}$.*

7. *A função*

$$y = \begin{cases} (\operatorname{sen} x)/x, & x \neq 0, \\ 3/2, & x = 0. \end{cases}$$

*não é contínua no ponto $x_o = 0$, ainda que exista*

$$\lim_{x \to 0} \frac{\operatorname{sen} x}{x} \quad (e \text{ seja igual a } 1),$$

*mas este limite é diferente do valor da função no ponto $x = 0$: $y(0) = 3/2$.*

**Exemplo 6.5** *Determine para que valor de $A$, a seguinte função é contínua no ponto $x_o = 0$*

$$y = \begin{cases} \dfrac{\ln(1 + x)}{x}, & x \neq 0, \\ A, & x = 0. \end{cases}$$

Seja $x$ qualquer ponto pertencente ao intervalo $(-1,0) \cup (0,+\infty)$. Então $\lim_{x \to x_o} \frac{\ln(1+x)}{x} = \frac{\ln(1+x_o)}{x_o} = y(x_o)$. Desta forma a função dada é contínua no ponto $x_o \in (-1,0) \cup (0,+\infty)$.

Agora consideremos $x_o = 0$. Se escrevermos $\frac{\ln(1+x)}{x} = \ln(1+x)^{1/x}$, temos

$$\lim_{x \to 0} \frac{\ln(1+x)}{x} = \lim_{x \to 0} \ln(1+x)^{1/x} = \ln \lim_{x \to 0}(1+x)^{1/x} = \ln e = 1.$$

Desta forma, se escolhermos $y(0) = A = 1$, a função dada será contínua no ponto $x = 0$, mas se $y(0) = A \neq 1$, a função não será contínua em $x = 0$.

**Exemplo 6.6** *Demonstre que a função $f(x) = \cos x$ é contínua em $\mathbb{R}$.*

Consideremos o incremento da função $\cos x$ em um ponto arbitrário $x \in \mathbb{R}$:

$$\begin{aligned} \Delta \cos x &= \cos(x + \Delta x) - \cos x = -2 \operatorname{sen}\left(\tfrac{x+\Delta x+x}{2}\right) \operatorname{sen}\left(\tfrac{x+\Delta x-x}{2}\right) = \\ &= -2 \operatorname{sen}\left(x + \tfrac{\Delta x}{2}\right) \operatorname{sen} \tfrac{\Delta x}{2}. \end{aligned}$$

Reescrevendo a última igualdade na forma

$$\Delta \cos x = -\operatorname{sen}\left(x + \frac{\Delta x}{2}\right) \frac{\operatorname{sen} \frac{\Delta x}{2}}{\frac{\Delta x}{2}}.\Delta x$$

e tomando o limite quando $\Delta x \to 0$, obtemos

$$\begin{aligned} \lim_{\Delta x \to 0} \Delta \cos x &= -\lim_{\Delta x \to 0} \operatorname{sen}\left(x + \frac{\Delta x}{2}\right) \frac{\operatorname{sen} \frac{\Delta x}{2}}{\frac{\Delta x}{2}}.\Delta x \\ &= -\lim_{\Delta x \to 0} \operatorname{sen}\left(x + \frac{\Delta x}{2}\right) \lim_{\Delta x \to 0} \frac{\operatorname{sen} \frac{\Delta x}{2}}{\frac{\Delta x}{2}} \lim_{\Delta x \to 0} \Delta x = \\ &= -(\operatorname{sen} x)(1)(0) = 0 \end{aligned}$$

ou seja, a função $f(x) = \cos x$ é contínua em $\mathbb{R}$.

## 6.3 Descontinuidade de uma Função

**Definição 6.7** *Seja a função $f$ definida no intervalo $(a,b)$. Diz-se que a função $f$ é descontínua no ponto $x_o \in (a,b)$ se ela não está definida em $x_o$, ou se ela está definida em $x_o$, mas não é contínua em $x_o$.*

**Definição 6.8** *O ponto de descontinuidade $x_o$ da função $f$, chama-se ponto de descontinuidade de primeira espécie (primeiro tipo) se existem os limites laterais (finitos)*

$$\lim_{x \to x_o^-} f(x) = f(x_o - 0) \quad e \quad \lim_{x \to x_o^+} f(x) = f(x_o + 0)$$

*e são distintos.*

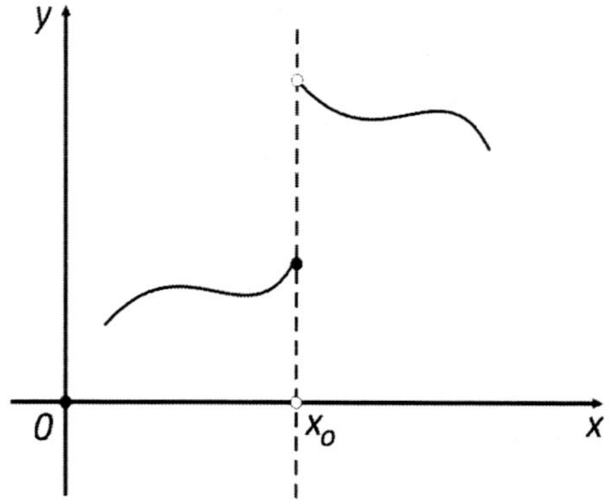


Figura 6.3: Gráfico de uma função descontínua: $\exists \lim_{x\to x_o^-} f(x) = f(x_o-0)$ e $\lim_{x\to x_o^+} f(x) = f(x_o+0)$, mas $f(x_o + 0) \neq f(x_o - 0)$

A diferença $f(x_o + 0) - f(x_o - 0)$ chama-se salto da função $f$ no ponto $x_o$. No exemplo da função sinal $y = \operatorname{sign} x$ da seção anterior, observamos que esta função possui salto 2 no ponto $x_o = 0$, pois, $f(x_o + 0) = 1$ e $f(x_o - 0) = -1$.

Em particular se $f(x_o + 0) = f(x_o - 0) \neq f(x_o)$, então dizemos que o ponto $x_o$ é um ponto de descontinuidade evitável.

Por exemplo, se na função

$$y = \begin{cases} \dfrac{\operatorname{sen} x}{x}, & x \neq 0, \\ \dfrac{3}{2}, & x = 0. \end{cases}$$

escolhermos $y(0) = 1$ no lugar de $y(0) = \dfrac{3}{2}$, teríamos que $x_o = 0$ será um ponto de descontinuidade evitável.

**Exemplo 6.7** *O ponto $x_o = 0$ é um ponto de descontinuidade de primeira espécie para a função $f(x) = \dfrac{|\operatorname{sen} x|}{x}$.*

De fato,

$$\lim_{x\to 0^-} \frac{|\operatorname{sen} x|}{x} = -1 \text{ e } \lim_{x\to 0^+} \frac{|\operatorname{sen} x|}{x} = 1,$$

ou seja, existem os limites laterais, mas são diferentes.

**Definição 6.9** *Os pontos de descontinuidade da função, que não são pontos de descontinuidade de primeira espécie, chamam-se pontos de descontinuidade de segunda espécie.*

**Exemplo 6.8** *A função $f(x) = \dfrac{1}{x-2}$ é descontínua no ponto $x_o = 2$.*

De fato, a função não está definida em $x_o = 2$, pois não existe $f(2)$. E além disto

$$\lim_{x\to 2^-} \frac{1}{x-2} = -\infty \text{ e } \lim_{x\to 2^+} \frac{1}{x-2} = +\infty.$$

Portanto, o ponto $x_o = 2$ é um ponto de descontinuidade de segunda espécie para $f(x) = \dfrac{1}{x-2}$.

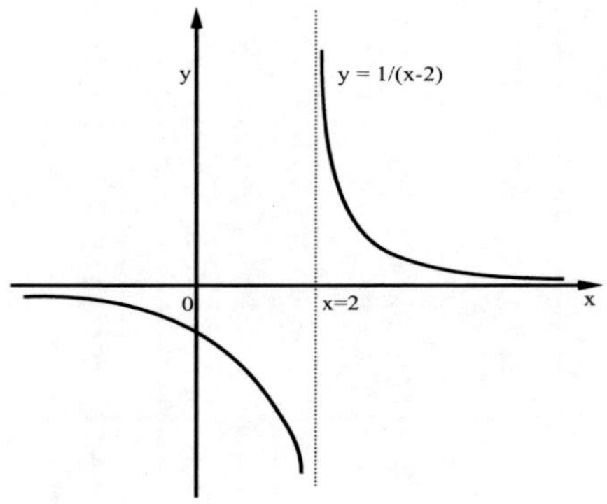


Figura 6.4: Gráfico da função $f(x) = \dfrac{1}{x-2}$

**Exemplo 6.9** *A função $f(x) = \operatorname{sen}\dfrac{1}{x}$ é descontínua em $x_o = 0$.*

De fato, $\nexists f(0)$ e não existem os limites

$$\lim_{x\to 0^-} \operatorname{sen}\frac{1}{x} \quad \text{e} \quad \lim_{x\to 0^+} \operatorname{sen}\frac{1}{x}.$$

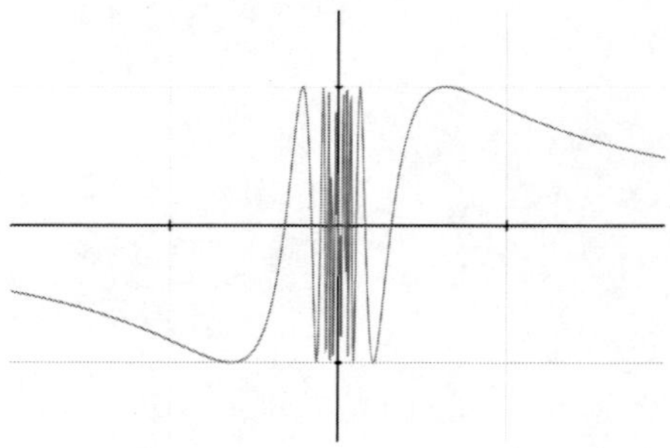

Figura 6.5: Gráfico da função $\operatorname{sen}\dfrac{1}{x}$

**Exemplo 6.10** *Consideremos a seguinte função*

$$f(x) = \begin{cases} \cos^2\dfrac{1}{x}, & x \neq 0, \\ 1, & x = 0. \end{cases}$$

Sejam $(x_n)_n = \dfrac{1}{n\pi}$ e $(y_n)_n = \dfrac{2}{(2n+1)\pi}$ duas sequências infinitesimais. Como

$$\lim_{n\to\infty} f(\frac{1}{n\pi}) = 1 \quad \text{e} \quad \lim_{n\to\infty} f(\frac{2}{(2n+1)\pi}) = 0,$$

segue que não existe o limite $\lim_{x\to 0} f(x)$. Assim, $x_o = 0$ é ponto de descontinuidade de segunda espécie para $f(x)$

Para finalizar esta seção, vejamos um exemplo de uma função que não é contínua em nenhum ponto de seu domínio de definição.

**Exemplo 6.11** *Seja* $f : \mathbb{R} \to \mathbb{R}$ *a função de Dirichlet*[1] *definida por*

$$\begin{cases} 1, & se\ x \in \mathbb{Q} \\ 0, & se\ x \in \mathbb{R}\backslash\mathbb{Q}. \end{cases}$$

*Uma análise rápida mostra que na vizinhança de qualquer ponto de* $\mathbb{Q}$ *encontram-se pontos irracionais e na vizinhança de qualquer ponto de* $\mathbb{R}\backslash\mathbb{Q}$ *encontram-se pontos racionais, por isso não existe o limite em nenhum ponto de* $\mathbb{R}$*, o que implica que a função não é contínua em nenhum ponto de* $\mathbb{R}$*, e portanto, todo ponto de* $\mathbb{R}$ *é um ponto de descontinuidade de segunda espécie.*

## 6.4 Principais Teoremas sobre Funções Contínuas

A seguir vamos enunciar (e provar, somente algumas afirmações) vários resultados importantes sobre funções contínuas num ponto.

**Teorema 6.1** *Seja a função* $y = f(x)$ *definida no intervalo* $(a, b)$*, contínua no ponto* $x_o \in (a, b)$*. Então a função* $y = f(x)$ *é limitada na vizinhança do ponto* $x_o$*,* $(x_o - \delta, x_o + \delta), \delta > 0$.

**Prova:** Como $f$ é contínua no ponto $x_o$, então podemos dizer que ela está definida neste ponto e suponhamos que $f(x_o) = A$. Seja $\varepsilon > 0$, então existe $\delta > 0$, tal que para $|x - x_o| < \delta$, temos

$$|f(x)| = |f(x_o) + (f(x) - f(x_o))| < |f(x_o)| + |f(x_o) - f(x)| < |A| + \varepsilon. \quad \blacksquare$$

**Teorema 6.2** *Seja a função* $y = f(x)$ *definida no intervalo* $(a, b)$*, contínua no ponto* $x_o \in (a, b)$*. Se* $f(x_o) > 0$*, então existe uma vizinhança do ponto* $x_o$*,* $(x_o - \delta, x_o + \delta), \delta > 0$*, tal que para cada* $x$ *deste intervalo* $f(x) > 0$.

**Prova:** Como $f$ é contínua no ponto $x_o$, então podemos dizer que ela está definida neste ponto e suponhamos que $f(x_o) = l > 0$. Tomemos $\varepsilon = \dfrac{l}{3}$, então existe $\delta > 0$, tal que para $|x - x_o| < \delta$, segue $|f(x) - f(x_o)| < \varepsilon$. Assim,

$$f(x) = f(x_o) + (f(x) - f(x_o)) > l - \frac{l}{3} = \frac{2l}{3} > 0. \quad \blacksquare$$

**Teorema 6.3** *Seja a função* $y = f(x)$ *definida no intervalo* $(a, b)$*, contínua no ponto* $x_o \in (a, b)$*. Se* $f(x_o) < 0$*, então existe uma vizinhança do ponto* $x_o$*,* $(x_o - \delta, x_o + \delta), \delta > 0$*, tal que para cada* $x$ *deste intervalo* $f(x) < 0$.

**Prova:** A prova é análoga ao caso anterior. $\blacksquare$

**Teorema 6.4** *Sejam as funções* $y = f(x)$ *e* $y = g(x)$*, definidas no intervalo* $(a, b)$*, contínuas no ponto* $x_o \in (a, b)$*. Então*

1. *as funções* $y = f(x) \pm g(x)$ *são contínuas no ponto* $x_o$*;*

2. *a função* $y = f(x)g(x)$ *é contínua no ponto* $x_o$*;*

[1] Johann Peter Gustav Lejeune Dirichlet, grande matemático alemão. (1805-1859)

3. *se a função $y = g(x)$ é diferente de zero no ponto $x_o$, então a função $y = \dfrac{f(x)}{g(x}$ é contínua no ponto $x_o$.*

**Prova:** Vamos mostrar apenas a última afirmação. Do Teorema 6.2, temos que $g(x)$ e $g(x_o)$ possuem o mesmo sinal na vizinhança de $x_o$, e, portanto, $g(x) \neq 0$ nesta vizinhança. Usando a continuidade de $f$ e $g$, temos

$$\lim_{x \to x_o} \frac{f(x)}{g(x)} = \frac{\lim\limits_{x \to x_o} f(x)}{\lim\limits_{x \to x_o} g(x)} = \frac{f(x_o)}{g(x_o)}. \qquad \blacksquare$$

**Teorema 6.5** *Seja a função $y = f(x)$ definida no intervalo $(a, b)$, contínua no ponto $x_o \in (a, b)$. Se a função $y = f(x)$ cresce (decresce) monotonamente no intervalo $[a, b]$, então a função inversa $x = f^{-1}(y)$ é contínua no ponto $f(x_o)$, $x_o \in (a, b)$*

**Prova:** Sejam $c = f(a)$ e $d = f(b)$, então a função $x = f^{-1}(y)$ é crescente no inervalo $[c, d]$. Fixemos $y_o = f(x_o) \in (c, d)$. Tomemos qualquer $\varepsilon > 0$, tal que a $\varepsilon$-vizinhança de $x_o$ pertence ao intervalo $(a, b)$. Então os pontos $y_1 = f(x_o - \varepsilon)$ e $y_2 = f(x_o + \varepsilon)$ pertencem ao intervalo $(c, d)$. Como $f$ é estritamente crescente, podemos estabelecer uma correspondência biunívoca entre o intervalo $(x_o - \varepsilon, x_o + \varepsilon)$ e o intervalo $(y_1, y_2)$.
Agora tomemos um número positivo $\delta$, de tal forma que a $\delta$-vizinhança de $y_o$ esteja contido no intervalo $(y_1, y_2)$. Assim, pela aplicação da função $f^{-1}$, toda a $\delta$-vizinhança de $y_o$, está contida na $\varepsilon$-vizinhança de $x_o$. E isto significa que $f^{-1}$ é contínua no ponto $y_o$. $\blacksquare$

**Teorema 6.6** *Se a função $f(x)$ é contínua no ponto $x_o$, e a função $g(y)$ é contínua no ponto $y_o = f(x_o)$, então a função composta $g(f(x))$ é contínua no ponto $x_o$, isto é,*

$$\lim_{x \to x_o} g(f(x)) = g\left(\lim_{x \to x_o} f(x)\right) = g(f(x_o)).$$

**Prova:** Denotemos por $(x_o - \delta, x_o + \delta)$ e $(y_o - \delta_1, y_o + \delta_1)$ as vizinhanças de $x_o$ e $y_o = f(x_o)$ respectivamente. Pela continuidade de $f$ em $x_o$, temos:

$$f(x)\Big|_{x \in (x_o - \delta, x_o + \delta)} \subset (y_o - \delta_1, y_o + \delta_1).$$

Pela continuidade de $g$ em $y_o$, temos:

$$g(y)\Big|_{y \in (y_o - \delta_1, y_o + \delta_1)} \subset (g(y_o) - \delta_2, g(y_o) + \delta_2).$$

Segue daqui que $g \circ f$ está definida na vizinhança de $x_o$, e além disto,

$$(g \circ f)(x_o - \delta, x_o + \delta) \subset (g(y_o) - \delta_2, g(y_o) + \delta_2), \text{ onde } g(f(x_o)) = (g \circ f)(x_o). \qquad \blacksquare$$

Em posse destas propriedades, facilmente prova-se que cada função elementar é contínua em cada ponto de seu domínio. Mostremos a continuidade de algumas funções elementares.

**Exemplo 6.12** 1. *O polinômio $P_n(x) = a_o x^n + a_1 x^{n-1} + \ldots + a_i x^{n-i} + \ldots + a_{n-1} x + a_n$ é uma função contínua em cada ponto da reta numérica, pois as funções $f(x) \equiv C$ e $g(x) = x^n$, $n = 1, 2, \ldots, n$ são contínuas em qualquer ponto da reta numérica e o polinômio $P_n(x)$ é uma combinação das funções tipo $f(x)$ e $g(x)$;*

2. *a função racional* $y = P_n(x)/Q_m(x)$*, onde* $P_n(x)$ *e* $Q_m(x)$ *são polinômios, é uma função contínua em toda a reta numérica* $\mathbb{R}$*, exceto nos pontos onde* $Q_m(x) = 0$.

**Exemplo 6.13** *Mostre que a função* $\operatorname{sen} x$ *é contínua em* $\mathbb{R}$.

Seja $x_o \in \mathbb{R}$. Dado $\varepsilon > 0$, escolhamos $\delta = \varepsilon$, tal que $|x - x_o| < \delta$, $\forall x \in V(x_o, \delta)$ segue

$$\begin{aligned} |\operatorname{sen} x - \operatorname{sen} x_o| &= \left|2\cos\left(\frac{x + x_o}{2}\right)\operatorname{sen}\left(\frac{x - x_o}{2}\right)\right| \leq \\ &\leq 2\left|\operatorname{sen}\left(\frac{x - x_o}{2}\right)\right| \leq 2.\frac{|x - x_o|}{2} = \\ &= |x - x_o| < \delta = \varepsilon. \end{aligned}$$

Na prova acima foram usados dois fatos conhecidos: $|\cos x| \leq 1$ e $|\operatorname{sen} x| \leq |x|$, $\forall x \in \mathbb{R}$. Analogamente mostra-se que a função $\cos x$ é contínua em $\mathbb{R}$. As funções $\tan x$ e $\operatorname{cotg} x$ são contínuas em todo $\mathbb{R}$, exceto nos pontos onde $\cos x = 0$ e $\operatorname{sen} x = 0$ respectivamente.

**Exemplo 6.14** *Analisar a continuidade da função*

$$y = \frac{\cos 5x + 3x - 2}{x^2 - 8x + 15}.$$

O domínio da função $y(x)$ é todo $\mathbb{R}$ exceto os pontos $x = 5$ e $x = 3$. De fato, as funções $y = \cos 5x + 3x - 2$ e $y = x^2 - 8x + 15$, são contínuas em toda a reta numérica e a função $y = x^2 - 8x + 15$ é diferente de zero em todo $\mathbb{R}$ exceto nos pontos $x = 5$ e $x = 3$. Por isso, pelo teorema da divisão de funções contínuas, a função dada é contínua nos intervalos $(-\infty, 3) \cup (3, 5) \cup (5, +\infty)$.

## 6.5 Propriedades das Funções Contínuas num Intervalo

Nesta seção vamos elencar algumas propriedades das funções contínuas num intervalo e provar três delas. Suponhamos que a função $y = f(x)$ seja contínua no intervalo $I = [a, b] \subset \mathbb{R}$, então:

1. **Teorema 6.7** *a função* $y = f(x)$ *é limitada neste intervalo.*

   **Prova:** Suponhamos que $f$ não seja limitada em $I = [a, b]$, ou seja, existe um ponto $x_n \in [a, b]$, tal que $|f(x_n)| > n$, $n \in \mathbb{N}$ : $\lim\limits_{n \to \infty} f(x_n) = \infty$.
   Como $x_n \in [a, b]$, segue que a sequência $(x_n)_n$ é limitada. Pelo teorema de Bolzano-Weierstrass existe uma subsequência $(x_{n_k})$ que converge para algum ponto, digamos $c \in [a, b]$. Como $f$ é contínua, segue

   $$\lim_{k \to \infty} f(x_{n_k}) = f(c).$$

   Mas, como $\lim\limits_{n \to \infty} f(x_n) = \infty$, segue que $\lim\limits_{k \to \infty} f(x_{n_k}) = \infty$. Absurdo. ∎

2. **Teorema 6.8** *Seja* $I$ *compacto. Então* $f(I)$ *é compacto.*

3. **Teorema 6.9 (Weierstrass)** *A função contínua $y = f(x)$ atinge seu valor máximo e valor mínimo, isto é, se $m$ é o valor mínimo e $M$ o valor máximo da função $y = f(x)$ no intervalo $[a, b]$, então existem $x_1, x_2 \in [a, b]$ tais que*

$$f(x_1) = m, \quad f(x_2) = M.$$

**Prova:** Segue do Teorema 6.8 que $f([a, b])$ é compacto. Isto significa que $\max_{[a,b]} f \in f([a, b])$ e $\min_{[a,b]} f \in f([a, b])$, ou seja, existem $x_1, x_2 \in [a, b]$ tais que

$$f(x_1) = \min_{[a,b]} f \in f([a, b]), \quad f(x_2) = \max_{[a,b]} f \in f([a, b]). \quad \blacksquare$$

4. **Teorema 6.10 (Teorema do Valor Intermediário TVI)** *Se o número $m$ encontra-se entre $f(a)$ e $f(b)$, então existe $x_o \in [a, b]$ tal que $f(x_o) = m$. Em particular se $f(a)f(b) < 0$, então existe um ponto $x_o \in (a, b)$, tal que $f(x_o) = 0$.*

**Prova:** Seja $f(a) \leq m \leq f(b)$. Dividimos o intervalo $[a, b]$ em duas partes: $[a_1, b_1]$ e $[b_1, b]$ com $a = a_1$. E suponhamos que no intervalo $[a_1, b_1]$, temos $f(a_1) \leq m \leq f(b_1)$. Dividamos de novo o intervalo $[a_1, b_1]$ pela metade, e denotemos por $[a_2, b_2]$ uma das metades, onde $f(a_2) \leq m \leq f(b_2)$. Continuando com este processo, obtemos um sistema de intervalos encaixantes $\{[a_n, b_n]\}$, para os quais vale

$$f(a_n) \leq m \leq f(b_n). \tag{6.1}$$

Quando $n \to \infty$, temos que $a_n \to x_o$ e $b_n \to x_o$, com $x_o \in [a_n, b_n]$. Também

$$\lim_{n\to\infty} f(a_n) = f(x_o) \text{ e } \lim_{n\to\infty} f(b_n) = f(x_o), \quad \text{pois f é contínua.}$$

Tomando o limite na desigualdade (6.1), obtemos

$$f(x_o) \leq m \leq f(x_o) \text{ donde } \quad f(x_o) = m.$$

Agora vejamos o caso $f(a).f(b) < 0$. Já vimos acima que $f(x_o)$ preserva o sinal na vizinhança de $x_o \in [a_n, b_n]$, mas como $f(a)$ e $f(b)$ têm sinais diferentes, segue que $f(x_o) = 0$ $\blacksquare$

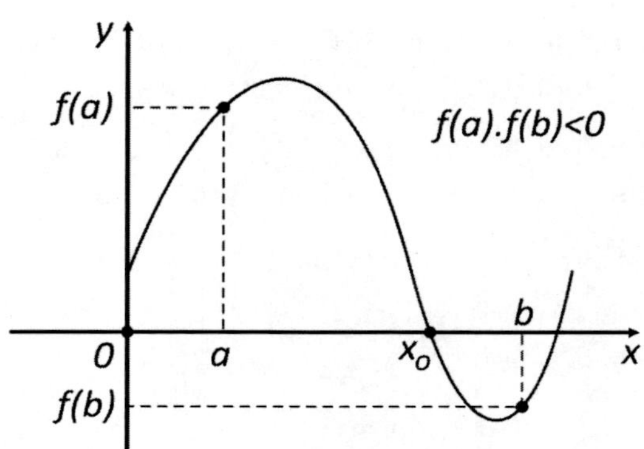


Figura 6.6: Interpretação geométrica do TVM

Geometricamente, o Teorema do Valor Intermediário significa que o gráfico da função contínua $y = f(x)$ no intervalo $[a, b]$, com $f(a).f(b) < 0$ corta pelo menos uma vez o eixo $0x$.

Vejamos duas aplicações diretas do Teorema do Valor Intermédiário.

**Exemplo 6.15** (**Ponto Fixo**) *Seja* $f : [c, d] \to [c, d]$ *contínua. Então existe* $x_o \in [c, d]$ *tal que* $f(x_o) = x_o$.

Consideremos a função auxiliar $h(x) = f(x) - x$ definida no intervalo $[c, d]$. Como $f(x)$ e $x$ são contínuas, então $h(x)$ é contínua em $[c, d]$. Analisemos os valores da função $h$ nos extremos do intervalo $[c, d]$:

$$\begin{aligned} h(c) &= f(c) - c \geq 0 \\ h(d) &= f(d) - d \leq 0 \end{aligned}$$

logo, pelo Teorema do Valor Intermédiario, existe $x_o \in [c, d]$ tal que $h(x_o) = 0$, isto é,

$$f(x_o) - x_o = 0, \quad \text{ou seja} \quad f(x_o) = x_o. \quad \blacksquare$$

**Exemplo 6.16** (**Raiz Real de um Polinômio**) *Demonstre que qualquer polinômio* $P(x)$ *de grau ímpar possui pelo menos uma raiz real.*

Seja $P(x) = a_n x^n + a_{n-1} x^{n-1} + \ldots + a_1 x + a_o$ um polinômio de grau ímpar $n$. Consideremos $a_n > 0$ (o caso $a_n < 0$ é similar). Podemos escrever $P_n(x)$ da seguinte forma:

$$P_n(x) = x^n \left( a_n + \frac{a_{n-1}}{x} + \ldots + \frac{a_1}{x^{n-1}} + \frac{a_o}{x^n} \right),$$

e portanto,

$$\begin{aligned} \lim_{x \to \infty} P_n(x) &= +\infty \\ \lim_{x \to -\infty} P_n(x) &= -\infty. \end{aligned}$$

Logo, pelo Teorema do Valor Intermédiario, existe $x_o \in \mathbb{R}$ tal que $P_n(x_o) = 0$. $\blacksquare$

5. **Proposição 6.1** *Se a função* $y = f(x)$ *é igual a zero nos pontos* $x = a$ *e* $x = b$ $(f(a) = f(b) = 0)$*, e é diferente de zero nos outros pontos de* $[a, b]$*, então em todo o intervalo* $(a, b)$ *a função* $y = f(x)$ *ou é negativa ou é positiva.*

**Exemplo 6.17** *Resolver a desigualdade*

$$(1 + x^2)\sqrt{4 - x^2} \cos x > 0.$$

Consideremos a função $f(x) = (1 + x^2)\sqrt{4 - x^2} \cos x$, cujo domínio é o intervalo $[-2, 2]$. Observamos que a função considerada é contínua neste intervalo e se anula nos seguintes pontos: $x = -2$, $x = -\pi/2$, $x = \pi/2$ e $x = 2$. Usando a propriedade 6.1, vemos que a função $f(x) = (1 + x^2)\sqrt{4 - x^2} \cos x$, conserva o sinal nos intervalos $(-2, -\pi/2)$, $(-\pi/2, \pi/2)$ e $(\pi/2, 2)$.

1. Como $(-2, -\pi/2)$ está no III quadrante, onde o cosseno é negativo, então $(1 + x^2)\sqrt{4 - x^2} \cos x < 0$;

2. Como $(-\pi/2, \pi/2)$ está no I e IV quadrantes, onde o cosseno é positivo, então $(1+x)^2\sqrt{4-x^2}\cos x > 0$;

3. Como $(\pi/2, 2)$ está no II quadrante, onde o cosseno é negativo, então $(1+x^2)\sqrt{4-x^2}\cos x < 0$.

Assim, cada $x \in (-\pi/2, \pi/2)$ é solução da inequação $(1+x^2)\sqrt{4-x^2}\cos x > 0$.

**Exemplo 6.18** *Resolver a desigualdade*

$$x^3 + 2x^2 - x - 2 \geq 0.$$

Podemos escrever $f(x) = x^3 + 2x^2 - x - 2 = (x+2)(x+1)(x-1)$. Vamos chamar os pontos $x_1 = -2, x_2 = -1$ e $x_3 = 1$ de pontos críticos, por serem pontos que anulam a função $x^3 + 2x^2 - x - 2$. Pela Proposição 6.1 a função não muda de sinal entre dois pontos críticos. Agora vamos marcar esses pontos na reta númerica e utilizar o método dos intervalos. Esses pontos críticos dividem a reta númerica em quatro intervalos. Analisemos o sinal da função nesses intervalos.

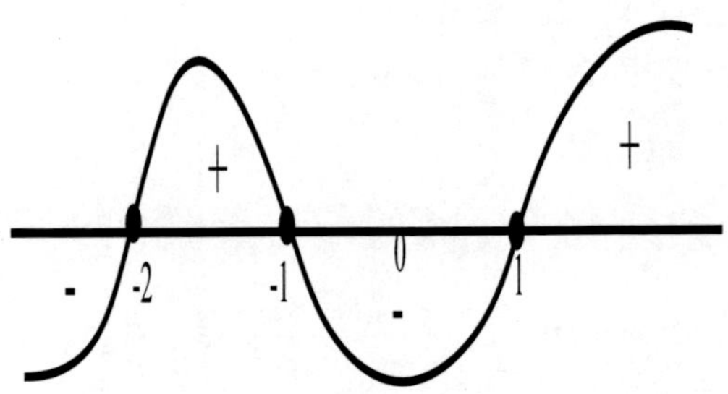


Figura 6.7: Método dos intervalos

1. Em $(-\infty, -2)$ a função é negativa;

2. em $(-2, -1)$ a função é positiva;

3. em $(-1, 1)$ a função é negativa;

4. em $(1, +\infty)$ a função é positiva

Assim, como procuramos todos os pontos em que $f(x) \geq 0$, obtemos

$$x^3 + 2x^2 - x - 2 \geq 0, \quad \text{quando} \quad x \in [-2, -1], \; x \in [1, +\infty).$$

**Exemplo 6.19** *Resolva a desigualdade*

$$\frac{4}{1+x^4}(1-x^2)\,\text{arcsen}\, x > 0.$$

Consideremos a função $f(x) = \dfrac{4}{1+x^4}(1-x^2)\operatorname{arcsen} x$, cujo domínio é o intervalo $[-1,1]$. Observamos que a função considerada é contínua neste intervalo e é igual a zero nos pontos: $x=-1$, $x=0$ e $x=1$. Portanto, pela propriedade 5. Proposição 6.1, a função $f(x) = \dfrac{4}{1+x^4}(1-x^2)\operatorname{arcsen} x$ conserva o sinal nos intervalos $(-1,0)$ e $(0,1)$.

Como $f(\dfrac{1}{4}) = \dfrac{4}{1+\left(\frac{1}{4}\right)^4}\left(1-\dfrac{1}{16}\right)\operatorname{arcsen}\dfrac{1}{4} > 0$, então

a função $f(x) = \dfrac{4}{1+x^4}(1-x^2)\operatorname{arcsen} x$ é positiva no intervalo $(0,1)$.

Como $f(-\dfrac{1}{3}) = \dfrac{4}{1+\left(\frac{1}{3}\right)^4}\left(1-\dfrac{1}{9}\right)\operatorname{arcsen}(-\dfrac{1}{3}) < 0$, então

a função $f(x) = \dfrac{4}{1+x^4}(1-x^2)\operatorname{arcsen} x$ é negativa no intervalo $(0,1)$.

Assim cada $x \in (0,1)$ é solução da inequação $\dfrac{4}{1+x^4}(1-x^2)\operatorname{arcsen} x > 0$.

## 6.6 Exercícios do Capítulo 6

1. Verifique se a função $f(x)$ é contínua no ponto $x_o$;

   (a) $f(x) = |x|, \quad x_o = 0;$

   (b) $f(x) = \dfrac{x}{|x|}, \quad x_o = 0;$

   (c) $f(x) = \dfrac{x}{\operatorname{sen} x}, \quad x_o = 0;$

   (d) $f(x) = \dfrac{1-x^2}{1+x^2}, \quad x_o = 1;$

   (e) $f(x) = 2 - x \operatorname{sen} \dfrac{1}{x}, \quad x_o = 0;$

   (f)
$$f(x) = \begin{cases} \dfrac{x^2-4}{x-2}, & x \neq 2, \\ 4, & x = 2 \end{cases} \quad x_o = 2;$$

   (g)
$$f(x) = \begin{cases} \dfrac{\operatorname{sen} 2x}{x}, & x \neq 0, \\ 2, & x = 0 \end{cases} \quad x_o = 0;$$

   (h)
$$f(x) = \begin{cases} 1, & x - \text{número racional}, \\ 0, & x - \text{número irracional}, \end{cases} \quad x_o = 0;$$

2. Encontre o valor de $A$, para que a função seja contínua no ponto $x = 0$;

   (a)
$$f(x) = \begin{cases} \dfrac{\operatorname{tg} x}{x}, & x \in (-\pi/4, 0) \cup (0, \pi/4), \\ A, & x = 0; \end{cases}$$

   (b)
$$f(x) = \begin{cases} \dfrac{\ln(x+1)}{2x}, & x \in (-1, 1), \\ A, & x = 0. \end{cases}$$

   (c)
$$f(x) = \begin{cases} \dfrac{\ln(1+x) - \ln(1-x)}{x}, & x \in (-1, 1), \\ A, & x = 0. \end{cases}$$

3. Dê um exemplo que mostre que a soma de duas funções descontínuas possa ser uma função contínua.

4. Seja $f(x)$ uma função contínua e não negativa no intervalo $(c, d)$. Mostre que a função

$$F(x) = \sqrt{f(x)}$$

também é contínua neste intervalo.

Em particular, mostre que $y = \sqrt{x}$ é contínua para $x \geq 0$.

5. Analise a continuidade em toda a reta numérica das funções $y = f(g(x))$ e $y = g(f(x))$, se

$$f(x) = \operatorname{sign} x, \quad g(x) = 1 + x - |x|.$$

6. O segundo termo da função

$$f(x) = 3 - x^2 \cos\frac{1}{x^3}$$

não está definido em $x = 0$. Escolha o valor de $f(0)$, para que a função $f(x)$ seja contínua neste ponto.

7. Demonstre que a equação

$$x^3 - 3x + 1 = 0$$

tem uma raiz real no intervalo $(1, 2)$.

8. Demonstre que as seguintes equações possuem ao menos uma raiz real;

   (a) $x^7 + x + 17 = 0$;

   (b) $3\operatorname{sen}^3 x - \operatorname{sen} x + 1 = 0$;

   (c) $\operatorname{sen} x - x + 1 = 0$.

9. Demonstre que a equação

$$\operatorname{tg} x = x$$

possui uma infinidade de raízes reais.

10. Encontre os pontos onde as seguintes funções não são contínuas:

   (a) $y = \operatorname{tg}(2/x)$;

   (b) $y = \dfrac{x+3}{x(x-1)(x^2-16)}$.

11. Defina a função $f(x) = x^x$ de tal forma que ela seja contínua em $x_o = 0$.

12. Seja a função $f(x)$ contínua no intervalo $[a, \infty)$ e $\lim\limits_{x\to\infty} f(x) = A$. Demonstre que a função $f(x)$ é limitada em $[a, \infty)$.

13. Sejam as funções $f(x)$ e $g(x)$ contínuas no intervalo $[a, b]$, e além disso, $f(a) < g(a)$ e $f(b) > g(b)$. Mostre que existe um ponto $c$ do intervalo $(a, b)$, tal que $f(c) = g(c)$.

14. Resolver $\sqrt{4-x^2}(\log_2 x)\operatorname{sen} x < 0$.

## 6.7 Respostas

1. (a) $\lim\limits_{x\to 0^+} |x| = \lim\limits_{x\to 0^-} |x| = 0$. $f$ é contínua, pois $f(0) = 0$.

   (b) $\lim\limits_{x\to 0^+} \dfrac{x}{|x|} = 1$, $\lim\limits_{x\to 0^-} \dfrac{x}{|x|} = -1$. $f$ é descontínua.

   (c) Como $f(x) = \dfrac{x}{\operatorname{sen} x}$ é uma função par, basta analizar o caso quando $x \to 0^+$. Assim, $\lim\limits_{x\to 0^+} \dfrac{x}{\operatorname{sen} x} = 1$. Logo $f$ é contínua se definirmos $f(0) = 1$.

   (d) Como $f(x) = \dfrac{1-x^2}{1+x^2}$ é par, temos $\lim\limits_{x\to 1} \dfrac{1-x^2}{1+x^2} = 0$. Logo $f$ é contínua, pois $f(1) = 0$.

   (e) O limite $\lim\limits_{x\to 0^\pm} (2 - x \operatorname{sen} \dfrac{1}{x}) = 2$, então para que a função seja contínua em $x_o = 0$ devemos definir $f(0) = 2$.

   (f) Como $\lim\limits_{x\to 2} \dfrac{x^2-4}{x-2} = 4 = f(2)$, segue que $f$ é contínua em $x_o = 2$.

   (g) Como $\lim\limits_{x\to 0} \dfrac{\operatorname{sen} 2x}{x} = 2 = f(0)$. Logo $f$ é contínua em $x_o = 0$.

   (h) Não é contínua em nenhum ponto.

2. (a) Como $\lim\limits_{x\to 0} \dfrac{\operatorname{tg} x}{x} = 1$, segue que $A = f(0) = 1$.

   (b) Como $\lim\limits_{x\to 0} \dfrac{\ln(x+1)}{2x} = \lim\limits_{x\to 0} \ln(x+1)^{1/2x} = \dfrac{1}{2}$. Escolhendo $A = f(0) = 1/2$ temos a função $f$ contínua em $x_o = 0$.

   (c) Como $\lim\limits_{x\to 0} \dfrac{\ln(1+x) - \ln(1-x)}{x} = \lim\limits_{x\to 0} \left(\ln(1+x)^{1/x} + \ln(1-x)^{1/(-x)}\right) = \ln e + \ln e =$ 2. Escolhendo $A = f(0) = 2$ temos a função $f$ contínua em $x_o = 0$.

3.

$$f(x) = \begin{cases} 3, & x > 0 \\ -1, & x \le 0, \end{cases}$$

$$g(x) = \begin{cases} 5, & x > 0 \\ 9, & x \le 0, \end{cases}$$

4. Como $f$ é contínua, temos

$$\lim_{\Delta x\to 0} \left(\sqrt{f(x+\Delta x)} - \sqrt{f(x)}\right) = \lim_{\Delta x\to 0} \frac{f(x+\Delta x) - f(x)}{\sqrt{f(x+\Delta x)} + \sqrt{f(x)}} = 0$$

Logo $F$ é uma função contínua. Veja, aqui usamos que todo ponto da vizinhança de $x$ tem a forma de $x + \Delta x$ para $\Delta x$ suficientemente pequeno.

Em particular, $\lim\limits_{\Delta x \to 0} \left(\sqrt{x + \Delta x)} - \sqrt{x}\right) = \lim\limits_{\Delta x \to 0} \dfrac{x + \Delta x - x}{\sqrt{x + \Delta x} + \sqrt{x}} = 0.$

5. As funções $y = f(g(x)) = \text{sing}(1 + x - |x|)$ e $y = g(f(x)) = 1 + \text{ sing } x - |\text{sing } x|$, são contínuas.

6. Devemos escolher $f(0) = 3$ para que a função seja contínua, pois $\lim\limits_{x \to 0}(3 - x^2 \cos \dfrac{1}{x^3}) = 3$.

7. Seja $f(x) = x^3 - 3x + 1$. Como $f(1) = -1 < 0$, e $f(2) = 3 > 0$, segue do TVI que $f$ possui ao menos uma raiz.

8. (a) $\lim\limits_{x \to -\infty} (x^7 + 4x^4 - x + 1) = -\infty$ e $\lim\limits_{x \to \infty} (x^7 + 4x^4 - x + 1) = \infty$. Segue pelo TVI que $f$ possui ao menos uma raiz real.
   (b) Escrevendo $\operatorname{sen} x = t$, temos que a função $f(t) = 3t^3 - t + 1$ possui ao menos uma raiz real.
   (c) Basta observar que $-x \leq \operatorname{sen} x - x + 1 \leq 2 - x$.

9. Segue do fato que a função $f(x) = \operatorname{sen} x - x \cos x$ é ímpar.

10. (a) $x \neq 0$ e $x \neq \dfrac{4}{\pi + 2k\pi}$.
    (b) $x \neq 0,\ x \neq 1,\ x \neq 4,\ \ x \neq -4$.

11. Como $\lim\limits_{x \to 0} x^x = 1$, escolhemos $f(0) = 1$.

12. Como $f$ é contínua no intervalo finito $[a, b]$ existe $\lim\limits_{x \to x_o} f(x) = L$, então para todo $\varepsilon > 0$, em particular para $\varepsilon = 1$, temos: $|f(x) - L| < 1,\ \ |f(x)| < 1 + L = C$.
    Para o caso infinito: $\exists \Delta > 0,\ \forall x > \Delta\ \ |f(x) - A| < 1,\ \ |f(x)| < 1 + A = C$.

13. Considere $h(x) = f(x) - g(x)$ contínua em $[a, b]$. Como $h(a) = f(a) - g(a) < 0$ e $h(b) = f(b) - g(b) > 0$, segue do TVI que $f$ possui uma raiz no ponto $c \in (a, b)$, ou seja $h(c) = f(c) - g(c) = 0$.

14. $0 < x < 1$.

# Capítulo 7

# Derivada e suas Aplicações

Vamos começar este capítulo tentando entender como varia uma função quando a variável independente "ganha ou perde" um incremento arbitrário muito pequeno. Assim, analisando o limite da razão entre a variação ou incremento da função e o incremento da variável independente quando este último tende a zero, chegamos a uma importante definição do cálculo diferencial: a derivada de uma função. A derivada é um instrumento muito poderoso do conhecimento moderno que possui muitas aplicações nas ciências exatas, nas engenharias, nas ciências biológicas, na economia, entre outras.

Foram Newton[1] e Leibniz[2], trabalhando de forma separada na Inglaterra e na Alemanha respectivamente, que fundamentaram as bases do cálculo diferencial.

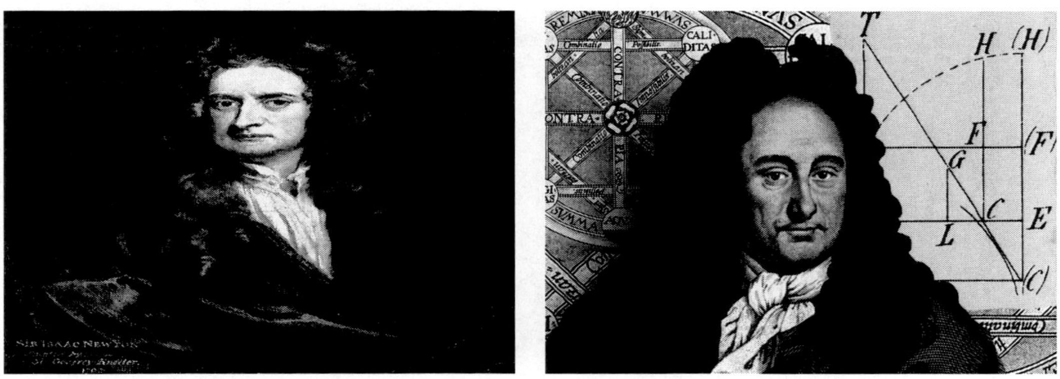

Figura 7.1: Issac Newton e Gottfried Wilhelms Leibniz

## 7.1 Definição da Derivada

Consideremos a função $y = f(x)$ definida no intervalo $(a, b)$, com $x_o \in (a, b)$, e suponhamos que o número $\Delta x$ (pode ser positivo o negativo) seja tal que, $x_o + \Delta x$ ainda pertença ao intervalo $(a, b)$.

A diferença

$$\Delta f(x_o) = f(x_o + \Delta x) - f(x_o)$$

chama-se incremento da função $f$ no ponto $x_o$, tal como foi introduzido no capítulo 6 e $\Delta x$ é o incremento da variável independente no ponto $x_o$.

[1]Issac Newton (1642-1727), eminente matemático inglês

[2]Gottfried Wilhelms Leibniz (1646-1716), grande matemático alemão

**Definição 7.1** *A derivada da função $f(x)$ no ponto $x_o$ é o limite da razão $\Delta f(x_o)/\Delta x$ quando $\Delta x \to 0$ (se o limite existe), isto é,*

$$\lim_{\Delta x\to 0}\frac{\Delta f(x_o)}{\Delta x}=\lim_{\Delta x\to 0}\frac{f(x_o+\Delta x)-f(x_o)}{\Delta x}\overset{\Delta x=x-x_o}{=}\lim_{x\to x_o}\frac{f(x)-f(x_o)}{x-x_o}.$$

A derivada de $f(x)$ no ponto $x_o$ denota-se por $f'(x_o)$ ou $f'_x(x_o)$ ou $\dfrac{df}{dx}(x_o)$. Assim, por definição

$$f'(x_o)=\lim_{\Delta x\to 0}\frac{f(x_o+\Delta x)-f(x_o)}{\Delta x}=\lim_{x\to x_o}\frac{f(x)-f(x_o)}{x-x_o}. \tag{7.1}$$

Podemos interpretar a fórmula (7.1) da seguinte forma; a função $f$ é diferenciável no ponto $x_o$ se existe uma função infinitesimal $\beta(\Delta x)=o(\Delta x)$ quando $\Delta x\to 0$ : $\lim\limits_{\Delta x\to 0}\beta(\Delta x)=0$, tal que,

$$\frac{f(x_o+\Delta x)-f(x_o)}{\Delta x}=f'(x_o)+\beta(\Delta x), \tag{7.2}$$

Reescrevendo a equação (7.2), temos

$$f(x_o+\Delta x)-f(x_o)=[f'(x_o)+\beta(\Delta x)]\,\Delta x.$$

A partir desta equação obtemos facilmente o seguinte resultado,

**Teorema 7.1** *Se a função $f$ é diferenciável no ponto $x_o$ então ela é contínua neste ponto.*

**Prova:** De fato,

$$\lim_{\Delta x\to 0}[f(x_o+\Delta x)-f(x_o)]=\lim_{\Delta x\to 0}[f'(x_o)+\beta(\Delta x)]\,\Delta x=0,$$

donde

$$\lim_{\Delta x\to 0}f(x_o+\Delta x)=f(x_o). \qquad \blacksquare$$

A função que possui derivada no ponto $x_o$ chama-se diferenciável no ponto $x_o$.
Se a função $y=f(x)$ é diferenciável em cada ponto do intervalo $(a,b)$, então dizemos que ela é diferenciável neste intervalo.

**Exemplo 7.1** *Calcular a derivada da função $y=2x^2-3x$ no ponto $x_o=1$.*

Primeiramente, encontremos o incremento da função $y=2x^2-3x$ no ponto $x_o=1$;

$$\begin{aligned}\Delta y=f(1+\Delta x)-f(1)&=2(1+\Delta x)^2-3(1+\Delta x)-(2(1)^2-3(1))=\\&=2(1+2\Delta x+\Delta^2x)-3(1+\Delta x)+1=2+4\Delta x+2(\Delta x)^2-3-3\Delta x+1\\&=\Delta x+2\Delta^2x.\end{aligned}$$

Por definição

$$\lim_{\Delta x\to 0}\frac{\Delta f(x_o)}{\Delta x}=\lim_{\Delta x\to 0}\frac{\Delta x+2\Delta^2x}{\Delta x}=\lim_{\Delta x\to 0}(1+2\Delta x)=1.$$

Desta forma, a derivada da função $y=2x^2-3x$ no ponto $x_o=1$ é igual a $y'(1)=1$.

**Exemplo 7.2** *Calcular a derivada da função $y=x^3$ no ponto $x_o=1$.*

Primeiramente, encontremos o incremento da função $y = x^3$ no ponto $x_o = 1$;

$\Delta y = f(1+\Delta x)-f(1) = (1+\Delta x)^3-1^3 = 1+3\Delta x+3(\Delta x)^2+(\Delta x)^3-1 = 3\Delta x+3(\Delta x)^2+(\Delta x)^3$.

Por definição

$$\lim_{\Delta x\to 0}\frac{\Delta f(x_o)}{\Delta x} = \lim_{\Delta x\to 0}\frac{3\Delta x + 3(\Delta x)^2 + (\Delta x)^3}{\Delta x} = \lim_{\Delta x\to 0}(3 + 3(\Delta x) + (\Delta x)^2 = 3.$$

Desta forma, a derivada da função $y = x^3$ no ponto $x_o = 1$ é igual a $y'(1) = 3$.

De forma geral, vale a propriedade da derivada da função potência, conforme indica o seguinte exemplo.

**Exemplo 7.3** *Mostre que*

$$(x^n)' = nx^{n-1}, \quad n \in \mathbb{N}, \quad x \in \mathbb{R}.$$

Escrevendo o incremento da função $f(x) = x^n$, e lembrando que $C_k^n = \dfrac{n!}{k!(n-k)!}$, temos

$$\begin{aligned} f(x+\Delta x) - f(x) &= (x+\Delta x)^n - x^n = \\ &= \sum_{k=0}^{n} C_k^n x^{n-k}(\Delta x)^k - x^n = \\ &= (x^n + C_1^n x^{n-1}\Delta x + C_2^n x^{n-2}(\Delta x)^2 + \cdots + C_n^n x^{n-n}(\Delta x)^n) - x^n = \\ &= nx^{n-1}\Delta x + C_2^n x^{n-2}(\Delta x)^2 + \cdots + C_n^n(\Delta x)^n. \end{aligned}$$

Desta forma

$$\frac{\Delta f(x)}{\Delta x} = nx^{n-1} + C_2^n x^{n-2}(\Delta x) + \cdots + C_n^n(\Delta x)^{n-1}.$$

Quando $\Delta x \to 0$, observamos que todos os termos, exceto o primeiro, tendem a zero, isto é

$$f'(x) = \lim_{\Delta\to 0}\frac{\Delta f(x)}{\Delta x} = nx^{n-1}.$$

**Exemplo 7.4** *Mostre que*

$$(\operatorname{sen} x)' = \cos x, \quad x \in \mathbb{R}.$$

Primeiramente, escrevemos a razão entre o incremento da função $f(x) = \operatorname{sen} x$ e o incremento $\Delta x$;

$$\begin{aligned} \frac{\Delta f(x)}{\Delta x} &= \frac{\operatorname{sen}(x+\Delta x) - \operatorname{sen} x}{\Delta x} = \\ &= \frac{2\operatorname{sen}(\frac{\Delta x}{2})\cos(x+\frac{\Delta x}{2})}{\Delta x} = \\ &= \frac{\operatorname{sen}(\frac{\Delta x}{2})}{\frac{\Delta x}{2}}\cos(x+\frac{\Delta x}{2}). \end{aligned}$$

Portanto,

$$\begin{aligned} \lim_{\Delta x\to 0}\frac{\Delta f(x)}{\Delta x} &= \lim_{\Delta x\to 0}\left(\frac{\operatorname{sen}(\frac{\Delta x}{2})}{\frac{\Delta x}{2}}\cos(x+\frac{\Delta x}{2})\right) = \\ &= \lim_{\Delta x\to 0}\left(\frac{\operatorname{sen}(\frac{\Delta x}{2})}{\frac{\Delta x}{2}}\right)\lim_{\Delta\to x}\cos(x+\frac{\Delta x}{2}) = \\ &= \cos x. \end{aligned}$$

Assim, $(\operatorname{sen} x)' = \cos x$ em cada ponto $x$.

Analogamente, podemos mostrar que $(\cos x)' = -\operatorname{sen} x, \quad x \in \mathbb{R}$.

### 7.1.1 Derivadas Laterais

Quando definimos na seção anterior a derivada de uma função $f$ no ponto $x_o$, como sendo,

$$\lim_{\Delta x \to 0} \frac{\Delta f(x_o)}{\Delta x} = \lim_{\Delta x \to 0} \frac{f(x_o + \Delta x) - f(x_o)}{\Delta x},$$

indicamos que o número $\Delta x$ poderia ser positivo ou negativo. Em dependência do sinal do incremento $\Delta x$, podemos definir as derivadas laterais da seguinte forma:

**Definição 7.2** *As expressões*

$$f'_-(x) = \lim_{\substack{\Delta x \to 0 \\ \Delta x < 0}} \frac{f(x + \Delta x) - f(x)}{\Delta x},$$

*e*

$$f'_+(x) = \lim_{\substack{\Delta x \to 0 \\ \Delta x > 0}} \frac{f(x + \Delta x) - f(x)}{\Delta x},$$

*chamam-se respectivamente derivada a esquerda e derivada a direita da função $f$ no ponto $x$.*

Para que $f'(x)$ exista é necessário e suficiente que sejam iguais as derivadas a esquerda e a direita, isto é,

$$f'_-(x) = f'_+(x).$$

Neste caso,

$$f'(x) = f'_-(x) = f'_+(x).$$

Quando existem $f'_-(x)$ e $f'_+(x)$ mas, $f'_-(x) \neq f'_+(x)$, então dizemos que a função não é diferenciável no ponto $x$.

**Exemplo 7.5** *Mostre que a função $y = |x|$ não é diferenciável em $x = 0$.*

O incremento da função $y = |x|$ no ponto $x = 0$ é igual a

$$\Delta f(0) = f(0 + \Delta x) - f(0) = |0 + \Delta x| - 0 = |\Delta x|.$$

Por definição, encontramos, que

$$\begin{aligned} f'_-(0) &= \lim_{\Delta x \to 0^-} \frac{|\Delta x|}{\Delta x} = \lim_{\Delta x \to 0^-} \frac{-\Delta x}{\Delta x} = -1 \\ f'_+(0) &= \lim_{\Delta x \to 0^+} \frac{|\Delta x|}{\Delta x} = \lim_{\Delta x \to 0^+} \frac{\Delta x}{\Delta x} = 1 \end{aligned}$$

Como $f'_-(0) \neq f'_+(0)$, então a função $y = |x|$ não é diferenciável no ponto $x = 0$ (embora ela seja contínua neste ponto).

**Exemplo 7.6** *Mostre que a função $y = x^2|x|$ é diferenciável no ponto $x = 0$.*

Temos

$$\begin{aligned} f'_-(0) &= \lim_{\Delta x \to 0^-} \frac{\Delta^2 x|\Delta x|}{\Delta x} = \lim_{\Delta x \to 0^-} (-\Delta^2 x) = 0 \\ f'_+(0) &= \lim_{\Delta x \to 0^+} \frac{\Delta^2 x|\Delta x|}{\Delta x} = \lim_{\Delta x \to 0^+} (\Delta^2 x) = 0 \end{aligned}$$

Como $f'_-(0) = f'_+(0) = 0$, então a função $y = x^2|x|$ é diferenciável no ponto $x = 0$ e $f'(0) = 0$.

**Exemplo 7.7** *Mostre que a função* $y = |(x-3)(x-5)|$ *não é diferenciável nos pontos* $x = 3$ *e* $x = 5$.

Encontremos $f'_-(3), f'_+(3)$ e $f'_-(5), f'_+(5)$. Os incrementos da função $f(x)$ nos pontos $x = 3$ e $x = 5$ são iguais respectivamente a

$$\begin{aligned} \Delta f(3) &= f(3+\Delta x) - f(3) = |\Delta x(\Delta x - 2)|, \\ \Delta f(5) &= f(5+\Delta x) - f(5) = |\Delta x(\Delta x + 2)|. \end{aligned}$$

Portanto,

$$\begin{aligned} f'_-(3) &= \lim_{\Delta x \to 0^-} \frac{|\Delta x(\Delta x - 2)|}{\Delta x} = \lim_{\Delta x \to 0^-} \frac{-\Delta x(2-\Delta x)}{\Delta x} = -2 \\ f'_+(3) &= \lim_{\Delta x \to 0^+} \frac{|\Delta x(\Delta x - 2)|}{\Delta x} = \lim_{\Delta x \to 0^+} \frac{\Delta x(2-\Delta x)}{\Delta x} = 2 \\ f'_-(5) &= \lim_{\Delta x \to 0^-} \frac{|\Delta x(\Delta x + 2)|}{\Delta x} = \lim_{\Delta x \to 0^-} \frac{-\Delta x(\Delta x + 2)}{\Delta x} = -2 \\ f'_+(5) &= \lim_{\Delta x \to 0^+} \frac{|\Delta x(\Delta x + 1)|}{\Delta x} = \lim_{\Delta x \to 0^+} \frac{\Delta x(\Delta x + 2)}{\Delta x} = 2. \end{aligned}$$

Como $f'_-(3) \neq f'_+(3)$ e $f'_-(5) \neq f'_+(5)$, então a função $f(x) = |(x-3)(x-5)|$ não é diferenciável nos pontos $x = 3$ e $x = 5$.

**Exemplo 7.8** *Neste exemplo, veremos que a função*

$$f(x) = \begin{cases} x \operatorname{sen} \frac{1}{x}, & x \neq 0, \\ 0, & x = 0, \end{cases}$$

*é contínua em* $\mathbb{R}$, *mas não tem derivadas laterais em* $x = 0$.

Da desigualdade $|f(x)| \leq |x|$, segue que $f$ é contínua em $x = 0$. Nos demais pontos a continuidade é obvia. Para calcular a derivada da função dada no ponto $x = 0$, vamos usar a definição da derivada nesse ponto:

$$\begin{aligned} f'(0) &= \lim_{\Delta x \to 0} \frac{f(0+\Delta x) - f(0)}{\Delta x} = \\ &= \lim_{\Delta x \to 0} \frac{(\Delta x) \operatorname{sen} \frac{1}{\Delta x} - 0}{\Delta x} = \\ &= \lim_{\Delta x \to 0} \operatorname{sen} \frac{1}{\Delta x}. \end{aligned}$$

Segue daqui que a função $f$ não possui derivadas laterais em $x = 0$.

## 7.2 Principais Regras para Calcular a Derivada

Enunciemos a seguir as principais regras de derivação de uma função definida num intervalo $I \subset \mathbb{R}$.

1. *Se* $f(x) = c$, *então* $f'(x) = 0$, *onde* $c$ *é uma constante.*
   De fato, como $\Delta f(x) = c - c$, temos

$$f'(x) = \lim_{\Delta x \to 0} \frac{\Delta c}{\Delta x} = \lim_{\Delta x \to 0} \frac{c - c}{\Delta x} = 0. \quad \blacksquare$$

2. *Se a função $f(x)$ possui derivada no ponto $x$ e $c$ é uma constante, então a função $cf(x)$ também possui derivada no ponto $x$, e*
$$(cf(x))' = cf'(x).$$
Basta escrever
$$(cf(x))'(x) = \lim_{\Delta x\to 0}\frac{\Delta cf(x)}{\Delta x} = \lim_{\Delta x\to 0}\frac{cf(x+\Delta x)-cf(x)}{\Delta x} = c\lim_{\Delta x\to 0}\frac{f(x+\Delta x)-f(x)}{\Delta x} = cf'(x).$$

3. *Se as funções $f(x)$ e $g(x)$ possuem derivadas no ponto $x$, então a função $f(x)\pm g(x)$ também possui derivada neste ponto, e*
$$(f(x)\pm g(x))' = f'(x)\pm g'(x).$$
Provemos para o caso, $(f(x)+g(x))' = f'(x)+g'(x)$, o caso com sinal negativo é análogo;
$$\begin{aligned}(f(x)+g(x))' &= \lim_{\Delta x\to 0}\frac{(f(x+\Delta x)+g(x+\Delta x))-(f(x)+g(x))}{\Delta x} = \\ &= \lim_{\Delta x\to 0}\left[\frac{f(x+\Delta x)-f(x)}{\Delta x}+\frac{g(x+\Delta x)-g(x)}{\Delta x}\right] = \\ &= \lim_{\Delta x\to 0}\frac{f(x+\Delta x)-f(x)}{\Delta x}+\lim_{\Delta x\to 0}\frac{g(x+\Delta x)-g(x)}{\Delta x} = \\ &= f'(x)+g'(x). \quad \blacksquare\end{aligned}$$

4. *Se as funções $f(x)$ e $g(x)$ possuem derivadas no ponto $x$, então a função $f(x)g(x)$ também possui derivada neste ponto, e*
$$(f(x)g(x))' = f'(x)g(x)+f(x)g'(x).$$
Por hipótese, temos
$$\lim_{\Delta x\to 0}\frac{f(x+\Delta x)-f(x)}{\Delta x} = f'(x), \quad \lim_{\Delta x\to 0}\frac{g(x+\Delta x)-g(x)}{\Delta x} = g'(x).$$
Daqui por exemplo, obtemos
$$\frac{f(x+\Delta x)-f(x)}{\Delta x} = f'(x)+\alpha,$$
onde $\alpha\to 0$, se $\Delta x\to 0$. Portanto, $f(x+\Delta x) = f(x)+\Delta x(f'(x)+\alpha)\to f(x)$, se $\Delta x\to 0$, e isto significa que
$$\lim_{\Delta x\to 0} f(x+\Delta x) = f(x).$$
Como
$$\begin{aligned}&f(x+\Delta x)g(x+\Delta x)-f(x)g(x) = \\ &= f(x+\Delta x)g(x+\Delta x)-f(x)g(x+\Delta x)+f(x)g(x+\Delta x)-f(x)g(x) = \\ &= (f(x+\Delta x)-f(x))g(x+\Delta x)+f(x)(g(x+\Delta x)-g(x)),\end{aligned}$$
então
$$\begin{aligned}&\lim_{\Delta x\to 0}\frac{f(x+\Delta x)g(x+\Delta x)-f(x)g(x)}{\Delta x} = \\ &= \lim_{\Delta x}\left(\frac{f(x+\Delta x)-f(x)}{\Delta x}g(x+\Delta x)+f(x)\frac{g(x+\Delta x)-g(x)}{\Delta x}\right) = \\ &= \lim_{\Delta x}\frac{f(x+\Delta x)-f(x)}{\Delta x}\lim_{\Delta x\to 0} g(x+\Delta x)+f(x)\lim_{\Delta x\to 0}\frac{g(x+\Delta x)-g(x)}{\Delta x} = \\ &= f'(x)g(x)+f(x)g'(x), \quad \blacksquare\end{aligned}$$

5. *Se as funções $f(x)$ e $g(x)$ possuem derivadas no ponto $x$, e $g(x) \neq 0$, então a função $f(x)/g(x)$ também possui derivada neste ponto, e*

$$\left(\frac{f(x)}{g(x)}\right)' = \frac{f'(x)g(x) - f(x)g'(x)}{g^2(x)}.$$

Esta regra pode-se mostrar de forma análoga à regra 4.

**Exemplo 7.9** *Encontrar a derivada da seguinte função*

$$f(x) = (2x^2 - 3x + 2)\cos x.$$

Pela regra de multiplicação, temos

$$\begin{aligned} f'(x) &= ((2x^2 - 3x + 2)\cos x)' = (2x^2 - 3x + 2)'\cos x + (2x^2 - 3x + 2)(\cos x)' \\ &= (2.(x^2)' - 3x' + (2)')\cos x + (2x^2 - 3x + 2)(\cos x)' \\ &= (4x - 3)\cos x + (2x^2 - 3x + 2)(-\operatorname{sen} x) \\ &= (4x - 3)\cos x - (2x^2 - 3x + 2)\operatorname{sen} x. \end{aligned}$$

**Exemplo 7.10** *Encontrar a derivada da seguinte função*

$$f(x) = \frac{2x^2 - 3x + 2}{x - 4}.$$

Pela regra da divisão, temos

$$\begin{aligned} f'(x) &= \frac{(2x^2 - 3x + 2)'(x - 4) - (2x^2 - 3x + 2)(x - 4)'}{(x - 4)^2} = \\ &= \frac{(4x - 3)(x - 4) - (2x^2 - 3x + 2)}{(x - 4)^2} = \\ &= \frac{2x^2 - 16x + 10}{(x - 4)^2}. \end{aligned}$$

**Exemplo 7.11** *Encontre a derivada da função*

$$f(x) = \begin{cases} x^3 \cos \frac{1}{x}, & x \neq 0, \\ 0, & x = 0, \end{cases}$$

*no ponto $x = 0$.*

Para calcular a derivada da função dada no ponto $x = 0$, vamos usar a definição da derivada nesse ponto:

$$\begin{aligned} f'(0) &= \lim_{\Delta x \to 0} \frac{f(0 + \Delta x) - f(0)}{\Delta x} = \\ &= \lim_{\Delta x \to 0} \frac{(\Delta x)^3 \cos \frac{1}{\Delta x} - 0}{\Delta x} = \\ &= \lim_{\Delta x \to 0} ((\Delta x)^2 \cos \frac{1}{\Delta x}). \end{aligned}$$

Como $\Delta x \to 0$, e $|\cos \frac{1}{\Delta x}| \leq 1$, então

$$\lim_{\Delta x \to 0} (\Delta x)^2 \cos \frac{1}{\Delta x} = 0.$$

Assim $f'(0) = 0$.

**Exemplo 7.12** *Mostre que a função $y = |x| \operatorname{sen}^3 x$ é diferenciável em todo ponto $x \in \mathbb{R}$.*

Por definição

$$|x| \operatorname{sen}^3 x = \begin{cases} x \operatorname{sen}^3 x, & x \geq 0 \\ -\ x \operatorname{sen}^3 x, & x < 0 \end{cases}$$

então

$$(|x| \operatorname{sen}^3 x)' = \begin{cases} \operatorname{sen}^3 x + 3x \operatorname{sen}^2 x \cos x, & x > 0 \\ -\ \operatorname{sen}^3 x - 3x \operatorname{sen}^2 x \cos x, & x < 0 \end{cases}$$

agora só falta verificar a diferenciabilidade de $y$ no ponto $x = 0$,

$$\begin{aligned} y'_{-}(0) &= \lim_{\Delta x \to 0^-} \frac{|\Delta x| \operatorname{sen}^3(\Delta x)}{\Delta x} = \lim_{\Delta x \to 0^-} (-\operatorname{sen}^3 \Delta x) = 0 \\ f'_{+}(0) &= \lim_{\Delta x \to 0^+} \frac{|\Delta x| \sin^3(\Delta x)}{\Delta x} = \lim_{\Delta x \to 0^+} (\operatorname{sen}^3 \Delta x) = 0 \end{aligned}$$

Como $f'_{-}(0) = f'_{+}(0) = 0$, então a função $y = |x| \operatorname{sen}^3 x$ é diferenciável no ponto $x = 0$ e $y'(0) = 0$.

## 7.3 Interpretação Geométrica da Derivada

A definição da derivada de uma função num ponto dado está ligada com a definição da reta tangente ao gráfico da função neste ponto. Para esclarecer esta ligação passemos a definir reta tangente.

Seja $M_o(x_o, y_o)$ um ponto pertencente ao gráfico da função $y = f(x)$, definido no intervalo $(a, b)$. Consideremos outro ponto $M(x, y)$ também pertencente ao gráfico da função $y = f(x)$, e tracemos a reta secante $M_oM$. Quando movimentamos o ponto $M(x, y)$ ao longo do gráfico da função, a reta secante irá tomando diferentes posições. Se o ponto $M$ tende para o ponto $M_o$, então pode acontecer que a reta secante ocupe uma posição limite que independe da forma como o ponto $M$ tende para $M_o$.

**Definição 7.3** *Chama-se reta tangente ao gráfico da função $y = f(x)$ no ponto $M_o = (x_o, y_o)$ a posição limite da reta secante que passa pelos pontos $M_o = (x_o, y_o)$ e $M = (x, y)$(se ele existe) quando o ponto $M$ tende para $M_o$.*

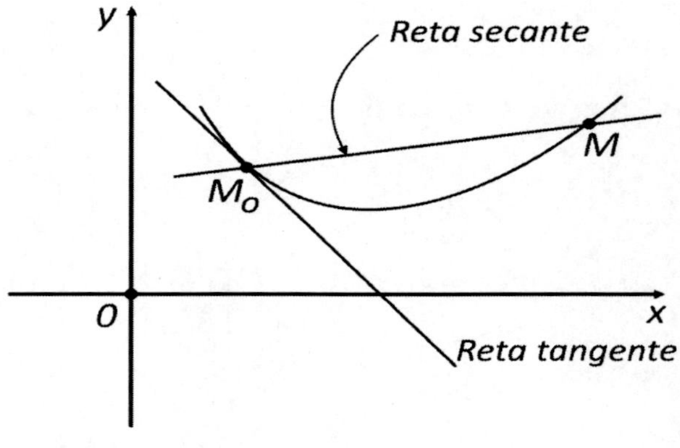


Figura 7.2: Interpretação geométrica da derivada

Vale notar que nem toda função $y = f(x)$ possui reta tangente em cada ponto de seu gráfico. Por exemplo, na seguinte figura observamos que a função não possui reta tangente no ponto

$x_o$.

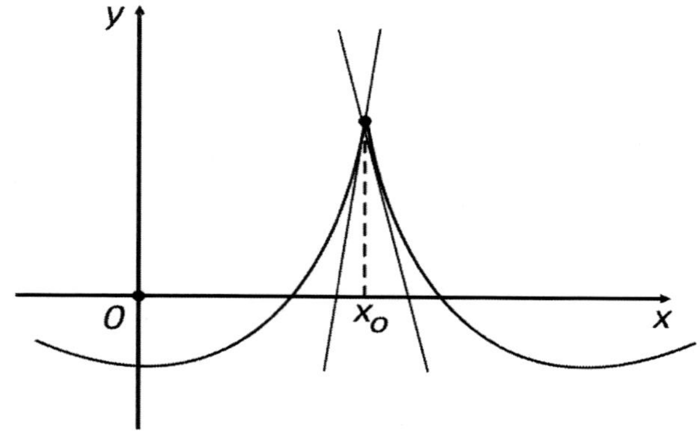


Figura 7.3: Função que não possui derivada em $x_o$

A equação da reta secante que passa pelos pontos $M_o = (x_o, f(x_o))$ e $M = (x_o + \Delta x, f(x_o + \Delta x))$ é dado pela equação:

$$\frac{y - f(x_o)}{x - x_o} = \frac{f(x_o + \Delta x) - f(x_o)}{x_o + \Delta x - x_o} = \frac{\Delta f(x_o)}{\Delta x},$$

ou seja,

$$y - f(x_o) = \frac{\Delta f(x_o)}{\Delta x}(x - x_o). \tag{7.3}$$

Do gráfico 7.4, vemos que $\dfrac{\Delta f(x_o)}{\Delta x} = \text{tg a}$, com $\Delta x = h$. Se a função $y = f(x)$ é diferenciável no ponto $x = x_o$, então a reta secante tende a sua posição limite quando $M \to M_o$(quando $\Delta x \to 0$). Desta forma o ângulo a tende para o ângulo limite $b$, isto é

$$\operatorname{tg} b = \lim_{\Delta x \to 0} \operatorname{tg} a = \lim_{\Delta x \to 0} \frac{\Delta f(x_o)}{\Delta x} = f'(x_o).$$

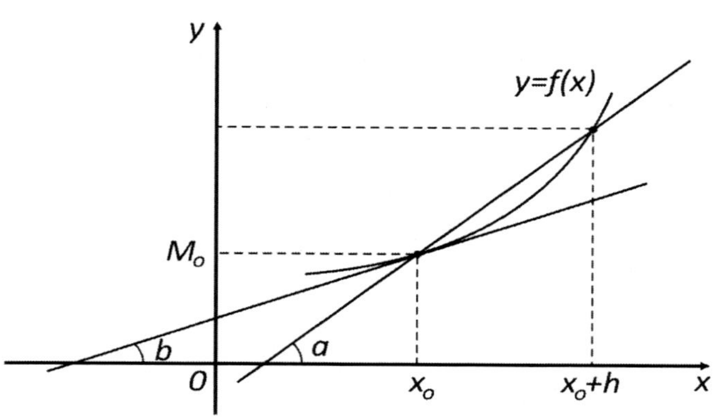


Figura 7.4: $\operatorname{tg} b = f'(x)$

Por conseguinte, a equação da reta tangente ao gráfico da função $y = f(x)$ no ponto $x = x_o$, pode-se obter de (7.3) e pode escrever-se como

$$y = f'(x_o)(x - x_o) + f(x_o)$$

**Exemplo 7.13** *Encontre a equação da reta tangente ao gráfico da função* $y = x^4 - 3x^2$ *no ponto* $x_o = 1$.

Como $y(1) = -2$ e $y' = 4x^3 - 6x$, então $y'(1) = -2$. Escrevendo a equação da reta tangente, $y = y'(1)(x - 1) + y(1) = (-2)(x - 1) - 2$, obtemos finalmente $y = -2x$.

**Exemplo 7.14** *Encontrar o ângulo entre a direção positiva das abscissas e a reta tangente a parábola* $y = 2x^2 - 11x + 21$ *no ponto com abscissa* $x_o = 3$.

Como $y' = 4x - 11$, então $y'(3) = 1$. Por isso, supondo que $\varphi$ seja o ângulo que forma a reta tangente com o eixo das abscissas, temos $\tan\varphi = 1$, donde segue que $\varphi = \pi/4$.

**Observação 7.1** *Se considerarmos duas retas* $y = k_1x + b_1$ *e* $y = k_2x + b_2 (k_1 \neq 0, k_2 \neq 0)$, *então o valor da tangente do ângulo* $\varphi$, $0 \leq \varphi \leq \pi/2$, *onde* $\varphi$ *é o menor dos ângulos entre estas retas, encontra-se pela relação*

$$\tan\varphi = \left|\frac{k_2 - k_1}{1 + k_1k_2}\right|, \text{ se } k_1k_2 \neq -1$$

*e* $\varphi = \pi/2$ *se* $k_1k_2 = -1$.

Assim, o ângulo entre os gráficos de duas funções $y = f(x)$ e $y = g(x)$ no ponto de sua interseção é o ângulo entre as retas tangentes destes gráficos nesse ponto de interseção.

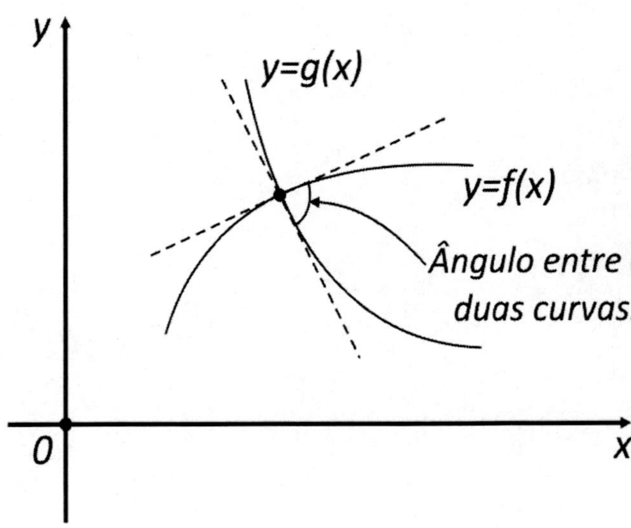


Figura 7.5: Ângulo entre as duas curvas

**Exemplo 7.15** *Encontre o ângulo entre as retas tangentes ao gráfico da função* $y = 4x^3 - x$ *nos pontos com abscissas* $x_1 = 0$ *e* $x_2 = 1$.

Como $y' = 12x^2 - 1$, então $y'(0) = -1$ e $y'(1) = 11$. Desta forma temos que calcular o ângulo entre as retas tangentes $y = -x$ e $y = 11x - 8$. Daqui encontramos

$$\tan\varphi_1 = -1, \quad \tan\varphi_2 = 11, \text{ segue então } \varphi_1 = \arctan(-1), \text{ e } \varphi_2 = \arctan 11.$$

O ângulo desejado é o menor dos ângulos $\varphi_2 - \varphi_1$ ou $\pi - (\varphi_2 - \varphi_1)$.

**Exemplo 7.16** *Encontre o ângulo entre os gráficos das funções* $f(x) = 4\sqrt{x}$ *e* $g(x) = \sqrt{2}x^2$ *no ponto de suas interseções.*

As abscissas dos pontos de interseção dos dois gráficos satisfazem a equação

$$4\sqrt{x} = \sqrt{2}x^2$$

ou o seguinte sistema

$$\begin{cases} x & \geq 0 \\ 16x & = 2x^4. \end{cases}$$

Daqui encontramos $x_1 = 0$ e $x_2 = 2$. No ponto $x_1 = 0$, as funções $f(x) = 4\sqrt{x}$ e $g(x) = \sqrt{2}x^2$ não são diferenciáveis, por este motivo vamos desconsiderar este ponto.

Encontremos a tangente dos ângulos de inclinação das retas tangentes aos dois gráficos das funções no ponto $x_2 = 2$. Temos

$$f'(x) = \frac{2}{\sqrt{x}}, \quad g'(x) = 2\sqrt{2}x.$$

Donde, $f'(2) = \sqrt{2}$ e $g'(2) = 4\sqrt{2}$. Como $f(2) = 4\sqrt{2} = g(2)$, então as equações das retas tangentes aos gráficos das funções $y = f(x)$ e $y = g(x)$ no ponto $(2, 4\sqrt{2})$ são

$$y - 4\sqrt{2} = \sqrt{2}(x-2) \quad \text{e} \quad y - 4\sqrt{2} = 4\sqrt{2}(x-2), \text{ respectivamente}$$

isto é,

$$y = \sqrt{2}x + 2\sqrt{2} \quad \text{e} \quad y = 4\sqrt{2}x - 4\sqrt{2}.$$

Portanto, o ângulo $\alpha$ entre as retas tangentes satisfaz a equação

$$\tan\alpha = \left|\frac{\sqrt{2} - 4\sqrt{2}}{1 + 4\sqrt{2}\sqrt{2}}\right| = \left|\frac{-3\sqrt{2}}{9}\right| = \frac{\sqrt{2}}{3},$$

desta forma os gráficos da funções $f(x)$ e $g(x)$ no ponto $(2, 4\sqrt{2})$ cortam-se num ângulo $\alpha = \arctan\frac{\sqrt{2}}{3}$.

## 7.4 Interpretação Física da Derivada

Nesta seção estudaremos a interpretação física da derivada tentando explicar a diferença entre a velocidade média e velocidade instantânea, e claro consideraremos alguns exemplos relacionados à velocidade instantânea.

Seja $\gamma$ uma curva suave (regular), que pode ser uma reta. Consideremos um ponto $P$ que se move ao longo da curva $\gamma$. O caminho percorrido pelo ponto desde um ponto determinado de $\gamma$ é uma função do tempo, ou seja, $s = f(t)$.

## Velocidade média

Se agora, damos um incremento $\Delta t$ à variável $t$, então ao tempo $t + \Delta t$ vai corresponder o caminho $s + \Delta s$. Assim, se queremos saber a velocidade média do ponto material no intervalo $\Delta t$, analisamos a razão do incremento do caminho com o incremento do tempo, isto é,

$$v_m = \frac{\Delta s}{\Delta t} = \frac{f(t+\Delta) - f(t)}{\Delta t}.$$

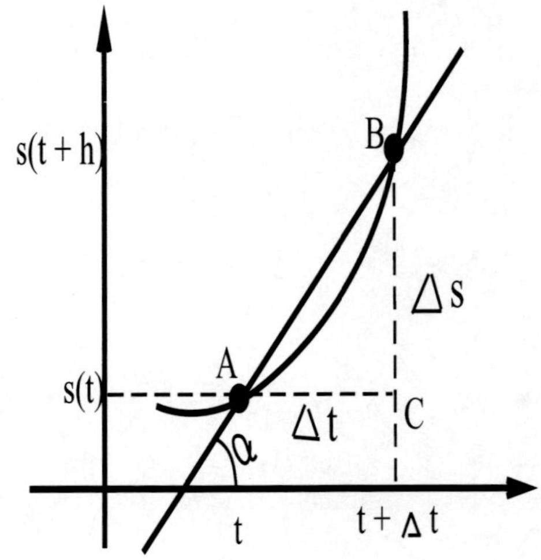


Figura 7.6: velocidade média = $\tan \alpha$

A representação gráfica da velocidade média é dada pela figura abaixo

**Exemplo 7.17** *Um carro viaja 120 quilômetros da cidade A para a cidade B em 160 minutos. Qual é a velocidade média do carro?*

Primeiramente, convertemos 160 minutos a horas: 160 min $= \frac{160}{60}h$. Assim

$$v_m == \frac{120km}{\frac{160}{60}h} = 45km/h.$$

## Velocidade Instantânea

Mas se o intervalo de tempo $\Delta t$ tende para zero, obtemos a velocidade instantânea,

$$v = \lim_{\Delta t \to 0} \frac{\Delta s}{\Delta t} = \lim_{\Delta t \to 0} \frac{f(t+\Delta) - f(t)}{\Delta t} = f'(t).$$

Assim, a velocidade instantânea $v$ como o caminho $s$ depende do tempo, $v = v(t)$.

A representação gráfica da velocidade instantânea é dada pela figura abaixo

**Exemplo 7.18** *Suponhamos que um ponto material P desloca-se ao longo de uma curva, cuja equação do movimento é* $s = f(t) = 2t^2 - 3t + 1$ *metros e t é medido em segundos . Calcule a velocidade instantânea após* $t = 5$ *segundos.*

Pela fórmula acima

$$v = f'(t)\Big|_{t=2} = (4t-3)\Big|_{t=2} = 5m/seg.$$

**Exemplo 7.19** *Uma partícula lançada verticalmente para cima tem equação de movimento* $s(t) = -3,8t^2 + 114t$ *em metros e t em segundos. Calcule:*

1. *a velocidade inicial* $v_o$*;*

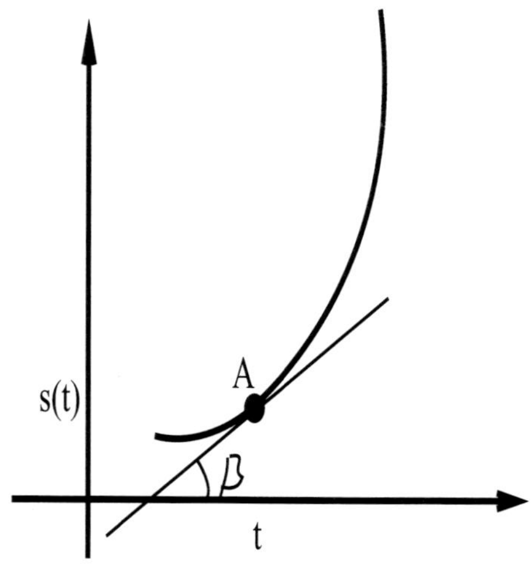


Figura 7.7: velocidade instantânea = $\tan \beta$

*2. a altura que o projétil alcançará;*

*3. a velocidade quando regressa ao ponto de partida.*

1. Para calcular a velocidade inicial $v_o$, primeiro calculamos a velocidade instantânea: $v(t) = s'(t) = -7,6t + 114$ e logo calculamos $v(t)$ em $t = 0$:

$$v_o = 114m/seg.$$

2. O projétil alcançará altura máxima quando $v(t) = 0$, ou seja $-7,6t + 114 = 0$ e $t = 15seg$. Agora substituimos este valor na equação do movimento:

$$h_{\max} = s(15) = -3,8(15) + 114(15) = 855m.$$

3. Quando regressa ao ponto de partida, $s(t) = 0$, ou seja, $-3,8t^2 + 114t = 0$, de onde, obtemos $t = 0$ e $t = 30$. Já vimos no item 1 que $t = 0$ corresponde $v_o$ e $t = 30$ corresponde a velocidade final

$$v_{final} = -7,6(30) + 114 = -114m/seg.$$

Note que as velocidades inicial e final têm o mesmo valor, mas direções opostas.

## 7.5 Diferencial de uma Função

Seja $f$ uma função definida no intervalo $I \subset \mathbb{R}$ e contínua no ponto $x_o \in I$. Seja $\Delta x$ o incremento arbitrário de $x_o$. Como foi visto acima, o incremento $\Delta x$ corresponde ao incremento da função $f$ no ponto $x_o$;

$$\Delta f(x_o) = f(x_o + \Delta x) - f(x_o).$$

Se a função $f$ é derivável no ponto $x_o$, então o incremento da função $f$ pode ser escrito na forma

$$\Delta f(x_o) = M.\Delta x + \beta(\Delta x), \text{ quando } \Delta x \to 0 \tag{7.4}$$

onde $\beta(\Delta x) = o(\Delta x)$, tende a zero muito mais rápido que $\Delta x$. A parte linear de (7.4), $M.\Delta x$ chama-se diferencial da função $f$ e denota-se por $df(x_o)$.

Mostremos que a diferencial de uma função é igual a derivada da função multiplicada pela diferencial de $x$.
De fato, dividindo a equação (7.4) por $\Delta x$, obtemos

$$\frac{\Delta f(x_o)}{\Delta x} = M + \frac{\beta(\Delta x)}{\Delta x},$$

como $\lim\limits_{\Delta x \to 0} \dfrac{\Delta f(x_o)}{\Delta x} = f'(x_o)$ e $\lim\limits_{\Delta x \to 0} \dfrac{\beta(\Delta x)}{\Delta x} = 0$, obtemos $M = f'(x_o)$. Assim $df(x_o) = M.\Delta x = f'(x_o)dx$.

Para ilustrar geometricamente a noção de diferencial, recorremos ao gráfico da função $f$.
Consideremos no gráfico da função $f$ um ponto $A(x, y)$ e outro ponto $B$. Tracemos a reta

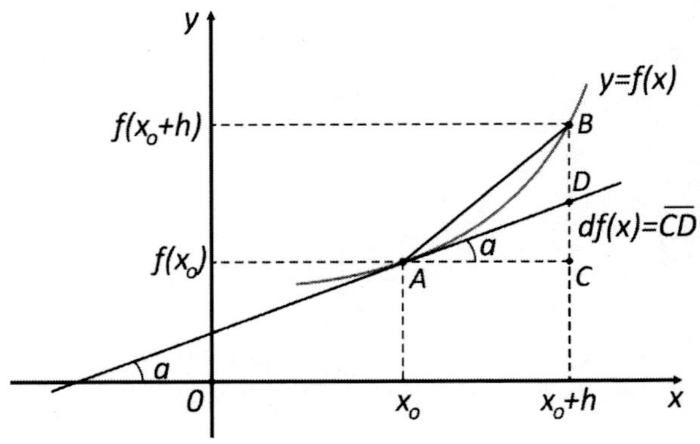


Figura 7.8: Diferencial de uma função

tangente ao gráfico pelo ponto $A$, e a reta $AC$ paralela ao eixo $0x$, temos:

$$\overline{AC} = \Delta x(\text{ou } dx), \ \overline{CB} = \Delta f(x), \ \tan(CAD) = \tan a = f'(x),$$

donde $df(x) = f'(x)dx = \overline{AC}\tan(CAD) = \overline{CD}$.
Assim, observamos que a diferença entre o incremento da função e a diferencial é o segmento $\overline{BD}$, ou seja, $\Delta f(x) - df(x) = \overline{BD}$. Desta forma, podemos escrever o incremento da função $f$ na forma:

$$\Delta f(x) = f'(x).\Delta x + o(\Delta x), \text{ ou } \Delta f(x) = df(x) + o(\Delta x).$$

Se o incremento $\Delta x$ da variável $x$ é muito pequeno, então a diferencial $df$ da função $f(x)$ e o incremento $\Delta f(x)$ são aproximadamente iguais entre si,

$$\Delta f(x) \approx df(x),$$

isto é,

$$f(x + \Delta x) - f(x) \approx f'(x)\Delta x, \text{ donde } f(x + \Delta x) \approx f(x) + f'(x)\Delta x.$$

### 7.5.1 Linearização de uma Função

Já vimos acima que, na vizinhança do ponto $x_o$, o gráfico da função diferenciável $f(x)$ e a reta tangente traçada a ela pelo ponto $x_o$ são muito próximas. Quando trocamos a função $f(x)$ na vizinhança do ponto $x_o$, pela reta tangente ao gráfico da função $f$ no ponto $x_o$, dizemos que estamos *linearizando a função* $f(x)$ na vizinhança do ponto $x_o$. O termo linearização entende-se como a função afim "$y = ax + b$."

A equação da reta tangente ao gráfico da função $f$ que passa pelo ponto $(x_o, f(x_o))$ com ângulo de inclinação $f'(x_o)$ é dada pela equação,

$$y - f(x_o) = f'(x_o)(x - x_o), \tag{7.5}$$

então, podemos escrever

$$f(x) \approx f(x_o) + f'(x_o)(x - x_o)$$

onde o símbolo $\approx$ significa uma aproximação na vizinhança do ponto $x_o$.
Na verdade, a "igualdade" (7.5) é equivalente a seguinte igualdade

$$f(x) - f(x_o) = f'(x_o)(x - x_o) + o(\Delta x),$$

ou

$$\Delta f(x) = f'(x_o)\Delta x + o(\Delta x), \quad \text{ou seja} \quad \Delta f(x) \approx df(x).$$

**Exemplo 7.20** *Em quanto aumentará, aproximadamente o raio do círculo se sua área aumenta de* $18\pi$ *até* $20\pi$.

Seja $x$ a área do círculo e $y$ seu raio, então

$$y = f(x) = \sqrt{\frac{x}{\pi}}.$$

Da hipótese, temos $x = 18\pi$, $\Delta x = 2\pi$ e $f'(x) = \frac{1}{2}\sqrt{\frac{1}{\pi x}}$, então

$$\Delta y \approx dy = y'\Delta x = \frac{1}{2}\sqrt{\frac{1}{\pi(18\pi)}}(2\pi) = \frac{\sqrt{2}}{6}.$$

**Exemplo 7.21** *Calcule aproximadamente* $\cos 61^o$.

Consideremos $y = \cos x$. Seja $x = 60^o = \frac{\pi}{3}$, $\Delta x = 1^o = \frac{\pi}{180}$ e $y' = -\operatorname{sen} x$, então pela fórmula $\Delta f(x) \approx df(x)$, temos

$$\cos 61^o = \cos(60^o + 1^o) = \cos 60^o - \frac{\pi}{180}\operatorname{sen} 60^o = \frac{1}{2} - \frac{\pi}{180}\frac{\sqrt{3}}{2} = 0,4849$$

**Teorema 7.2 (Propriedades Aritméticas da Diferencial)** *Sejam as funções* $f$ *e* $g$ *diferenciáveis no ponto* $x_o$. *Então as funções* $f \pm g$, $f.g$ *e no caso de* $g(x_o) \neq 0$ *também* $\frac{f}{g}$ *são diferenciáveis no ponto* $x_o$, *e além disso, neste ponto valem,*

1. $d(f \pm g)(x_o) = df(x_o) \pm dg(x_o)$;

2. $d(fg)(x_o) = g(x_o)df(x_o) + f(x_o)dg(x_o)$;

3. $d\left(\frac{f}{g}\right)(x_o) = \frac{g(x_o)df(x_o) - f(x_o)dg(x_o)}{g^2(x_o)}$.

**Prova:** A prova destas fórmulas seguem as demonstrações das fórmulas das derivadas. ∎

**Exemplo 7.22** *Calcule* $d(xe^x)$.

Pela regra 2. do **Teorema 7.2**, temos

$$d(xe^x) = dx(e^x) + xe^x dx = e^x(1+x)dx.$$

**Exemplo 7.23** *Calcule* $d\left(\dfrac{x^2}{\cos x}\right)$.

Pela regra 3. do **Teorema 7.2**, temos

$$d\left(\frac{x^2}{\cos x}\right) = \frac{\cos x(2x)dx + x^2 \operatorname{sen} x dx}{\cos^2 x} = \frac{x(2\cos x + x \operatorname{sen} x)}{\cos^2 x}dx.$$

## 7.6 Derivada das Funções Compostas

Seja $y = f(x)$ uma função contínua no intervalo $[a, b]$, cuja imagem pertence ao intervalo $[c, d]$. Seja $z = g(y)$ uma função contínua no intervalo $[c, d]$. Como $y$ é função de $x$, e $z$ uma função de $y$, temos que $z$ é uma função de $x$ através de $g$, isto é, $z$ é uma função composta de $x$:

$$z = g(y) = g[f(x)].$$

**Teorema 7.3 (Derivada da Função Composta)** *Se a função $y = f(x)$ é diferenciável no ponto $x = x_o$, e a função $z = g(y)$ possui no ponto $y = y_o = f(x_o)$ derivada, $g'(y_o)$, então a função composta $z(x) = g[f(x)]$ também possui derivada no ponto $x_o$, e*

$$z'(x_o) = g'(y_o)f'(x_o).$$

Esta fórmula, também é conhecida como *Regra da Cadeia.*

**Prova:** Seja $\Delta x$ o incremento, que damos ao ponto $x_o$. Então $\Delta y = f(x_o + \Delta x) - f(x_o)$ é o incremento da variável $y$. Analogamente, podemos dizer que se $\Delta y$ é o incremento, que damos ao ponto $y_o$, então $\Delta z = g(y_o + \Delta y) - g(y_o)$ é o incremento da variável $z$. Tudo isto significa que um incremento arbitrário $\Delta x$ produz um incremento $\Delta y$ na função $y$, enquanto $\Delta y$ produz um incremento $\Delta z$ na função $z$.

Podemos escrever

$$\Delta z = g'(y_o)\Delta y + \alpha(\Delta y)\Delta y, \tag{7.6}$$

onde $\lim\limits_{\Delta y \to 0} \alpha(\Delta y) = 0$. Como $\alpha(\Delta y)$ não está definida quando $\Delta y = 0$, podemos defini-lo quando $\Delta y = 0$ da seguinte forma $\alpha(0) = 0$. Assim, a função $\alpha(\Delta y)$ torna-se contínua quando $\Delta y = 0$. Agora dividindo a expressão (7.6) por $\Delta x \neq 0$, obtemos

$$\frac{\Delta z}{\Delta x} = g'(y_o)\frac{\Delta y}{\Delta x} + \alpha(\Delta y)\frac{\Delta y}{\Delta x}. \tag{7.7}$$

Passando a expressão (7.7) ao limite quando $\Delta x \to 0$, temos

$$\begin{aligned}
\lim_{\Delta x \to 0} \frac{\Delta z}{\Delta x} &= g'(y_o) \lim_{\Delta x \to 0} \frac{\Delta y}{\Delta x} + \lim_{\Delta x \to 0} \alpha(\Delta y) \lim_{\Delta x \to 0} \frac{\Delta y}{\Delta x} \\
z'(x_o) &= g'(y_o)f'(x_o) + \lim_{\Delta x \to 0} \alpha(\Delta y) \lim_{\Delta x \to 0} \frac{\Delta y}{\Delta x} \\
&= g'(y_o)f'(x_o) + 0.f'(x_o) \\
&= g'(y_o)f'(x_o).
\end{aligned}$$

∎

**Exemplo 7.24** *Calcule as seguintes derivadas:*

1. $y = (2x^3 - 4x^2 + 7)^3$;

2. $y = \operatorname{sen}^4 5x$;

3. $y = \sqrt{2x^2 + 5}$.

1) Supondo $y = u^3$, onde $u = 2x^3 - 4x^2 + 7$, temos

$$y' = (u^3)'(2x^3 - 4x^2 + 7)'_x = 3u^2(6x^2 - 8x) = 3(2x^3 - 4x^2 + 7)^2(6x^2 - 8x).$$

2) Pondo $y = v^4$, onde $v = \operatorname{sen} u$ e $u = 5x$, temos

$$y' = (v^4)'(v)'_u u'_x = 4v^3(\cos u)5 = 20 \operatorname{sen}^3 5x(\cos 5x) = 20 \operatorname{sen}^2 5x. \operatorname{sen} 5x. \cos 5x = 10 \operatorname{sen}^2 5x. \operatorname{sen} 10x.$$

3) Supondo $y = u^{1/2}$, onde $u = 2x^2 + 5$, temos

$$y' = (u^{1/2})'u'_x = \frac{1}{2u^{1/2}}4x = \frac{4x}{2\sqrt{2x^2+5}} = \frac{2x}{\sqrt{2x^2+5}}.$$

## 7.7 Derivada da Função Inversa

Agora queremos saber quais são as condições para calcular a derivada da função inversa. Consideremos a função $y = f(x)$ contínua e monótona (pode ser crescente por exemplo) no intervalo $(a, b)$, e além disso, $f(a) = c$ e $f(b) = d$. Então como já foi observado no capítulo 2, existe uma função inversa contínua $x = \varphi(y)$ no intervalo $(c, d)$ que também é crescente.

**Teorema 7.4** *Seja $f(x)$ definida no intervalo $I$. Suponhamos que ela seja contínua, monótona na vizinhança do ponto $x_o \in I$, e possua derivada no ponto $x_o$, com $f'(x_o) \neq 0$, então a função $x = \varphi(y)$ possui derivada no ponto $y_o = f(x_o)$, e*

$$\varphi'(y_o) = \frac{1}{f'(x_o)}.$$

**Prova:** Como a função $f'(x)$ existe num intervalo que contém o ponto $x_o$, $f(x)$ é contínua neste intervalo. Como $f'(x_o) \neq 0$, segue que ela é crescente se $f'(x_o) > 0$ e decrescente se $f'(x_o) < 0$. Então existe a função inversa $x = \varphi(y)$.

Se $\Delta x$ é o incremento que damos ao ponto $x_o$, então $\Delta y = f(x_o + \Delta x) - f(x_o)$ é o incremento da variável $y$. Analogamente se $\Delta y$ é o incremento, que damos ao ponto $y_o$, então $\Delta x = \varphi(y_o + \Delta y) - \varphi(y_o)$ é o incremento da variável $x$. Quando $\Delta x \to 0$, $\Delta y \to 0$. Considerando que estes incrementos são diferentes de zero, podemos escrever

$$\frac{\Delta x}{\Delta y} = \frac{1}{\frac{\Delta y}{\Delta x}},$$

portanto

$$\varphi'(y_o) = \lim_{\Delta y \to 0} \frac{\Delta x}{\Delta y} = \lim_{\Delta x \to 0} \frac{1}{\frac{\Delta y}{\Delta x}} = \frac{1}{f'(x_o)}. \qquad \blacksquare$$

**Exemplo 7.25** *Mostre que*

*1.* $(\ln x)' = \frac{1}{x}, \quad x > 0;$

*2.* $(x^a)' = ax^{a-1}, \quad \forall x \in \mathbb{R};$

*3.* $(\arccos x)' = -\frac{1}{\sqrt{1-x^2}}, \quad |x| < 1;$

*4.* $(\text{arctg}\, x)' = \frac{1}{1+x^2}, \quad x \in \mathbb{R}.$

Para encontrar estas derivadas, usemos a fórmula de derivação da função inversa e as seguintes fórmulas já conhecidas

$$(e^x)' = e^x, \quad (\cos x)' = -\operatorname{sen} x, \quad \cos^2 x = \frac{1}{1+\tan^2 x}, \quad (\tan x)' = \frac{1}{\cos^2 x}.$$

De fato,

1. seja $y = \ln x$ e $x = e^y$. Então $\frac{dy}{dx} = (\ln x)' = \frac{1}{dx/dy} = \frac{1}{e^y} = \frac{1}{e^{\ln x}} = \frac{1}{x}.$

   Em geral, podemos calcular as derivadas das funções $\log_a x$, $a^x$:

$$(\log_a x)' = \left(\frac{\ln x}{\ln a}\right)' = \frac{1}{\ln a}(\ln x)' = \frac{1}{x \ln a}.$$

$$(a^x)' = (e^{x\ln a})' = e^{x\ln a}(x\ln a)' = a^x \ln a(x)' = a^x \ln a.$$

2. Podemos escrever $x^a = e^{a\ln x}$. Então

$$(x^a)' = \left(e^{a\ln x}\right)' = e^{a\ln x}(a\ln x)' = e^{a\ln x}\frac{a}{x} = ax^{a-1}.$$

3. Seja $y = \arccos x$ e $x = \cos y$. Então

$$\begin{aligned}\frac{dy}{dx} = (\arccos x)' &= \frac{1}{dx/dy} = \\ &= \frac{1}{(\cos y)'_y} = \\ &= -\frac{1}{\operatorname{sen} y} = \\ &= -\frac{1}{\sqrt{1-\cos^2 y}} = \\ &= -\frac{1}{\sqrt{1-x^2}};\end{aligned}$$

4. Seja $y = \arctan x$ e $x = \tan y$, então

$$\begin{aligned}\frac{dy}{dx} = (\arctan x)' &= \frac{1}{dx/dy} = \frac{1}{\frac{1}{\cos^2 y}} = \\ &= \frac{1}{1+\tan^2 y} = \frac{1}{1+x^2}.\end{aligned}$$

De forma análoga mostra-se, que

1. $\dfrac{d\arcsin x}{dx} = \dfrac{1}{\sqrt{1-x^2}}, \quad |x| < 1;$

2. $\dfrac{d\,\mathrm{arccotg}\, x}{dx} = -\dfrac{1}{1+x^2}, \quad x \in \mathbb{R}.$

## 7.8 Tabela das Derivadas e Exemplos

Agora podemos escrever uma tabela das derivadas de algumas funções, que já foram encontradas e de outras funções que podem ser calculadas, usando a definição da derivada:

1. $(c)' = 0$, c-constante.

2. $(cu(x))' = cu'(x)$.

3. $(u_1(x) + u_2(x) + \ldots + u_n(x))' = u_1'(x) + u_2'(x) + \ldots + u_n'(x)$.

4. $$\begin{aligned}(u_1(x)u_2(x)\ldots u_n(x))' &= u_1'(x)u_2(x)\ldots u_n(x) + u_1(x)u_2'(x)\ldots u_n(x) + \ldots \\ &+ u_1(x)u_2(x)\ldots u_n'(x)\end{aligned}$$

5. $\left(\dfrac{u(x)}{v(x)}\right)' = \dfrac{u'(x)v(x) - u(x)v'(x)}{v^2(x)}.$

6. $(x^n)' = nx^{n-1}$, em particular $(x)' = 1$.

7. $(\log_a x)' = \dfrac{1}{x\ln a}$, em particular se $a = e$, $(\ln x)' = \dfrac{1}{x}$.

8. $(a^x)' = a^x \ln a$, em particular se $a = e$, $(e^x)' = e^x$.

9. $(\operatorname{sen} x)' = \cos x$.

10. $(\cos x)' = -\operatorname{sen} x$.

11. $(\operatorname{tg} x)' = \dfrac{1}{\cos^2 x}$.

12. $(\operatorname{cotg} x)' = -\dfrac{1}{\operatorname{sen}^2 x}$.

13. $(\operatorname{arcsen} x)' = \dfrac{1}{\sqrt{1-x^2}}$.

14. $(\arccos x)' = -\dfrac{1}{\sqrt{1-x^2}}$.

15. $(\operatorname{arctg} x)' = \dfrac{1}{1+x^2}$.

16. $(\operatorname{arccotg} x)' = -\dfrac{1}{1+x^2}$.

17. $\left(u^{v(x)}(x)\right)' = v(x)u^{v(x)-1}(x)u'(x) + u^{v(x)}(x)v'(x)\ln u(x)$.

18. Se $u = u(x)$ e $y = y(u)$, então $\dfrac{dy}{dx} = \dfrac{dy}{du} \times \dfrac{du}{dx}$ ($y$ depende de $x$ através de $u$).

19. $\dfrac{dx}{dy} = \dfrac{1}{\frac{dy}{dx}}$.

Aplicando as regras de derivação da tabela acima calculemos a derivada de algumas funções:

**Exemplo 7.26** *Encontre a derivada da função*

$$y = \frac{1}{\sqrt[6]{x^5}} = x^{-5/6}.$$

Usando a regra 6 acima listada, temos

$$y' = -\frac{5}{6\sqrt[6]{x^{11}}} = -\frac{5}{6x\sqrt[6]{x^5}}.$$

**Exemplo 7.27** *Derive a seguinte função*

$$y = \ln(x + \sqrt{1+x^2}).$$

Usando a regra derivada da função composta, temos

$$\begin{aligned}
\frac{dy}{dx} &= \frac{1}{x+\sqrt{1+x^2}}(x+\sqrt{1+x^2})' = \\
&= \frac{1}{x+\sqrt{1+x^2}}[1+(\sqrt{1+x^2})'] = \\
&= \frac{1}{x+\sqrt{1+x^2}}[1+\frac{1}{2\sqrt{x^2+1}}(1+x^2)'] = \\
&= \frac{1}{x+\sqrt{1+x^2}}(1+\frac{x}{\sqrt{x^2+1}}) = \\
&= \frac{1}{x+\sqrt{1+x^2}} \times \frac{x+\sqrt{1+x^2}}{\sqrt{x^2+1}} = \\
&= \frac{1}{\sqrt{1+x^2}}.
\end{aligned}$$

**Exemplo 7.28** *Derive a seguinte função* $y = \left(\dfrac{x}{3x+2}\right)^n$.

*De novo, usando a regra 18, temos*

$$\begin{aligned}
\frac{dy}{dx} &= n\left(\frac{x}{3x+2}\right)^{n-1}\left(\frac{x}{3x+2}\right)' = n\left(\frac{x}{3x+2}\right)^{n-1}\frac{3x+2-3x}{(3x+2)^2} = \\
&= \frac{2nx^{n-1}}{(3x+2)^{n+1}}.
\end{aligned}$$

**Exemplo 7.29** *Encontre a derivada da função* $y = \cos(x^2)$.
*Pondo* $u = x^2$ *e usando a regra da cadeia, temos*

$$\frac{dy}{dx} = -\operatorname{sen}(x^2).(x^2)' = -2x\operatorname{sen}(x^2).$$

**Exemplo 7.30** *Encontre a derivada da função*

$$y = (1-2x)^{\tan x}.$$

Vamos encontrar a derivada da função pedida de duas formas:
primeiramente usaremos a regra 17 da tabela acima listada (para quem possui boa memória): $(u^v)' = vu^{v-1}u' + u^v v' \ln u$, onde $u = 1-2x$ e $v = \tan x$, donde $u' = -2$ e $v' = \dfrac{1}{\cos^2 x}$.
Assim,

$$\begin{aligned}\frac{dy}{dx} = \left((1-2x)^{\tan x}\right)' &= \tan x(1-2x)^{\tan x - 1}(-2) + (1-2x)^{\tan x}\frac{1}{\cos^2 x}\ln(1-2x) = \\ &= -2\tan x\frac{(1-2x)^{\tan x}}{1-2x} + \frac{1}{\cos^2 x}(1-2x)^{\tan x}\ln(1-2x) = \\ &= (1-2x)^{\tan x}\left[\frac{\ln(1-2x)}{\cos^2 x} - \frac{2\tan x}{1-2x}\right].\end{aligned}$$

A segunda forma de encontrar a derivada é escrever nossa função em forma exponencial;

$$y = (1-2x)^{\tan x} = e^{\ln(1-2x)^{\tan x}} = e^{\tan x \ln(1-2x)}.$$

Desta forma;

$$\begin{aligned}\frac{dy}{dx} = \left((1-2x)^{\tan x}\right)' &= \left(e^{\tan x \ln(1-2x)}\right)' = \\ &= e^{\tan x \ln(1-2x)}\left[\tan x \ln(1-2x)\right]' = \\ &= e^{\tan x \ln(1-2x)}\left[\frac{\ln(1-2x)}{\cos^2 x} + \frac{-2\tan x}{1-2x}\right] = \\ &= (1-2x)^{\tan x}\left[\frac{\ln(1-2x)}{\cos^2 x} - \frac{2\tan x}{1-2x}\right].\end{aligned}$$

.

**Exemplo 7.31** *Encontre a derivada da função*

$$y = \sqrt{x + \sqrt{x + \sqrt{x}}}.$$

Escrevendo nossa função em forma exponencial, temos

$$\begin{aligned}\frac{dy}{dx} &= \left(\sqrt{x + \sqrt{x + \sqrt{x}}}\right)' = \left[\left(x + \left(x + x^{1/2}\right)^{1/2}\right)^{1/2}\right]' = \\ &= \frac{1}{2}\frac{1}{\sqrt{x + \sqrt{x + \sqrt{x}}}} \times \left[1 + \frac{1}{2}\frac{1 + \frac{1}{2\sqrt{x}}}{\sqrt{x + \sqrt{x}}}\right].\end{aligned}$$

**Exemplo 7.32** *Encontre a derivada da função*

$$y = \ln(\ln x).$$

Usando a regra da derivada da função composta, obtemos

$$\begin{aligned}\frac{dy}{dx} &= (\ln(\ln x))' = \frac{1}{\ln x}(\ln x)' = \\ &= \frac{1}{x\ln x}.\end{aligned}$$

**Exemplo 7.33** *Encontre a derivada da função*

$$y = e^{x^x}.$$

Tomando o logaritmo duas vezes obtemos;

$$\ln y = \ln e^{x^x} = x^x \ln e = x^x,$$

$$\ln(\ln y) = \ln x^x = x\ln x.$$

Agora derivemos;

$$\begin{aligned}[\ln(\ln y)]' &= (x\ln x)' \\ \frac{1}{\ln y}.\frac{1}{y}.y' &= \ln x + x\frac{1}{x} \\ y' &= y(\ln y)(\ln x + 1) \\ y' &= e^{x^x}(x^x)(\ln x + 1).\end{aligned}$$

## 7.9 Derivadas de Ordem Superior

Seja $f : I \subset \mathbb{R} \to \mathbb{R}$, e suponhamos que no intervalo $I$, exista a derivada $f'(x)$. Esta derivada $f'(x)$ é uma função de $x$. Se esta derivada é uma função diferenciável, então existe a derivada da derivada, isto é, $(f'(x))'$. Esta derivada chama-se segunda derivada de $f$ e denota-se por $f''(x)$. Desta forma

$$f''(x) = (f'(x))'.$$

A derivada da segunda derivada $(f''(x))'$, se existe, denota-se por $f'''(x)$ e chama-se terceira derivada.

Em geral, por indução, a derivada da $(n-1)$ derivada $(f^{(n-1)}(x))'$, se existe, denota-se por $f^{(n)}(x)$ ou $\dfrac{d^n f(x)}{dx^n}$ e chama-se derivada de ordem $n$, isto é

$$f^{(n)}(x) = (f^{(n-1)}(x))',\ n \in \mathbb{N},\ \ f^{(0)}(x) = f(x).$$

**Exemplo 7.34** *1.* $f(x) = x^4$, $f'(x) = 4x^3$, $f''(x) = 12x^2$, $f'''(x) = 24x$, $f^{(4)}(x) = 24$, $f^{(5)}(x) = f^{(6)}(x) = \ldots = f^{(n)}(x) = \ldots = 0$, *para* $n \in \mathbb{N}$ *e* $n > 4$.

*2.* $f(x) = e^{\alpha x}$, $f'(x) = \alpha e^{\alpha x}$, $f''(x) = \alpha^2 e^{\alpha x}$, $f'''(x) = \alpha^3 e^{\alpha x}, \ldots, f^{(n)}(x) = \alpha^n e^{\alpha x}$.
*Em particular, se* $\alpha = 1$, *temos* $(e^x)^{(n)} = e^x$, $(n = 1, 2, 3, \ldots)$

*3.* $f(x) = \cos x$, $f'(x) = -\operatorname{sen} x$, $f''(x) = -\cos x$, $f'''(x) = \operatorname{sen} x$, $f^{(4)}(x) = \cos x$, $f^{(5)}(x) = -\operatorname{sen} x$, $f^{(6)}(x) = -\cos x$, $f^{(7)}(x) = \operatorname{sen} x, \ldots$
*É fácil ver,*

$$f^{(n+4)}(x) = (\cos x)^{(n+4)} = f^{(n)}(x) = (\cos x)^{(n)} = \cos\left(x + \frac{n\pi}{2}\right),\quad n = 1, 2, 3, \ldots$$

**Definição 7.4** *Diz-se que a função $f$ é suave de classe $C^n$ se ela possui derivada de ordem $n$ contínua.*

**Exemplo 7.35** *É fácil verificar as seguintes fórmulas para $n \in \mathbb{N}$:*

1. $(\operatorname{sen} x)^{(n)} = \operatorname{sen}\left(x + \frac{n\pi}{2}\right)$;

2. $(a^x)^{(n)} = (\ln a)^n a^x,\ a > 0$;

3. $(\ln x)^{(n)} = \dfrac{(-1)^{n-1}(n-1)!}{x^n}$;

4. $(x^m)^{(n)} = m(m-1)(m-2)\cdots(m-n+1)x^{m-n}$.

**Teorema 7.5 (Propriedades das Derivadas de Ordem Superior)** *Se as funções $f$ e $g$ possuem derivadas de ordem n no ponto $x_o$, então neste ponto, valem as seguintes propriedades:*

1. $(f \pm g)^{(n)}(x_o) = f^{(n)}(x_o) \pm g^{(n)}(x_o)$;

2. **Fórmula de Leibniz**

$$\begin{aligned}(fg)^{(n)}(x_o) &= \sum_{k=0}^{n} C_k^n f^{(n-k)}(x_o) g^{(k)}(x_o) = \\ &= f^{(n)}(x_o)g(x_o) + C_1^n f^{(n-1)}(x_o)g'(x_o) + C_2^n f^{(n-2)}(x_o)g''(x_o) + \ldots + f(x_o)g^{(n)}(x_o).\end{aligned}$$

**Prova:** Para provar o item 1, basta usar $n$ vezes a propriedade linear da derivada.
Com relação ao item 2(fórmula de Leibniz), usa-se indução em $n$. ■

**Exemplo 7.36** *Calcule a derivada de ordem* (50) *da função*

$$f(x) = \frac{1+x}{\sqrt{1-x}}.$$

Primeiramente transformamos a função $f(x)$ numa expressão mais simples, fácil de derivar:

$$f(x) = \frac{1+x}{\sqrt{1-x}} = \frac{1+1-(1-x)}{\sqrt{1-x}} = 2(1-x)^{-\frac{1}{2}} - (1-x)^{\frac{1}{2}},$$

em seguida, calculemos as três primeiras derivadas da função, com a finalidade de vislumbrar uma lei de formação da derivada de ordem (50).

$$f'(x) = -2(\frac{-1}{2})(1-x)^{-\frac{3}{2}} - (-1)(\frac{1}{2})(1-x)^{-\frac{1}{2}} = 2(\frac{1}{2})(1-x)^{-\frac{3}{2}} + (\frac{1}{2})(1-x)^{-\frac{1}{2}},$$

$$f''(x) = -2(\frac{1}{2})(\frac{-3}{2})(1-x)^{-\frac{5}{2}} - (\frac{1}{2})(-\frac{1}{2})(1-x)^{-\frac{3}{2}} = 2(\frac{1}{2})(\frac{3}{2})(1-x)^{-\frac{5}{2}} + (\frac{1}{2})(\frac{1}{2})(1-x)^{-\frac{3}{2}},$$

$$f'''(x) = -2(\frac{1}{2})(\frac{3}{2})(\frac{-5}{2})(1-x)^{-\frac{7}{2}} - (\frac{1}{2})(\frac{1}{2})(\frac{-3}{2})(1-x)^{-\frac{5}{2}} = 2(\frac{1}{2})(\frac{3}{2})(\frac{5}{2})(1-x)^{-\frac{5}{2}} + (\frac{1}{2})(\frac{1}{2})(\frac{3}{2})(1-x)^{-\frac{5}{2}}.$$

Assim

$$\begin{aligned}f^{(50)}(x) &= 2\frac{1.3.5.\ldots 99}{2^{50}}(1-x)^{-\frac{101}{2}} + \frac{1.3.5.\ldots 97}{2^{50}}(1-x)^{-\frac{99}{2}} = \\ &= \frac{1.3.5.\ldots 97}{2^{50}}(1-x)^{-\frac{101}{2}}\{2 \times 99 + (1-x)\} = \\ &= \frac{1.3.5.\ldots 97}{2^{50}} \cdot \frac{199-x}{(1-x)^{\frac{101}{2}}}.\end{aligned}$$

**Exemplo 7.37** *Seja $f(x) = xe^x$. Calcule $f^{(100)}(x)$.*

Antes de usar a **Fórmula de Leibniz**, levemos em consideração as seguintes observações: $(x)^{(n)} = 0,\ n \geq 2$ e $(x)^{(0)} = x$. Assim

$$\begin{aligned}(xe^x)^{(100)} &= \sum_{k=0}^{100} C_k^{100}(x)^{(100-k)}(e^x)^{(k)} = \\ &= (x)^{(100)}e^x + C_1^{(100)}(x)^{(99)}(e^x)' + C_2^{100}(x)^{(98)}(e^x)'' + \ldots + \\ &+ C_{99}^{100}(x)'(e^x)^{(99)} + (x)^{(0)}(e^x)^{(100)} = \\ &= 100e^x + xe^x = \\ &= e^x(100 + x).\end{aligned}$$

## 7.10 Análise das Funções e Construção de Gráficos

O esquema geral para analisar funções e construir seus gráficos inclui elementos como encontrar os zeros da função, intervalos de crescimento e decrescimento, pontos extremos, intervalos de concavidade, pontos de inflexão, etc. Todos estes elementos podem ser estudados mediante a derivada. Assim, a aplicação da derivada permite simplificar e muito o estudo das funções.

Antes de passarmos à construção de gráficos, primeiramente provemos algumas das seguintes afirmações:

1. *Seja a função $y = f(x)$ diferenciável no intervalo $(a, b)$. A função $y = f(x)$ é constante no intervalo $(a, b)$ se e somente se, $f'(x) = 0$ para qualquer $x \in (a, b)$.*

2. *Sejam $f(x)$ e $g(x)$ duas funções diferenciáveis no intervalo $(a, b)$ com $f'(x) = g'(x)$ para todo $x \in (a, b)$, então $f(x) = g(x) + c$, com $x \in (a, b)$ e $c$ uma constante.*

   **Prova:** De fato, como $f'(x) = g'(x),\quad x \in (a, b)$, então $(f(x) - g(x))'(x) = 0$. Do resultado anterior segue que $f(x) - g(x) = c$, ou seja $f(x) = g(x) + c$. ∎

3. *Se a função diferenciável $y = f(x)$ cresce (decresce) no intervalo $(a, b)$, então $f'(x) > 0(f'(x) < 0)$, para todo $x \in (a, b)$.*

   **Prova:** Mostremos esta afirmação somente no caso quando a função é crescente. Para o caso da função ser decrescente a análise é análoga.
   Sejam $x_1, x_2 \in (a, b)$ com $x_1 < x_2$, então

   $$\frac{f(x_1) - f(x_2)}{x_1 - x_2} > 0, \text{ pois } f(x_1) < f(x_2), \text{ e } x_1 - x_2 < 0.$$

   Assim

   $$f'(\xi) = \lim_{x_1 \to x_2} \frac{f(x_1) - f(x_2)}{x_1 - x_2} > 0, \text{ onde } \xi \in (x_1, x_2). \quad ∎$$

**Teorema 7.6 (Critério Suficiente de Crescimento (Decrescimento))** *Se a função $f(x)$ é contínua no intervalo $[a, b]$, diferenciável no intervalo $(a, b)$ e $f'(x) > 0(f'(x) < 0), x \in (a, b)$, então a função é crescente (decrescente) no intervalo $[a, b]$.*

**Prova:** De fato, suponhamos que $f'(x) > 0$, e sejam $x_1, x_2 \in (a,b)$ com $x_1 < x_2$, então

$$f'(x) = \lim_{x_1 \to x_2} \frac{f(x_1) - f(x_2)}{x_1 - x_2} > 0 \iff f(x_1) - f(x_2) < 0 \iff f(x_1) < f(x_2).$$

Donde segue que $f$ é crescente.

Quando $f'(x) < 0$, a prova é análoga ao caso anterior. ■

A seguir daremos as condições suficientes para calcular os valores máximo e mínimo local de uma função. Lembrando que as definições de máximo local e mínimo local foram dadas no capítulo 4, seção 4.5

**Teorema 7.7 (Condições Suficientes para os Extremos)** *1. Seja a função $f(x)$ definida no intervalo $(a,b)$ e contínua no ponto $x_o \in (a,b)$. Se $f'(x) < 0$ no intervalo $(a,x_o)$ e $f'(x) > 0$ no intervalo $(x_o,b)$, então o ponto $x_o$ é um ponto de mínimo de $f(x)$ no intervalo $(a,b)$.*

*2. Seja a função $f(x)$ definida no intervalo $(a,b)$ e contínua no ponto $x_o \in (a,b)$. Se $f'(x) > 0$ no intervalo $(a,x_o)$ e $f'(x) < 0$ no intervalo $(x_o,b)$, então o ponto $x_o$ é um ponto de máximo de $f(x)$ no intervalo $(a,b)$.*

Podemos resumir as afirmações anteriores na seguinte tabela:

| Sinal da derivada $f'(x_o)$ | | Conclusão sobre $f(x_o)$ |
|---|---|---|
| $x < x_o$ | $x > x_o$ | $x_o$ |
| $f'(x) > f'(x_o)$, | $f'(x) > f'(x_o)$ | não é ponto de extremo |
| $f'(x) < f'(x_o)$, | $f'(x) > f'(x_o)$ | é ponto de mínimo |
| $f'(x) > f'(x_o)$, | $f'(x) < f'(x_o)$ | é ponto de máximo |
| $f'(x) < f'(x_o)$, | $f'(x) < f'(x_o)$ | não é ponto de extremo |

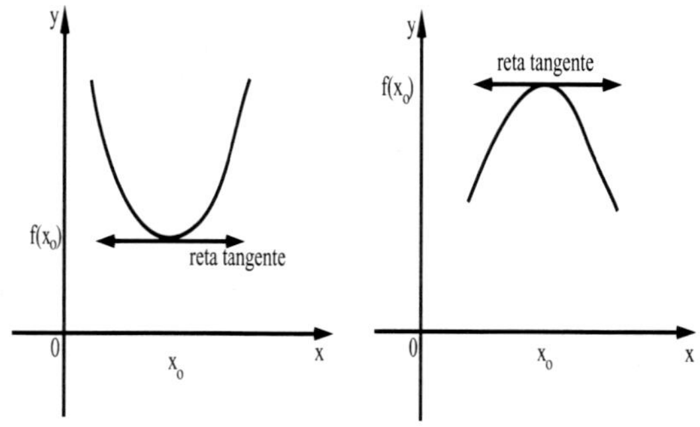


Figura 7.9: A reta tangente que passa pelo ponto $(x_o, f(x_o))$, onde $x_o$ é ponto de extremo da função $f$, é paralela ao eixo das abscissas

**Teorema 7.8 (Fermat**[3]**)** *Seja a função $f(x)$ definida no intervalo $(a,b)$ e diferenciável nele. Suponhamos que o ponto $x_o \in (a,b)$ seja ponto de extremo, isto é, máximo(ou mínimo), então $f'(x_o) = 0$.*

Figura 7.10: Pierre de Fermat

**Prova:** Suponhamos que $f(x_o)$ seja o valor máximo da função. Seja $h \in \mathbb{R}$ tal que $x_o + h \in (a, b)$. Como $x_o$ é ponto de máximo, então

$$f(x_o + h) - f(x_o) \leq 0.$$

Consideremos a seguinte relação

$$\frac{f(x_o + h) - f(x_o)}{h}.$$

Dependendo do sinal de $h$ temos,

$$\frac{f(x_o + h) - f(x_o)}{h} \leq 0 \quad \text{se} \quad h > 0. \tag{7.8}$$

e

$$\frac{f(x_o + h) - f(x_o)}{h} \geq 0 \quad \text{se} \quad h < 0. \tag{7.9}$$

Por hipótese, existe a derivada da função $f(x)$ no ponto $x = x_o$, então de (7.8), temos

$$\lim_{h \to 0^+} \frac{f(x_o + h) - f(x_o)}{h} = f'_+(x_o) \leq 0.$$

Da mesma forma, de (7.9), temos

$$\lim_{h \to 0^-} \frac{f(x_o + h) - f(x_o)}{h} = f'_-(x_o) \geq 0.$$

Como

$$f'(x_o) = f'_-(x_o) = f'_+(x_o),$$

segue que $f'(x_o) = 0$. ■

O Teorema de Fermat fornece uma condição necessária para que uma função diferenciável no seu domínio de definição atinja máximo e/ou mínimo. Enquanto a condição $f'(x_o) = 0$ não é condição suficiente de valor máximo e/ou valor mínimo. Isto mostra-se facilmente com o seguinte exemplo.

Considere a função $f(x) = x^3$, cuja derivada é $f'(x) = (x^3)' = 3x^2$. Notamos que $f'(x) = 0$ quando $x = 0$, no entanto, o ponto $x = 0$ não é um ponto de máximo nem mínimo da função $f(x) = x^3$.

Do Teorema de Fermat, segue que os pontos extremos da função $f$ encontram-se entre os pontos críticos, isto é, nos pontos do domínio onde a derivada é igual a zero ou nos pontos onde a derivada não existe.

[3]Pierre de Fermat (1601-1665), grande matemático francês

## 7.11 Concavidade. Outro Método para Calcular o Máximo e/ou Mínimo

A definição de reta tangente ao gráfico de uma função permite analisar de forma mais efetiva a propriedade de convexidade de uma função, e por consequência estudar um método mais eficiente para encontrar os valores máximos e mínimos de uma função. A análise da convexidade aqui, é uma extensão do estudo das funções convexas feita no capítulo 2, seção 2.11. Assim, vamos repetir as definições de função convexa do capítulo 2 por conveniência e vamos estabelecer um resultado importante entre funções convexas e o sinal da segunda derivada.

**Definição 7.5** *A função $f(x)$ definida no intervalo $X$ chama-se convexa ou côncava para cima se para quaisquer $x_1$ e $x_2$ deste intervalo e qualquer $\alpha \in (0,1)$ temos a desigualdade*

$$f(\alpha x_1 + (1-\alpha)x_2) \leq \alpha f(x_1) + (1-\alpha)f(x_2)$$

Geometricamente, a propriedade de concavidade para cima da função $f(x)$ no intervalo $X$, significa que os pontos de qualquer arco $AB$ do gráfico da função $y = f(x)$, onde $A = (x_1, f(x_1))$ e $B = (x_2, f(x_2))$ estão abaixo da corda que contém estes pontos.

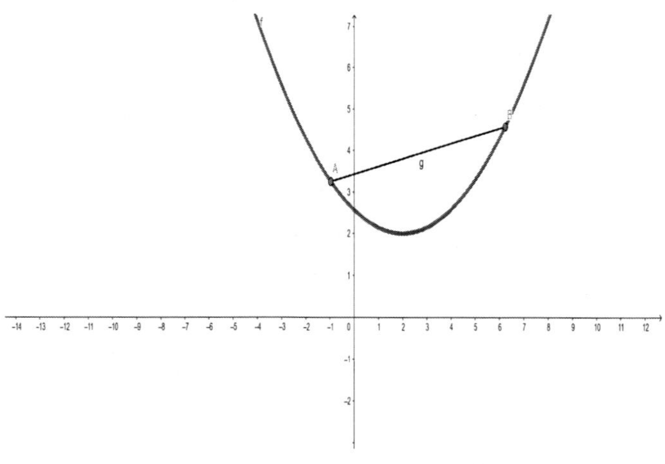

Figura 7.11: Gráfico de uma função convexa

**Definição 7.6** *A função $f(x)$ definida no intervalo $X$ chama-se côncava ou côncava para baixo se para quaisquer $x_1$ e $x_2$ deste intervalo e qualquer $\alpha \in (0,1)$ temos a desigualdade*

$$f(\alpha x_1 + (1-\alpha)x_2) \geq \alpha f(x_1) + (1-\alpha)f(x_2)).$$

Geometricamente, a propriedade de concavidade para baixo da função $f(x)$ no intervalo $X$, significa que os pontos de qualquer arco $AB$ do gráfico da função $y = f(x)$, onde $A = (x_1, f(x_1))$ e $B = (x_2, f(x_2))$ estão acima da corda que contém estes pontos.

**Exemplo 7.38** *a função $y = \operatorname{sen} x$ é côncava para baixo no intervalo $[0, \pi]$.*

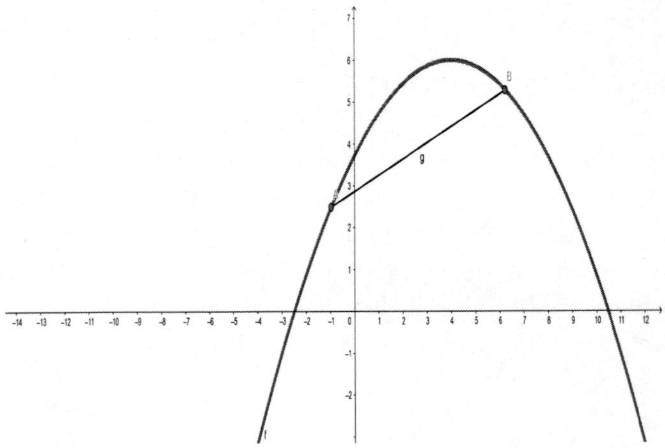

Figura 7.12: Gráfico de uma função côncava para baixo

Como $\alpha \in (0,1)$, tomemos $\alpha = \frac{1}{2}$. Mostremos que

$$\operatorname{sen}\frac{x_1+x_2}{2} \geq \frac{\operatorname{sen}x_1+\operatorname{sen}x_2}{2}, \quad \text{para quaisquer } x_1, x_2 \in [0,\pi].$$

Temos

$$\begin{aligned}\operatorname{sen}\frac{x_1+x_2}{2} - \frac{\operatorname{sen}x_1+\operatorname{sen}x_2}{2} &= \operatorname{sen}\frac{x_1+x_2}{2} - \frac{2\operatorname{sen}\frac{x_1+x_2}{2}\cos\frac{x_1-x_2}{2}}{2} = \\ &= \operatorname{sen}\frac{x_1+x_2}{2}\left(1-\frac{\cos(x_1-x_2)}{2}\right).\end{aligned}$$

Como $0 \leq x_1 \leq \pi$ e $0 \leq x_2 \leq \pi$ então $0 \leq \dfrac{x_1+x_2}{2} \leq \pi$, e portanto, $\operatorname{sen}\dfrac{x_1+x_2}{2} \geq 0$. Além disso $\left(1-\dfrac{\cos(x_1-x_2)}{2}\right) \geq 0$, então para quaisquer $x_1$ e $x_2$ do intervalo $[0,\pi]$, temos a seguinte desigualdade

$$\operatorname{sen}\frac{x_1+x_2}{2} \geq \frac{\operatorname{sen}x_1+\operatorname{sen}x_2}{2}.$$

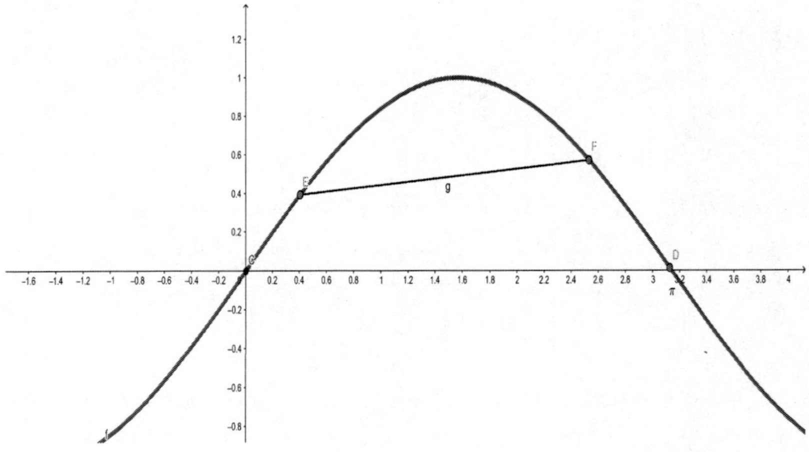

## Reta Tangente e Concavidade

Geometricamente, a propriedade de concavidade para cima da função $f$ no intervalo $X$, significa que seu gráfico fica acima de qualquer reta tangente traçada em qualquer ponto $(x, f(x))$ com

$x \in X$. Ou seja, se $x_o \in X$, a equação da reta tangente ao gráfico da função $f$ no ponto $(x_o, f(x_o))$ é dado por $f(x) = f(x_o) + f'(x_o)(x - x_o)$, então para $x, x_o \in X$, temos

$$f(x) \geq f(x_o) + f'(x_o)(x - x_o).$$

Analogamente, Dizemos que uma função $f(x)$ é côncava para baixo no intervalo $X$ se seu gráfico fica abaixo de qualquer reta tangente traçada em qualquer ponto $(x, f(x))$ com $x \in X$. Ou seja, se $x_o \in X$, a equação da reta tangente ao gráfico da função $f$ no ponto $(x_o, f(x_o))$ dado por $f(x) = f(x_o) + f'(x_o)(x - x_o)$, $x, x_o \in X$, satisfaz a desigualdade

$$f(x) \leq f(x_o) + f'(x_o)(x - x_o).$$

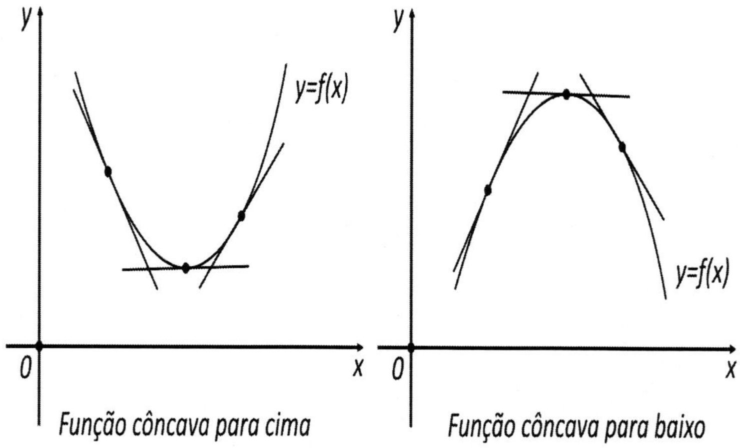


Figura 7.13: Gráfico de funções côncavas para cima e para baixo

Da figura acima, é fácil ver que o gráfico da função é côncavo para baixo perto de seu ponto de máximo, e o gráfico da função é côncavo para cima perto de seu ponto de mínimo.

Se nos movimentamos ao longo da curva no sentido de crescimento da variável independente $x$ e observamos que o ângulo $\beta$ que forma a reta tangente com o eixo positivo $0x$ decresce num intervalo $I$, então dizemos que a função é côncava para cima em $I$, e se o ângulo cresce em $I$, então a função é côncava para baixo neste intervalo. Já foi visto acima que $\operatorname{tg} \beta = f'(x)$. Assim, se $\beta$ decresce, $\operatorname{tg} \beta = f'(x)$ decresce e se $\beta$ cresce, $\operatorname{tg} \beta = f'(x)$ cresce. Desta forma, no intervalo onde a função $f'(x)$ decresce, temos $f''(x) < 0$ e no intervalo onde a função $f'(x)$ cresce, $f''(x) > 0$. Com isto provamos o seguinte resultado.

**Teorema 7.9** *Seja $f$ uma função que possui até segunda derivada num intervalo $I$, então*

1. *$f$ é côncava para baixo em $I$ se $f''(x) < 0$ $\forall x \in I$;*

2. *$f$ é côncava para cima em $I$ se $f''(x) > 0$ $\forall x \in I$.*

**Exemplo 7.39** *A função $y = x^2$ é côncava para cima em toda a reta numérica.*

De fato, já foi visto anteriormente que $y = x^2$ é côncava para cima em $\mathbb{R}$.
Em termos do teorema anterior fica mais fácil a análise:

$$f(x) = x^2, \; f'(x) = 2x, \; f''(x) = 2 > 0 \; \forall x \in \mathbb{R},$$

logo a função $f(x) = x^2$ é côncava para cima.

**Exemplo 7.40** *Encontre os intervalos de concavidade da função* $f(x) = (1 + x^2)e^x$.

Primeiramente encontramos a primeira e segunda derivadas:

$$f'(x) = 2xe^x + (1 + x^2)e^x, \quad f''(x) = e^x(x^2 + 4x + 3).$$

A segunda derivada se anula nos pontos, $x_1 = -1$, $x_2 = -3$. Pelo método dos intervalos, encontramos que:

$$f''(x) > 0, \text{ nos intervalos } (-\infty, -3) \cup (-1, +\infty) \text{ e } f''(x) < 0, \text{ no intervalo } (-3, -1).$$

Concluimos que $f(x) = (1 + x^2)e^x$ é côncava para cima nos intervalos $(-\infty, -3) \cup (-1, +\infty)$ e côncava para baixo no intervalo $(-3, -1)$.

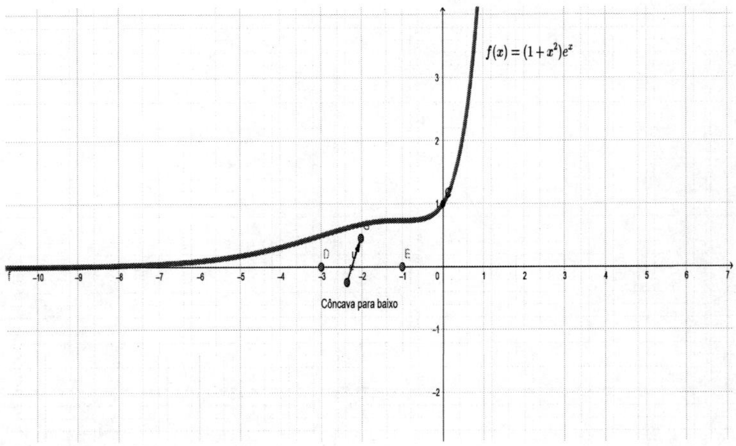


Figura 7.14: Gráfico da função $f(x) = (1 + x^2)e^x$

**Exemplo 7.41** *Encontre os intervalos de concavidade da função* $f(x) = x^2 \ln x$.

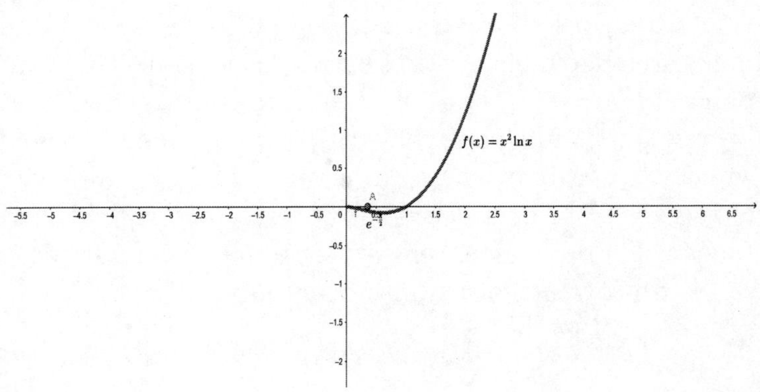


Figura 7.15: Gráfico da função $f(x) = x^2 \ln x$

$$f'(x) = 2x \ln x + x, \quad f''(x) = 2 \ln x + 3.$$

A segunda derivada se anula no ponto, $x_1 = e^{-\frac{3}{2}}$. Pelo método dos intervalos, encontramos que:

$$f''(x) > 0, \text{ no intervalo } (e^{-\frac{3}{2}}, +\infty) \text{ e } f''(x) < 0, \text{ no intervalo } (0, e^{-\frac{3}{2}}).$$

Concluimos que $f(x) = x^2 \ln x$ é côncava para cima no intervalo $(e^{-\frac{3}{2}}, +\infty)$ e côncava para baixo no intervalo $(0, e^{-\frac{3}{2}})$.

### 7.11.1 Máximos e /ou mínimos de uma Função

Nesta subseção daremos um critério para encontrar os valores extremos de uma função dependendo do sinal da segunda derivada.

Vamos supor que a função seja côncava para baixo ou côncava para cima e assim estudar como varia o coeficiente angular da reta tangente traçada ao gráfico de uma função. Suponhamos que $f$ seja uma função côncava para baixo. Observamos que o coeficiente angular de $f$ decresce quando um ponto arbitrário $P$ percorre um arco $AB$ do gráfico da função $f$, como pode observar-se na figura (a), e isto significa que a derivada $f'(x)$ é uma função decrescente. Por outro lado, quando a função é côncava para cima, observamos que o coeficiente angular de $f$ cresce quando um ponto arbitrário $P$ percorre um arco $CD$ do gráfico da função $f$, como pode observar-se na figura (b), e isto significa que a derivada $f'(x)$ é uma função crescente.

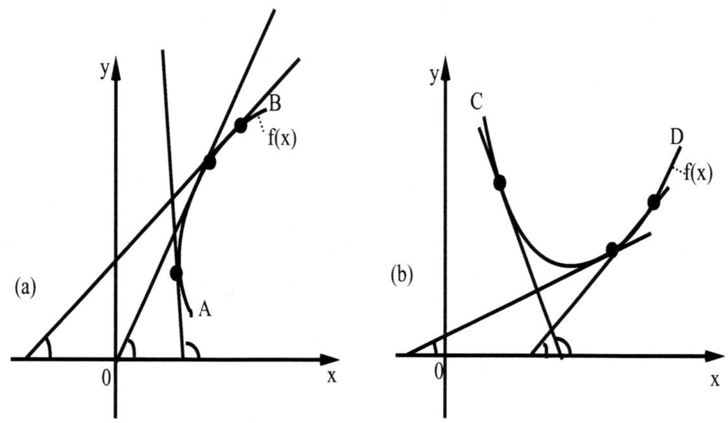


Figura 7.16: Variação do coeficiente angular

Agora consideremos, um ponto crítico $x_o$, isto é, quando $f'(x_o) = 0$. Suponhamos que $f''(x_o) < 0$. Isto significa que a $f'(x)$ é decrescente num intervalo que contenha o ponto $x_o$, pois, a função $f'(x) > f'(x_o) = 0$, $x < x_o$, e $f'(x) < f'(x_o) = 0$ quando $x > x_o$. Desta forma observamos que a derivada $f'(x)$ muda de sinal, de positivo para negativo quando $x$ passa de valores menores que $x_o$ para valores maiores que $x_o$, e portanto, a função $f(x)$ atinge máximo no ponto $x_o$.

Analogamente concluimos, se $f''(x_o) > 0$, a função $f'(x)$ no ponto $x_o$ cresce, isto é, para $x < x_o$, $f'(x) < f'(x_o) = 0$ e para valores $x > x_o$, $f'(x) > f'(x_o) = 0$. Desta forma a derivada $f'(x)$ muda de sinal, de negativo para positivo e portanto, a função $f(x)$ atinge mínimo no ponto $x_o$.

Assim, mostramos o seguinte resultado prático:

**Proposição 7.1** *Seja $f$ uma função definida num intervalo $I$, onde possua até segunda derivada e seja $x_o \in I$, então:*

1. *Se $f'(x_o) = 0$ e $f''(x_o) < 0$, então a função atinge seu máximo em $x_o$;*

2. *Se $f'(x_o) = 0$ e $f''(x_o) > 0$, então a função atinge seu mínimo em $x_o$.*

**Exemplo 7.42** *Encontre os valores máximo e mínimo da seguinte função*

$$f(x) = \frac{x^3}{3} - \frac{5x^2}{2} + 6x + 10, \ x \in \mathbb{R}$$

Primeiramente, observamos que a função é ilimitada em $\mathbb{R}$, pois

$$\lim_{x\to\pm\infty} f(x) = \pm\infty,$$

por este motivo vamos analisar somente extremos locais se houver.

Assim, calculemos a primeira derivada

$$f'(x) = x^2 - 5x + 6.$$

Agora encontremos os pontos, onde $f'(x) = 0$, isto é, quando $x^2 - 5x + 6 = 0$, ou seja, nos pontos, $x = 3$ e $x = 2$.

O próximo passo será calcular a segunda derivada de $f$, $f''(x) = 2x - 5$.

E por último, calculemos o valor da segunda derivada de $f$ nos pontos $x = 3$ e $x = 2$. Assim

$$f''(3) = 1 > 0$$
$$f''(2) = -1 < 0.$$

Podemos concluir então que, a função atinge seu valor máximo no ponto $x_o = 2$ e cujo valor é $f(2) = \dfrac{44}{3}$, e atinge seu valor mínimo no ponto $x_o = 3$ e cujo valor é $f(3) = \dfrac{29}{2}$.

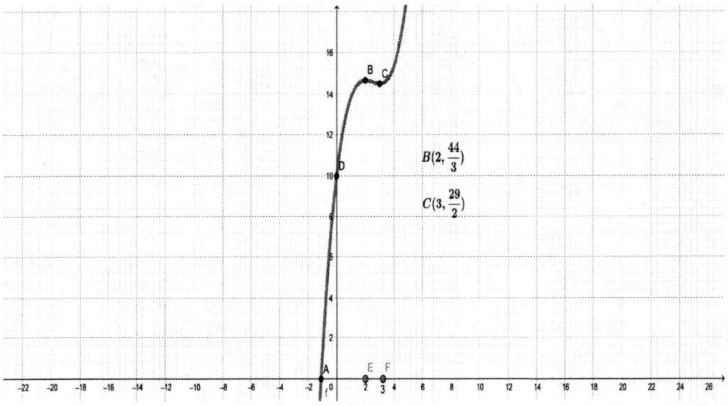


Figura 7.17: Gráfico da função $f(x) = \dfrac{x^3}{3} - \dfrac{5x^2}{2} + 6x + 10$

**Exemplo 7.43** *Encontre os valores máximo e mínimo da função*

$$f(x) = \operatorname{sen} x + \cos x.$$

Primeiramente, notamos que esta função é $2\pi$ periódica e por isso é suficiente analisar a função no intervalo $[0, 2\pi]$.

Calculando a primeira e segunda derivadas, temos

$$f'(x) = \cos x - \operatorname{sen} x, \quad f''(x) = -\operatorname{sen} x - \cos x.$$

A primeira derivada se anula quando $-\cos x + \operatorname{sen} x = 0$, ou seja, quando $\tan x = 1$. Os pontos que pertencem ao intervalo $(0, 2\pi)$ cuja tangente é igual a 1, são os pontos:

$$x_o = \frac{\pi}{4}, \text{ e } x_o = \frac{5\pi}{4}.$$

Agora calculemos a segunda derivada de $f$ nos pontos $x_0 = \dfrac{\pi}{4}$ e $x_o = \dfrac{5\pi}{4}$. Assim

$$f''(\frac{\pi}{4}) = -\operatorname{sen}\frac{\pi}{4} - \cos\frac{\pi}{4} = -\sqrt{2} < 0$$
$$f''(\frac{5\pi}{4}) = -\operatorname{sen}\frac{5\pi}{4} - \cos\frac{5\pi}{4} = \sqrt{2} > 0$$

Podemos concluir então que a função atinge seu valor máximo no ponto $x_o = \dfrac{\pi}{4}$ e $f(\dfrac{\pi}{4}) = \sqrt{2}$, e atinge seu valor mínimo no ponto $x_o = \dfrac{5\pi}{4}$ e $f(\dfrac{5\pi}{4}) = -\sqrt{2}$.

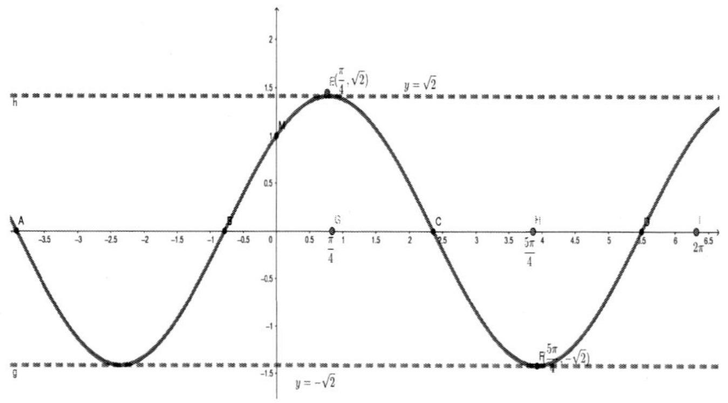

Figura 7.18: Gráfico da função $f(x) = \operatorname{sen} x + \cos x$

**Exemplo 7.11.1** *Considere um papelão de forma quadrada cujo lado tem comprimento $l$. Agora retiremos, dos quatro cantos do papelão, quadrados de tal forma que seja possível montar um paralelepípedo (caixa sem tampa superior) de volume máximo.*

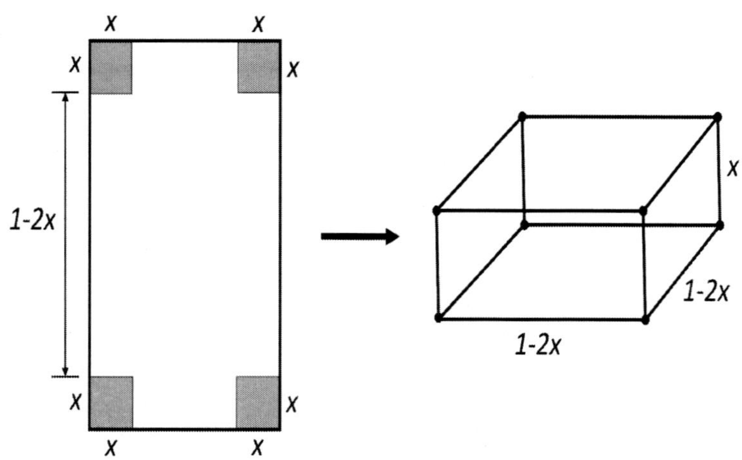


Figura 7.19: Caixa de papelão com lado $l$

Da figura acima, observa-se que as arestas do papelão não podem ser $\geq \frac{l}{2}$. Assim, as arestas de nosso paralelepípedo são: $l - 2x, l - 2x$ e $x$, portanto, seu respectivo volume é uma função de $x$:

$$V(x) = (l - 2x)(l - 2x)x = (l - 2x)^2 x, \quad \text{com } x \in (0, \frac{l}{2}).$$

Derivando, $V'(x) = -4x(l-2x) + (l-2x)^2 = (l-2x)(l-6x)$, encontramos que $V'(x) = 0$, nos pontos $x_1 = l/2$ e $x_2 = l/6$. O único ponto que serve é o ponto $x_2 = l/6$. Agora calculemos a segunda derivada: $V''(x) = 24x - 8l$. Donde $V''(l/6) = -4l < 0$, e isto significa que a função $V(x)$ atinge máximo no ponto $x_2 = l/6$. Assim,

$$V(l/6) = \frac{2l^3}{27}, \text{ é o volume máximo.}$$

### 7.11.2 Pontos de Inflexão

Uma definição de grande interesse para construção de gráficos de funções (próxima seção) é a noção de concavidade e ponto de inflexão.

**Definição 7.7** *Seja a função $f$ definida na vizinhança do ponto $x_o$ e suponhamos que ela possui segunda derivada neste ponto. Se nos pontos a esquerda de $x_o$ o gráfico da função $f$ é côncava para cima (para baixo) e a direita do ponto $x_o$ o gráfico de $f$ é côncava para baixo (para cima), então o ponto $x_o$ chama-se ponto de inflexão.*

O significado desta definição consiste no seguinte: a reta tangente no ponto de inflexão corta o gráfico da função no ponto $x_o$ em duas partes situadas em diferentes lados da reta tangente.

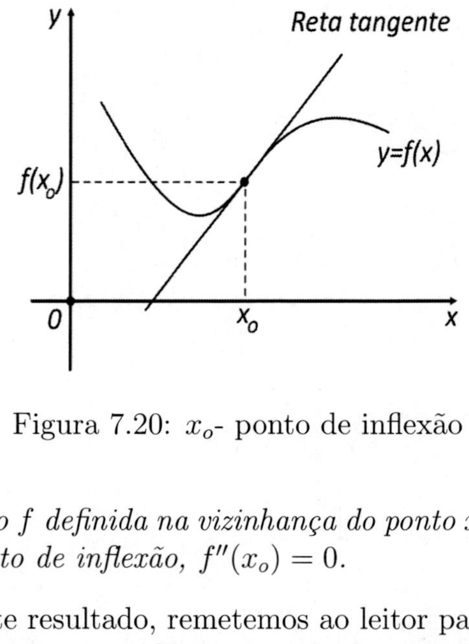


Figura 7.20: $x_o$- ponto de inflexão

**Teorema 7.10** *Seja a função $f$ definida na vizinhança do ponto $x_o$ com derivada segunda neste ponto. Então se $x_o$ é um ponto de inflexão, $f''(x_o) = 0$.*

Para uma prova rigorosa deste resultado, remetemos ao leitor para o livro de Kudriatzev [8]. Observamos que o teorema anterior nos dá uma condição necessária, pois o fato de $f''(x_o) = 0$ não implica que $x_o$ é ponto de inflexão de $f(x)$. Por exemplo, $f(x) = x^4$, com $f''(x) = 12x^2 = 0$, para $x_o = 0$, mas $x_o = 0$ não é ponto de inflexão da função $f(x) = x^4$. Isto se deve ao fato que $f''(x) = 12x^2$ não muda de sinal na vizinhança do ponto $x_o = 0$.

Assim, podemos enunciar uma condição suficiente para a existência do ponto de inflexão. Se na vizinhança do ponto $x_o$ a função $f''(x)$ muda de sinal quando passa pelo ponto $x_o$, então $x_o$ é ponto de inflexão da função $f$ e se $f''(x)$ não muda de sinal, então $x_o$ não é ponto de inflexão da função $f$.

**Exemplo 7.44** *Encontre os pontos de inflexão das seguintes funções:*

1. $f(x) = x^3 - 6x^2 + 12x - 5$;

*2.* $f(x) = x + \cos x$.

1. $f'(x) = 3x^2 - 12x + 12$, $f''(x) = 6x - 12$. Obtemos que $f'(x) = 0$ quando $x = 2$, e $f''(2) = 0$. Portanto, o ponto $(2, 3)$ é ponto de inflexão.

2. $f'(x) = 1 - \operatorname{sen} x$, $f''(x) = -\cos x$. Obtemos que $f'(x) = 0$ quando $x = \frac{\pi}{2} + 2k\pi$, $k \in \mathbb{Z}$, e $f''(\frac{\pi}{2}) = 0$. Portanto, as abscissas do ponto de inflexão são $x = \frac{\pi}{2} + 2k\pi$, $k \in \mathbb{Z}$.

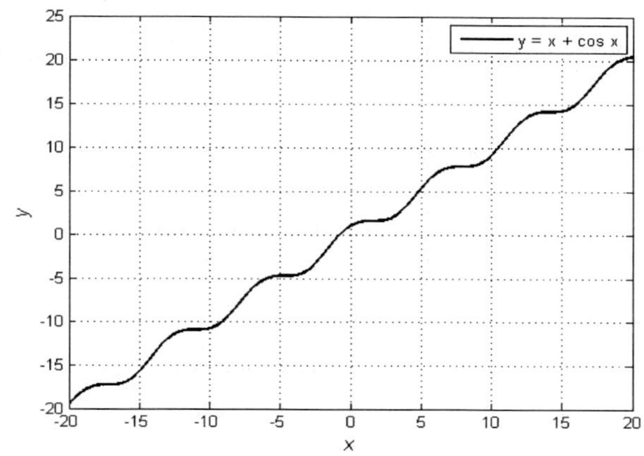


Figura 7.21: Gráfico da função $f(x) = x + \cos x$ com infinitos pontos de inflexão

### 7.11.3 Intervalo de Concavidade e Pontos de Inflexão

Conforme foi visto na seção anterior, o gráfico da função diferenciável $f$ é cônvavo para cima no intervalo $[a, b]$, se $f''(x) > 0, \forall x \in (a, b)$ e o gráfico da função diferenciável $f$ é cônvavo para baixo no intervalo $[a, b]$, se $f''(x) < 0, \forall x \in (a, b)$. Também, o ponto $x_o$ é ponto de inflexão para $f$, se $f''(x_o) = 0$.

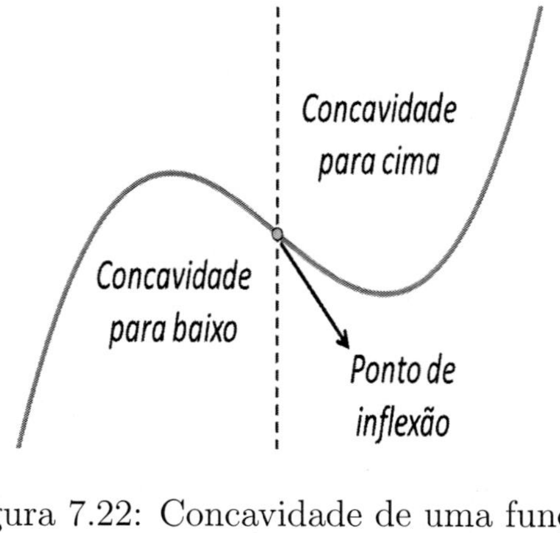


Figura 7.22: Concavidade de uma função

Consideremos os seguintes exemplos.

**Exemplo 7.45** *Encontre os intervalos de concavidade e pontos de inflexão da função* $f(x) = \dfrac{e^{-x^2}}{\sqrt{2}}$.

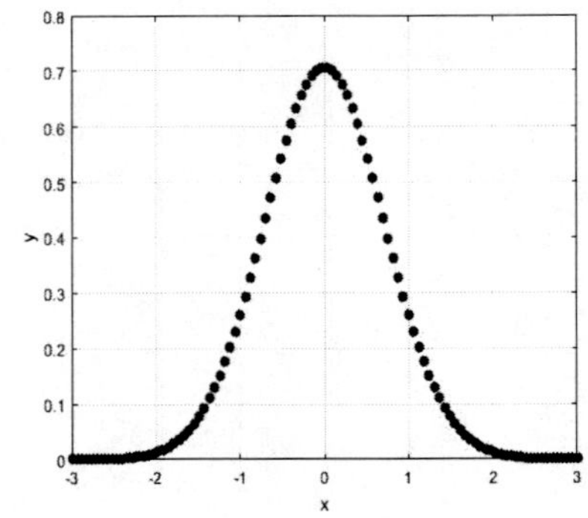


Figura 7.23: Gráfico da função $f(x) = \dfrac{e^{-x^2}}{\sqrt{2}}$ com os pontos de inflexão: $(\pm\dfrac{1}{\sqrt{2}}, \dfrac{1}{\sqrt{2}e^{1/2}})$

Primeiramente, encontramos a primeira e segunda derivadas:

$$f'(x) = -\sqrt{2}xe^{-x^2}, \quad f''(x) = \sqrt{2}e^{-x^2}(2x^2 - 1).$$

$f''(x) = 0$, quando $x_1 = -\dfrac{1}{\sqrt{2}}$, $x_2 = \dfrac{1}{\sqrt{2}}$. Pelo método dos intervalos, encontramos que:

$f''(x) > 0$, nos intervalos $(-\infty, -\dfrac{1}{\sqrt{2}}) \cup (\dfrac{1}{\sqrt{2}}, +\infty)$ e $f''(x) < 0$, no intervalo $(-\dfrac{1}{\sqrt{2}}, \dfrac{1}{\sqrt{2}})$.

Concluimos que $f(x) = \dfrac{e^{-x^2}}{\sqrt{2}}$ é côncava para cima nos intervalos $(-\infty, -\dfrac{1}{\sqrt{2}}) \cup (\dfrac{1}{\sqrt{2}}, +\infty)$ e côncava para baixo no intervalo $(-\dfrac{1}{\sqrt{2}}, \dfrac{1}{\sqrt{2}})$.

Os pontos de inflexão da função são: $(-\dfrac{1}{\sqrt{2}}, \dfrac{1}{\sqrt{2}e^{1/2}})$ e $(\dfrac{1}{\sqrt{2}}, \dfrac{1}{\sqrt{2}e^{1/2}})$.

**Exemplo 7.46** *Encontre os intervalos de concavidade e pontos de inflexão da função* $f(x) = (x+1)^4$.

Calculando a primeira e segunda derivadas:

$$f'(x) = 4(x+1)^3, \quad f''(x) = 12(x+1)^2.$$

$f'(x) = 0$, quando $x_o = -1$. É fácil observar que $f''(x) > 0$, ou seja, não muda de sinal para todo $x \neq -1$. Logo concluimos que a função não possui pontos de inflexão e ela é côncava para cima em $\mathbb{R}$.

# 7.12 Construção de Gráficos

A teoria desenvolvida nos capítulos anteriores será utilizada para analisar o comportamento da função em todo seu domínio de definição. Vamos tentar construir o gráfico de uma função seguindo um roteiro predeterminado.

O gráfico de uma função $y = f(x)$, $x \in X$, é o conjunto $\Gamma_f$ de todos os pontos do plano cartesiano $x0y$ do tipo $(x, f(x))$, onde $x \in X$, isto é,

$$\Gamma_f = \{(x, y);\ x \in X,\ y = f(x)\}.$$

Antes de passar a construir os gráficos de algumas funções, listemos algumas observações que nos permitirão fazer uma análise mais completa com relação ao comportamento do gráfico da função em dependência de suas propriedades:

1. Se o domínio da função consiste de um número de intervalos, então seu gráfico se encontra entre faixas verticais do $\mathbb{R}^2$. Assim, por exemplo, a função

$$y = \frac{1}{\sqrt{(x+1)(x-2)(x-5)}},$$

cujo domínio é o conjunto $(-1,2)\cup(5,+\infty)$, o seu gráfico encontra-se nas faixas verticais sublinhadas, como indica a figura ao lado.

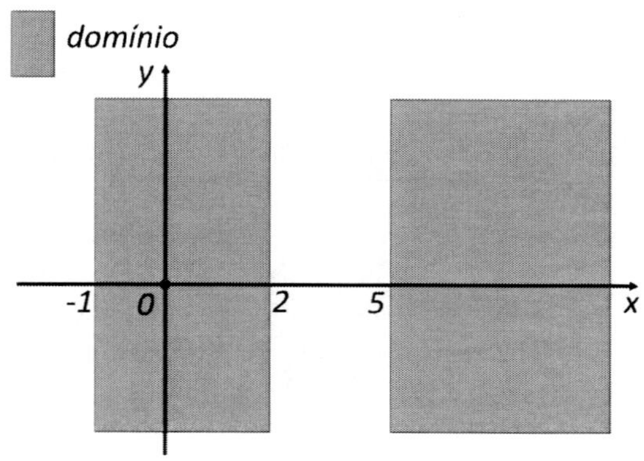


Figura 7.24: Domínio da função $y = \dfrac{1}{\sqrt{(x+1)(x-2)(x-5)}}$

2. Os zeros da função $y = f(x)$ são os pontos do eixo $Ox$, nos quais o gráfico da função corta este eixo.

3. **Assíntotas**
A reta chama-se assíntota de uma curva se a distância entre a curva e a reta tende a zero quando $x \to \infty$. A partir da definição, podemos ter três tipos de retas assíntotas:

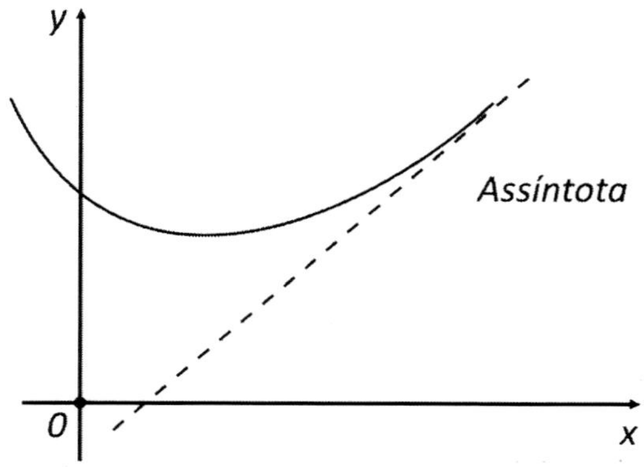


Figura 7.25: Assíntota da função $f$

(a) A reta $x = a$ chama-se assíntota vertical do gráfico da função $y = f(x)$, se temos ao menos uma das duas condições:

$$\lim_{x \to a^+} |f(x)| = +\infty, \quad \lim_{x \to a^-} |f(x)| = +\infty.$$

(b) A reta $y = b$ chama-se assíntota horizontal do gráfico da função $y = f(x)$, se temos ao menos uma das duas condições:

$$\lim_{x \to +\infty} f(x) = b, \quad \lim_{x \to -\infty} f(x) = b.$$

(c) A reta $y = kx + b$ chama-se assíntota do gráfico da função $y = f(x)$, se temos ao menos uma das duas condições:

$$\lim_{x \to +\infty} (f(x) - kx - b) = 0, \quad \lim_{x \to -\infty} (f(x) - kx - b) = 0.$$

Para calcular a assíntota $y = kx + b$ do gráfico da função $y = f(x)$, quando $x \to +\infty (x \to -\infty)$ usamos as seguintes fórmulas:

$$k = \lim_{\substack{x \to +\infty \\ x \to -\infty}} \frac{f(x)}{x}, \quad b = \lim_{\substack{x \to +\infty \\ x \to -\infty}} (f(x) - kx).$$

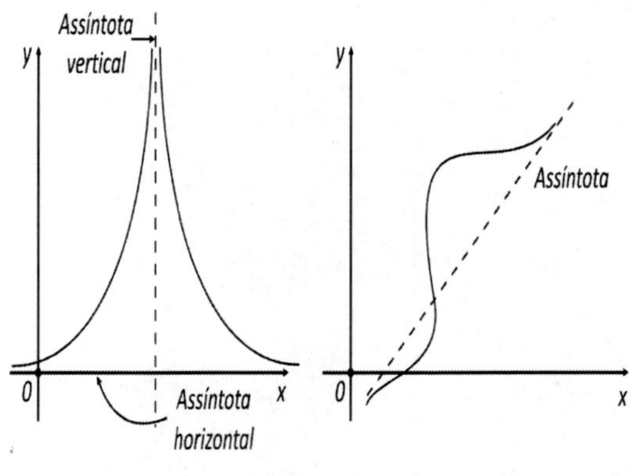


4. O gráfico de uma função par é simétrico com relação ao eixo $Oy$, e o gráfico de uma função ímpar é simétrico com relação à origem $(0, 0)$.

5. O gráfico de uma função periódica $y = f(x)$, $x \in X$ com período $T > 0$ normalmente é construído no conjunto $X \cap [0, T]$, e logo periodicamente, estende-se a cada conjunto da forma $[kT, (k+1)T] \cap X, k \in \mathbb{Z}/\{0\}$.

6. O gráfico de uma função limitada inferiormente (superiormente) está acima (abaixo) de uma reta horizontal $y = C$, onde $C$ é uma constante. Assim, o gráfico de uma função limitada está entre duas retas horizontais.

7. A propriedade de crescimento (decrescimento) da função $f$ significa que o valor da função $y = f(x)$ aumenta quando $x$ aumenta (diminui).

Numa vizinhança de um ponto $x$ que é máximo local (mínimo), o gráfico da função para valores a esquerda de $x$, isto é, $(x-\varepsilon, x)$, cresce(decresce) $f'(x) > 0$, e a direita de $x, (x, x+\varepsilon)$, decresce(cresce) $f'(x) < 0$.
Se a função $f$ atinge máximo no ponto $x_o$, então $f''(x_o) < 0$, e atinge mínimo no ponto $x_1$, se $f''(x_1) > 0$.

8. O gráfico da função $y = f(x)$, dado no intervalo $[a, b]$ que é côncava para cima (baixo) neste intervalo está abaixo (acima) da reta que passa pelos pontos $(a, f(a))$ e $(b, f(b))$.

**Exemplo 7.47** *Analise a função* $y = \dfrac{x^2-4}{x^2+2}$ *e construa seu gráfico.*

1. O domínio da função é $\mathbb{R}$.

2. $y = \dfrac{x^2-4}{x^2+2} = 0$, quando $x = \pm 2$.

3. A reta $y = 1$ é uma assíntota horizontal, pois

$$\lim_{x\to\infty} \frac{x^2-4}{x^2+2} = 1.$$

No entanto, não existe assíntota do gráfico da função, pois;

$$k = \lim_{x\to\infty}\left(\frac{y(x)}{x}\right) = \frac{x^2-4}{x^3+2x} = 0.$$

Vamos destacar no plano cartesiano os pontos de interseção do grafíco da função com os eixos coordenados e a assíntota horizontal $y = 1$.

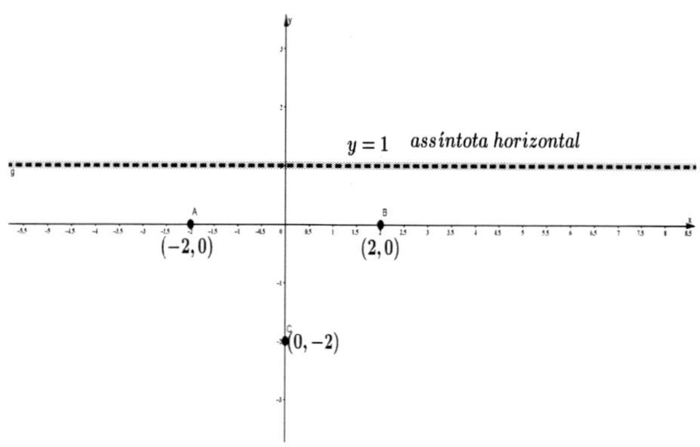


Figura 7.26: o gráfico da função passa pelos pontos $(0,-2), (-2,0)$ e $(2,0)$ e pussui assíntota horizontal $y = 1$

4. Para qualquer $x$ do domínio da função, temos

$$y(-x) = \frac{(-x)^2-4}{(-x)^2+2} = \frac{x^2-4}{x^2+2} = y(x),$$

então a função é par.

5. A função dada não é periódica.

6. Como, $y'(x) = \left(\frac{x^2-4}{x^2+2}\right)' = \frac{12x}{(x^2+2)^2}$, donde $y'(x) = 0$ quando $x = 0$. Calculando a segunda derivada, temos $y''(0) = 3 > 0$, portanto $x = 0$ é um ponto de mínimo local, isto é, $y(0) = -2$ é o valor do mínimo da função. Além disto, observamos que o sinal da primeira derivada $y'(x) = \left(\frac{x^2-4}{x^2+2}\right)' = \frac{12x}{(x^2+2)^2}$ é positivo quando $x \in (0, \infty)$, e isto significa que a função $y(x) = \frac{x^2-4}{x^2+2}$ cresce neste intervalo.

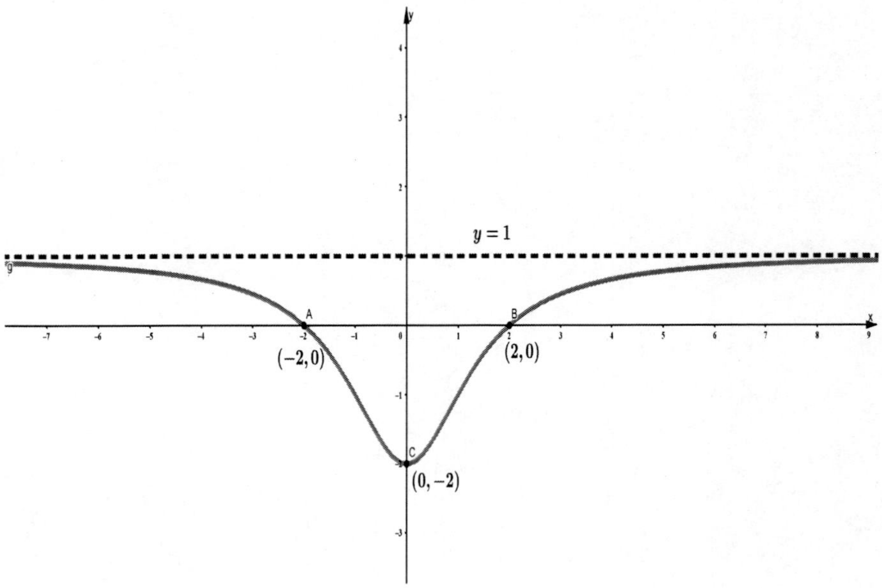


Figura 7.27: Gráfico da função $y = \frac{x^2-4}{x^2+2}$

**Exemplo 7.48** *Analise a função* $y = x + \frac{1}{x}$ *e construa seu gráfico.*

1. O domínio da função é $\mathbb{R} - \{0\}$.

2. Como
$$x + \frac{1}{x} = \frac{x^2+1}{x},$$
então $y(x) > 0$ quando $x > 0$ e $y(x) < 0$ quando $x < 0$. Esta função não se anula para nenhum valor de $x$ do seu domínio.

A reta $x = 0$ é uma assíntota vertical, pois
$$\lim_{x\to 0^+} (x + \frac{1}{x}) = +\infty, \quad \lim_{x\to 0^-} (x + \frac{1}{x}) = -\infty.$$
Verifiquemos, se existe a assíntota do gráfico da função;
$$k = \lim_{x\to\infty} (\frac{y(x)}{x}) = \lim_{x\to+\infty} (1 + \frac{1}{x^2}) = 1,$$

$$b = \lim_{x \to \infty} (y(x) - x) = \lim_{x \to +\infty} (\frac{1}{x}) = 0.$$

Então a reta $y = x$ é assíntota do gráfico da função $y = x + \frac{1}{x}$ quando $x \to +\infty$. Analogamente, mostra-se que a reta $y = x$ é a assíntota do gráfico da função $y = x + \frac{1}{x}$ quando $x \to -\infty$.

3. Para qualquer $x$ do domínio da função, temos

$$y(-x) = -x + \frac{1}{-x} = -(x + \frac{1}{x}) = -y(x),$$

então a função $y(x) = x + \frac{1}{x}$ é ímpar.

4. A função dada não é periódica.

5. Se $x > 0$, então

$$\begin{aligned} y(x) &= x + \frac{1}{x} = (\sqrt{x})^2 - 2\sqrt{x}\frac{1}{\sqrt{x}} + (\frac{1}{\sqrt{x}})^2 + 2 \\ &= (\sqrt{x} - \frac{1}{\sqrt{x}})^2 + 2 \geq 2, \end{aligned}$$

e por isso a função é limitada inferiormente no intervalo $(0, +\infty)$. Segue daqui, considerando que a função dada é ímpar, que a função é limitada superiormente no intervalo $(-\infty, 0)$, isto é, $x + \frac{1}{x} \leq -2$. Ao mesmo tempo, notamos que

$$\lim_{x \to -\infty} f(x) = -\infty, \quad \lim_{x \to +\infty} f(x) = +\infty.$$

Por este motivo, a função não é limitada superiormente no intervalo $(0, +\infty)$ nem limitada inferiormente no intervalo $(-\infty, 0)$.

6. Para quaisquer números reais positivos $x_1$ e $x_2$, temos

$$\begin{aligned} y(x_2) - y(x_1) &= (x_2 + \frac{1}{x_2}) - (x_1 + \frac{1}{x_1}) = (x_2 - x_1) - \frac{x_2 - x_1}{x_1 x_2} = \\ &= (x_2 - x_1)(1 - \frac{1}{x_1 x_2}). \end{aligned}$$

Se $0 < x_1 < x_2 \leq 1$, então $x_2 - x_1 > 0$ e $(1 - \frac{1}{x_1 x_2}) < 0$. Por isso, $y(x_2) < y(x_1)$, e portanto, no intervalo $(0, 1]$ a função é decrescente.

Se $1 \leq x_1 < x_2$, então $x_2 - x_1 > 0$ e $(1 - \frac{1}{x_1 x_2}) > 0$. Por isso, $y(x_2) > y(x_1)$, e portanto, no intervalo $[1, +\infty)$ a função é crescente.

Como $y(x)$ é uma função ímpar, segue que no intervalo $(-\infty, -1]$ ela cresce, e no intervalo $[-1, 0)$ decresce.

Agora usemos o critério do sinal da segunda derivada para calcular os pontos de extremo. De fato, $y'(x) = \left(x + \frac{1}{x}\right)' = 1 - \frac{1}{x^2}$, donde $y'(x) = 0$ quando $x = \pm 1$. Calculando a segunda derivada, temos $y''(x) = 2x^{-3}$. Donde $y''(1) = 2 > 0$, e $y''(-1) = -2 < 0$. Assim, o ponto $x = -1$ é um ponto de máximo local, e o ponto $x = 1$ é um ponto de mínimo local, isto é

$$y(1) = 2, \quad y(-1) = -2.$$

7. Para a análise da concavidade do gráfico da função, basta observar que $y''(x) = 2x^{-3} > 0$, $\forall x > 0$ e $y''(x) = 2x^{-3} < 0$, $\forall x < 0$. Assim, a função é côncava para cima no intervalo $(0, +\infty)$ e côncava para baixo no intervalo $(-\infty, 0)$.

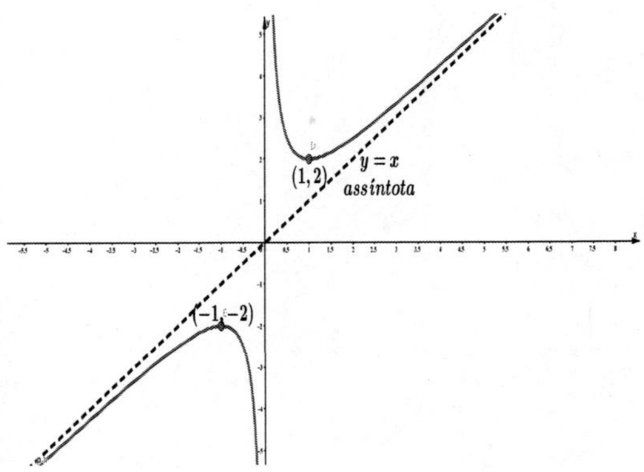


Figura 7.28: Gráfico da função $y = x + \frac{1}{x}$

**Exemplo 7.49** *Construa o gráfico da seguinte função*

$$f(x) = x^2 + \frac{2}{x}.$$

A função $f$ está definida para todo $x \neq 0$, ou seja, o domínio da função é a união dos intervalos $(-\infty, 0)$ e $(0, \infty)$. Também observamos que a função $f(x) = 0$ quando $x = -\sqrt[3]{2}$. Como a função $f(x)$ é diferenciável em cada um dos intervalos $(-\infty, 0)$ e $(0, \infty)$ e

$$f'(x) = 2x - \frac{2}{x^2} = \frac{2x^3 - 2}{x^2},$$

então $f'(x) = 0$ quando $x_o = 1$.

Como $f'(x) < 0, x \in (-\infty, 0)$, isto significa que ele é decrescente neste intervalo. $f'(x) < 0, x \in (0, 1))$, ou seja $f$ também é decrescente, mas no intervalo $(1, +\infty)$, $f'(x) > 0$, ou seja $f$ é crescente.

Agora calculemos a segunda derivada: $f''(x) = 2 + \frac{4}{x^3}$. Verificamos que $f''(1) > 0$, então $x = 1$ é ponto de mínimo, sendo este valor mínimo igual $f(1) = 3$.

Observamos que a função possui assíntota vertical, pois

$$\lim_{x \to 0^-} \left[x^2 + \frac{2}{x}\right] = -\infty \text{ e } \lim_{x \to 0^+} \left[x^2 + \frac{2}{x}\right] = +\infty.$$

Também, vemos que

$$\lim_{x\to\pm\infty}\left[x^2+\frac{2}{x}\right]=+\infty.$$

Por isso observamos que a função não é limitada no intervalo $(-\infty,0)$, mas, no intervalo $(0,+\infty)$, ela é limitada inferiormente, mas não é limitada superiormente.

Observa-se também que o ponto $x=-\sqrt[3]{2}$, é ponto de inflexão, pois $f''(-\sqrt[3]{2})=0$. Assim, a função é côncava para cima no intervalo $(-\infty,-\sqrt[3]{2}]$ e côncava para baixo no intervalo $[-\sqrt[3]{2},0)$.

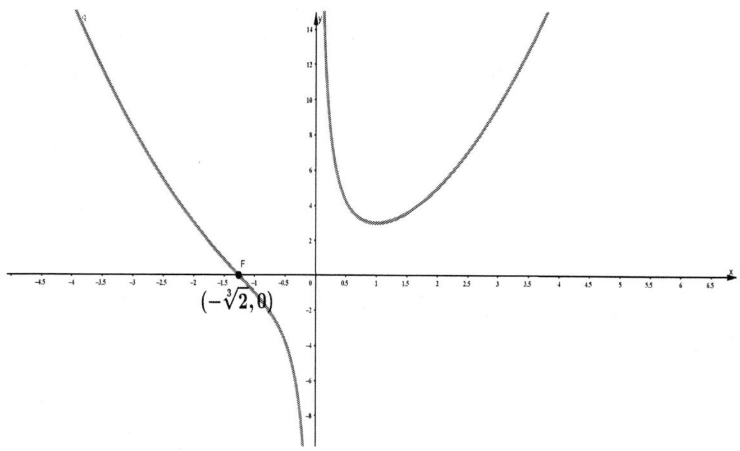


Figura 7.29: Gráfico da função $f(x)=x^2+\dfrac{2}{x}$

**Exemplo 7.50** *Encontre os pontos de extremo da função*

$$f(x)=(x-2)^2(x+3)^3.$$

A função $f$ está definida, é contínua e é diferenciável para todo $x\in\mathbb{R}$.

Como

$$f'(x)=2(x-2)(x+3)^3+3(x-2)^2(x+3)^2=5x(x-2)(x+3)^2,$$

então $f'(x)=0$ quando $x=2, x=-3, x=0$. Daqui, pelo método dos intervalos encontramos que $f'(x)>0$ quando $x\in(-\infty,-3)$, $x\in(-3,0)$ e $x\in(2,+\infty)$ e $f'(x)<0$ para $x\in(0,2)$. Portanto, como a função é contínua para todo $x$, então ela cresce nos intervalos $(-\infty,-3]$, $[-3,0]$ e $[2,+\infty)$, e decresce no intervalo $[0,2]$. Desta forma, o ponto $x=0$ é um ponto de máximo local, e o ponto $x=2$ é um ponto de mínimo local. Como $f''(x)=5[(2x-2)(x+3)^2+3(x^2-2x)(x+3)]$, a análise acima condiz com o fato de: $f''(2)=250>0$, ou seja $x=2$ é um ponto de mínimo local e o valor mínimo é $f(2)=0$. $f''(0)=-90<0$, ou seja $x=0$ é um ponto de máximo local e o valor máximo é $f(0)=108$.

Observamos que apesar de $f'(-3)=0$, o ponto $x=-3$ não é um ponto de extremo local para a função $f(x)$, pois $f''(-3)=0$, e portanto, o ponto $(-3,0)$ é um ponto de inflexão.

Cabe salientar neste momento, que o fato da derivada segunda ser nula em um ponto, não implica que este ponto não seja extremo local de uma função. Como exemplo clássico podemos citar a função $f(x)=x^4$.

**Exemplo 7.51** *Construa o gráfico da seguinte função*

$$f(x)=\frac{2x^2}{\sqrt{x^2-4}}.$$

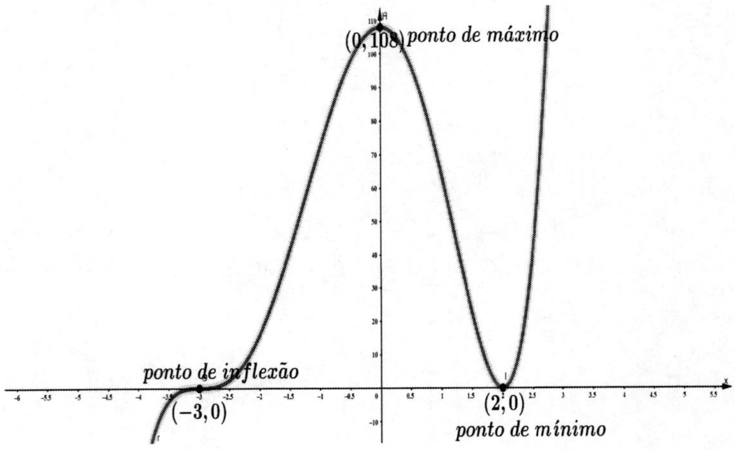


Figura 7.30: Gráfico da função $f(x) = (x-2)^2(x+3)^3$.

A função $f$ está definida para todo $x$, tal que $x^2 - 4 > 0$ ou seja o domínio da função é a união dos intervalos $(-\infty, -2)$ e $(2, \infty)$.
Veja que o ponto $x = 0$ está fora do domínio, por isso não tem sentido $f(0)$.
Observamos que a função é par, por isso basta analisar a função somente no intervalo $(2, +\infty)$.
Como a função $f$ é diferenciável em cada um destes intervalos, temos

$$f'(x) = \frac{2x(x^2-8)}{(x^2-4)^{3/2}},$$

então $f'(x) = 0$ quando $x_o = 2\sqrt{2}$ e $x_o = -2\sqrt{2}$. Para analisar a natureza destes pontos críticos basta saber o sinal da segunda derivada de $f$. É fácil verificar que o valor da segunda derivada $f''(2\sqrt{2}) > 0$ e então $x = 2\sqrt{2}$ é ponto de mínimo, sendo este valor mínimo igual $f(2\sqrt{2}) = 8$.
Também, verifica-se que a segunda derivada $f''(-2\sqrt{2}) > 0$ e então $x = -2\sqrt{2}$ é ponto de mínimo, sendo este valor mínimo igual $f(-2\sqrt{2}) = 8$.
Daqui é fácil concluir que no intervalo $(2, \infty)$ a função é côncava para cima e por simetria, no intervalo $(-\infty, -2)$ a função também é côncava para cima.

Continuando com a análise, observamos que a função possui duas assíntotas verticais: $x = -2$ e $x = 2$. Não tem assíntota horizontal e têm duas assíntotas, pois

$$k = \lim_{x\to+\infty}[\frac{2x^2}{x\sqrt{x^2-4}}] = 2 \text{ e } k = \lim_{x\to-\infty}[\frac{2x^2}{x\sqrt{x^2-4}}] = -2,$$

por isso as equações das retas assíntotas ao gráfico da função são dadas por:

$$y = 2x \text{ e } y = -2x.$$

O gráfico da função é representado pela seguinte figura,

## 7.13 Formas Indeterminadas $\frac{0}{0}$, $\frac{\infty}{\infty}$

Conforme já vimos no capítulo 5, o limite do quociente $\frac{f(x)}{g(x)}$ é igual ao limite de $f(x)$ dividido pelo limite de $g(x)$, desde que ambas as funções possuam limite e desde que o limite

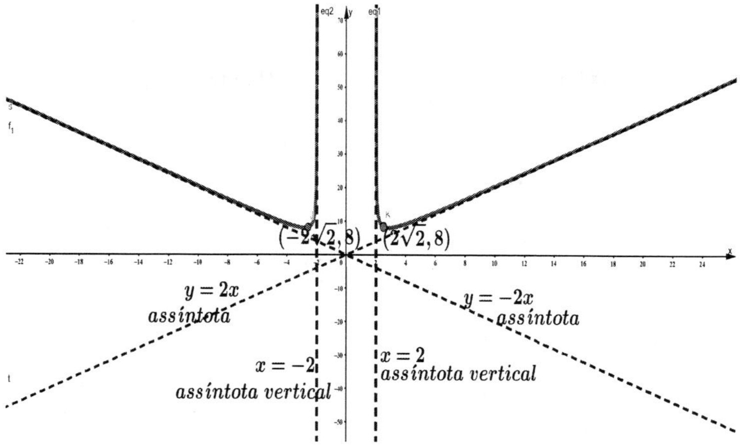


Figura 7.31: Gráfico da função $f(x) = \dfrac{2x^2}{\sqrt{x^2-4}}$
,

de $g(x)$ seja diferente de zero. Vamos formalizar esta observação. Consideremos $f(x)$ e $g(x)$ duas funções definidas no intervalo $I \subset \mathbb{R}$. O limite da razão das duas funções $\dfrac{f(x)}{g(x)}$ não está definida quando $\lim\limits_{x\to c} g(x) = 0$, $c \in I$ ($c$ pode não pertencer a $I$). Se $f(x) \to \beta \neq 0$, quando $x \to c$ e $\lim\limits_{x\to c} g(x) = 0$, então $f(x)/g(x) \to \infty$.

Se ambas funções, tanto $f$ como $g$ se anulam quando $x = c$, então a regra do limite do quociente que aprendemos antes não se aplica mais. Neste caso diz-se que a razão tem uma indeterminação da forma $\dfrac{0}{0}$ no limite, quando $x \to c$.

Por outro lado, cabe observar que se

$$\lim_{x\to c} f(x) = \infty = \lim_{x\to c} g(x),$$

então diz-se que a razão $\dfrac{f(x)}{g(x)}$ tem uma indeterminação da forma $\dfrac{\infty}{\infty}$ no limite.

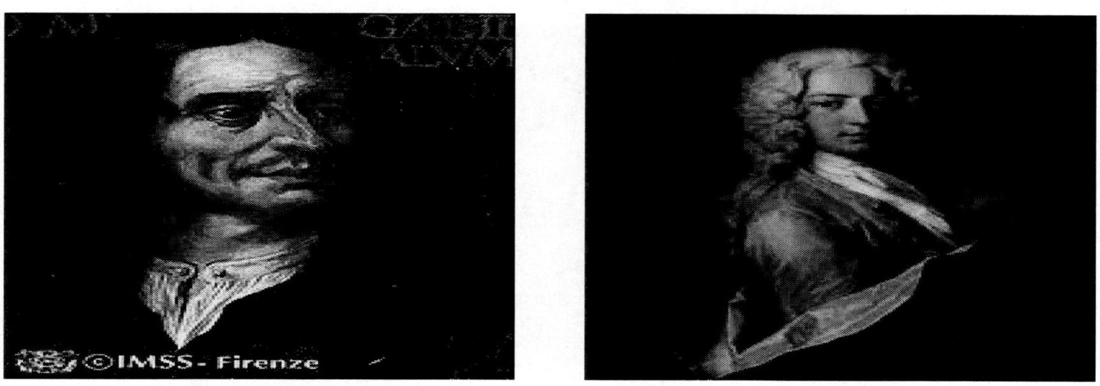


Figura 7.32: Guillaume François Antoine, Marquês de L'Hôspital e Daniel Bernoulli

**Teorema 7.11** ( **Primeira Regra de L'Hôspital[4]-Bernoulli[5]**) *Sejam $f$ e $g$ duas funções definidas no intervalo $I$, contínuas no intervalo $[c, c+h]$, diferenciáveis no intervalo $(c, c+h)$,*

[4]Guillaume François Antoine, Marquês de L'Hôspital, matemático francês(1661-1704)
[5]Daniel Bernoulli, matemático holandês (1700-1782)

*existem $f'(c), g'(c)$, com $g'(c) \neq 0$ e se anulam no ponto $x = c$, isto é $f(c) = g(c) = 0$. Se existe o limite $\lim_{x\to c} \frac{f'(x)}{g'(x)}$, então existe $\lim_{x\to c} \frac{f(x)}{g(x)}$ e*

$$\lim_{x\to c} \frac{f(x)}{g(x)} = \lim_{x\to c} \frac{f'(x)}{g'(x)}.$$

**Prova:** Como existe o limite $\lim_{x\to c} \frac{f'(x)}{g'(x)}$, segue que $g'(x) \neq 0$ no intervalo $(c, c+h]$ quando $h$ é um número muito pequeno.
Assim, no intervalo $(c, c+h]$, temos

$$\begin{aligned}\lim_{x\to c} \frac{f(x)}{g(x)} &= \lim_{x\to c} \frac{f(x)-f(c)}{g(x)-g(c)} \\ &= \lim_{x\to c} \frac{\frac{f(x)-f(c)}{x-c}}{\frac{g(x)-g(c)}{x-c}} \\ &= \lim_{x\to c} \frac{f'(x)}{g'(x)}. \quad \blacksquare\end{aligned}$$

**Observação 7.13.1** *No caso que $f'(c) = 0 = g'(c)$, o teorema pode ser aplicado novamente a razão*

$$\frac{f'(x)}{g'(x)},$$

*desta forma, a primeira regra de L'Hôspital, pode-se escrever na forma*

$$\lim_{x\to c} \frac{f(x)}{g(x)} = \lim_{x\to c} \frac{f'(x)}{g'(x)} = \lim_{x\to c} \frac{f''(x)}{g''(x)}.$$

*Em alguns casos pode-se repetir esta regra várias vezes.*

**Exemplo 7.52** *Calcule o limite da seguinte função*

$$\lim_{x\to 0} \frac{\operatorname{sen} x \cdot e^x - 5x}{4x^2 + 7x}.$$

Usemos a primeira regra de L'Hôspital-Bernoulli para as funções $f(x) = \operatorname{sen} x \cdot e^x - 5x$ e $g(x) = 4x^2 + 7x$, temos

$$\lim_{x\to 0} \frac{f(x)}{g(x)} = \lim_{x\to 0} \frac{f'(x)}{g'(x)} = \lim_{x\to 0} \frac{\cos x \cdot e^x + \operatorname{sen} x \cdot e^x - 5}{8x + 7} = -\frac{4}{7}.$$

**Exemplo 7.53** *Calcule o limite da seguinte função*

$$\lim_{x\to 0} \frac{\operatorname{sen} x \cdot e^{2x} - x}{5x^2 + x^3}.$$

Usemos a primeira regra de L'Hôspital-Bernoulli duas vezes para as funções $f(x) = \operatorname{sen} x \cdot e^{2x} - x$ e $g(x) = 5x^2 + x^3$, e $g''(x) = 10 + 6x \neq 0$ quando $x \to 0$. Temos

$$\begin{aligned}\lim_{x\to 0} \frac{f(x)}{g(x)} &= \lim_{x\to 0} \frac{f'(x)}{g'(x)} = \lim_{x\to 0} \frac{\cos x \cdot e^{2x} + 2\operatorname{sen} x \cdot e^{2x} - 1}{10x + 3x^2} \\ &= \lim_{x\to 0} \frac{f''(x)}{g''(x)} = \lim_{x\to 0} \frac{-\operatorname{sen} x \cdot e^{2x} + 2\cos x \cdot e^{2x} + 2\cos x \cdot e^{2x} + 4\operatorname{sen} x \cdot e^{2x}}{10 + 6x} \\ &= \frac{2}{5}.\end{aligned}$$

**Teorema 7.12 (Segunda Regra de L'Hôspital-Bernoulli)** *Sejam $f$ e $g$ duas funções contínuas e deriváveis em todo ponto $x \neq c$ da vizinhança do ponto $c$, e*

$$\lim_{x\to c} f(x) = \lim_{x\to c} g(x) = \infty.$$

*Além do mais, a derivada $g'(x)$ não se anula numa vizinhança do ponto $x = c$. Se existe o limite*

$$\lim_{x\to c} \frac{f'(x)}{g'(x)},$$

*então existe o limite $\lim\limits_{x\to c} \frac{f(x)}{g(x)}$ e*

$$\lim_{x\to c} \frac{f(x)}{g(x)} = \lim_{x\to c} \frac{f'(x)}{g'(x)}.$$

Para uma justificativa mais detalhada da prova destes teoremas sugerimos ver o livro de Piskunov, volume I [13].

**Exemplo 7.54** *Calcule o limite da seguinte função*

$$\lim_{x\to+\infty} \frac{\ln x}{x^\alpha} \quad (\alpha > 0).$$

Observamos que as funções $\ln x$ e $x^\alpha$ satisfazem as condições do segundo Teorema de L'Hôspital-Bernoulli, então

$$\lim_{x\to+\infty} \frac{\ln x}{x^\alpha} = \lim_{x\to+\infty} \frac{(\ln x)'}{(x^\alpha)'} = \lim_{x\to+\infty} \frac{\frac{1}{x}}{\alpha x^{\alpha-1}} = \lim_{x\to+\infty} \frac{1}{\alpha x^\alpha} = 0.$$

**Exemplo 7.55** *Calcule o limite da seguinte função*

$$\lim_{x\to\infty} \frac{e^x}{x^n}.$$

Aplicando a segunda regra de L'Hôspital $n$ vezes, temos

$$\lim_{x\to\infty} \frac{e^x}{x^n} = \lim_{x\to\infty} \frac{e^x}{nx^{n-1}} = \ldots = \lim_{x\to\infty} \frac{f^{(n)}(x)}{g^{(n)}(x)} = \lim_{x\to\infty} \frac{e^x}{n!} = \infty.$$

Segue daqui que, $\lim\limits_{x\to\infty} \frac{x^n}{e^x} = 0$.

**Exemplo 7.56** *Calcule o limite da seguinte função*

$$\lim_{x\to\infty} \frac{e^x + \operatorname{sen} x}{x + \operatorname{sen} x}.$$

Observamos que a função $\frac{e^x + \operatorname{sen} x}{x + \operatorname{sen} x}$ é uma indeterminação do tipo $\frac{\infty}{\infty}$, mas não podemos aplicar a regra de L'Hôspital-Bernoulli, pois o limite

$$\lim_{x\to\infty} \frac{(e^x + \operatorname{sen} x)'}{(x + \operatorname{sen} x)'} = \lim_{x\to\infty} \frac{e^x + \cos x}{1 + \cos x} \quad \text{não} \quad \text{existe.}$$

Mas como os limites, $\lim\limits_{x\to\infty} \frac{x}{e^x} = 0$, e $\lim\limits_{x\to\infty} \frac{\operatorname{sen} x}{e^x} = 0$, então temos

$$\lim_{x\to\infty} \frac{e^x + \operatorname{sen} x}{x + \operatorname{sen} x} = \lim_{x\to\infty} \frac{1 + \frac{\operatorname{sen} x}{e^x}}{\frac{x}{e^x} + \frac{\operatorname{sen} x}{e^x}} = +\infty.$$

**Exemplo 7.57** *Calcule o limite da seguinte função*

$$\lim_{x\to 0} \frac{\ln(\operatorname{sen} ax)}{\ln(\operatorname{sen} bx)}.$$

Usando a segunda regra de L'Hôspital-Bernoulli, temos

$$\lim_{x\to 0} \frac{\ln(\operatorname{sen} ax)}{\ln(\operatorname{sen} bx)} = \lim_{x\to 0} \frac{a \operatorname{sen} bx \cdot \cos ax}{b \operatorname{sen} ax \cdot \cos bx} = \lim_{x\to 0} \frac{\frac{\operatorname{sen} bx}{bx} \cdot \cos ax}{\frac{\operatorname{sen} ax}{ax} \cdot \cos bx} = 1.$$

Aqui usamos o fato que $\lim_{u\to 0} \frac{\operatorname{sen} u}{u} = 1.$

### 7.13.1 Outras Indeterminações

Dizemos que a função $F(x) = f(x)g(x)$ é uma indeterminação do tipo $0\cdot\infty$, se $\lim_{x\to c} f(x) = 0$ e $\lim_{x\to c} g(x) = \pm\infty$. Reescrevendo $F(x)$ na forma $F(x) = \frac{f(x)}{\frac{1}{g(x)}}$, transformamos a indeterminação $0\cdot\infty$ na indeterminação $\frac{0}{0}$. Assim,

$$\lim_{x\to c} F(x) = \lim_{x\to c} \frac{f(x)}{\frac{1}{g(x)}}.$$

Também poderíamos reescrever $F(x)$ na forma $F(x) = \frac{g(x)}{\frac{1}{f(x)}}$, e transformar a indeterminação $0\cdot\infty$ na indeterminação $\frac{\infty}{\infty}$. Assim,

$$\lim_{x\to c} F(x) = \lim_{x\to c} \frac{g(x)}{\frac{1}{f(x)}}.$$

Dizemos que a função $F(x) = f(x) - g(x)$ é uma indeterminação da forma $\infty - \infty$ se $\lim_{x\to c} f(x) = \lim_{x\to c} g(x) = \infty$ ou $\lim_{x\to c} f(x) = \lim_{x\to c} g(x) = -\infty$.
Podemos escrever $F(x)$ na seguinte forma

$$F(x) = f(x)g(x)\left(\frac{1}{g(x)} - \frac{1}{f(x)}\right),$$

e transformar a indeterminação $\infty-\infty$ numa indeterminação do tipo $\infty\cdot 0$, já analisadas acima.

As indeterminações do tipo $1^\infty, 0^0$ ou $\infty^0$, podem ser transformadas na indeterminação do tipo $0\cdot\infty$ usando logaritmo.

**Exemplo 7.58** *Calcule o limite da seguinte função*

$$\lim_{x\to 0}[(x - \operatorname{sen} x)\ln x].$$

Observamos qua a função $(x - \operatorname{sen} x)\ln x$ é uma indeterminação do tipo $0\cdot\infty$. Reescrevendo esta função na forma

$$(x - \operatorname{sen} x)\ln x = \frac{\ln x}{\frac{1}{x-\operatorname{sen} x}},$$

obtemos uma indeterminação do tipo $\frac{\infty}{\infty}$, e usando a segunda regra de L'Hôpitale-Bernoulli, temos

$$\lim_{x\to 0}\frac{\ln x}{\frac{1}{x-\operatorname{sen} x}}=\lim_{x\to 0}\frac{\frac{1}{x}}{\frac{-(1-\cos x)}{(x-\operatorname{sen} x)^2}}=\lim_{x\to 0}\frac{(x-\operatorname{sen} x)^2}{x(\cos x-1)}.$$

uma indeterminação do tipo $\frac{0}{0}$; usando a primeira regra de L'Hôpitale-Bernoulli mais algumas vezes, temos

$$\begin{aligned}\lim_{x\to 0}\frac{(x-\operatorname{sen} x)^2}{x(\cos x-1)} &= \lim_{x\to 0}\frac{2(x-\operatorname{sen} x)(1-\cos x)}{\cos x-1-x\operatorname{sen} x}=\\ &= 2\lim_{x\to 0}\frac{(1-\cos x)^2+(x-\operatorname{sen} x)\operatorname{sen} x}{-\operatorname{sen} x-\operatorname{sen} x-x\cos x}=\\ &= 2\lim_{x\to 0}\frac{1-2\cos x+\cos^2 x+x\operatorname{sen} x-\operatorname{sen}^2 x}{-2\operatorname{sen} x-x\cos x}=\\ &= 2\lim_{x\to 0}\frac{1-2\cos x+x\operatorname{sen} x+\cos 2x}{-2\operatorname{sen} x-x\cos x}=\\ &= 2\lim_{x\to 0}\frac{2\operatorname{sen} x+\operatorname{sen} x+x\cos x-2\operatorname{sen} 2x}{-3\cos x+x\operatorname{sen} x}=\\ &= 0.\end{aligned}$$

Portanto,

$$\lim_{x\to 0}[(x-\operatorname{sen} x)\ln x]=0.$$

**Exemplo 7.59** *Calcule o limite da seguinte função*

$$\lim_{x\to 1}(1-x)\operatorname{tg}\frac{\pi x}{2}.$$

Este limite é da forma $0\cdot\infty$. Reescrevendo a função $(1-x)\operatorname{tg}\frac{\pi x}{2}$ na forma $\frac{1-x}{\operatorname{cotg}\frac{\pi x}{2}}$ obtemos uma indeterminação do tipo $\frac{0}{0}$, por isso;

$$\lim_{x\to 1}\frac{1-x}{\operatorname{cotg}\frac{\pi x}{2}}=\lim_{x\to 1}\frac{-1}{\frac{1}{-\operatorname{sen}^2\frac{\pi x}{2}}\cdot\frac{\pi}{2}}=\lim_{x\to 1}\frac{2}{\pi}\operatorname{sen}^2\frac{\pi x}{2}=\frac{2}{\pi}.$$

Portanto,

$$\lim_{x\to 1}(1-x)\operatorname{tg}\frac{\pi x}{2}=\frac{2}{\pi}.$$

**Exemplo 7.60** *Calcule o limite da seguinte função*

$$\lim_{x\to 0}\left(\operatorname{cotg} x-\frac{1}{x}\right).$$

Este limite é da forma $\infty-\infty$. Reescrevendo a função $(\operatorname{cotg} x-\frac{1}{x})$ na seguinte forma

$$\left(\cot x-\frac{1}{x}\right)=\frac{x\cos x-\operatorname{sen} x}{x\operatorname{sen} x}$$

obtemos a indeterminação do tipo $\frac{0}{0}$. Usando a regra de L'Hôpitale-Bernoulli dus vezes, temos

$$\begin{aligned}\lim_{x\to 0}\frac{x\cos x-\operatorname{sen} x}{x\operatorname{sen} x} &= \lim_{x\to 0}\frac{-x\operatorname{sen} x}{\operatorname{sen} x+x\cos x}=\\ &= \lim_{x\to 0}\frac{-\operatorname{sen} x-x\cos x}{2\cos x-x\operatorname{sen} x}=\\ &= 0.\end{aligned}$$

Portanto,

$$\lim_{x\to 0}\left(\operatorname{cotg} x - \frac{1}{x}\right) = 0.$$

**Exemplo 7.61** *Calcule o limite da seguinte função*

$$\lim_{x\to\infty}\left(x - \sqrt{(x-a)(x-b)}\right).$$

Este limite é da forma $\infty - \infty$. Transformando a função

$$\left(x - \sqrt{(x-a)(x-b)}\right) = \frac{(a+b)x - ab}{x + \sqrt{(x-a)(x-b)}}$$

obtemos uma indeterminação do tipo $\dfrac{\infty}{\infty}$. Usando a segunda regra de L'Hôpitale-Bernoulli, temos

$$\begin{aligned}\frac{(a+b)x - ab}{x + \sqrt{(x-a)(x-b)}} &= \frac{(a+b)}{1 + \frac{2x-(a+b)}{2\sqrt{(x-a)(x-b)}}} = \\ &= \frac{(a+b)}{1 + \frac{2-\frac{a+b}{x}}{2\sqrt{(1-\frac{a}{x})(1-\frac{b}{x})}}} = \\ &= \frac{a+b}{2}.\end{aligned}$$

Portanto,

$$\lim_{x\to\infty}\left(x - \sqrt{(x-a)(x-b)}\right) = \frac{a+b}{2}.$$

**Exemplo 7.62** *Calcule o limite da seguinte função*

$$\lim_{x\to\infty} x^{\frac{1}{x}}.$$

Este limite é da forma $\infty^0$. Tomando logaritmo da função $f(x) = x^{\frac{1}{x}}$, obtemos $\ln f(x) = \dfrac{\ln x}{x}$ uma indeterminação da forma $\dfrac{\infty}{\infty}$. Pela segunda regra de L´Hopitale-Bernoulli, obtemos

$$\lim_{x\to\infty}[\ln f(x)] = \lim_{x\to\infty}[\ln x^{\frac{1}{x}}] = \lim_{x\to\infty}\frac{\ln x}{x} = \lim_{x\to\infty}\frac{(\ln x)'}{x'} = \lim_{x\to\infty}\frac{\frac{1}{x}}{1} = 0.$$

Usando o fato que $\lim\limits_{x\to\infty}[\ln f(x)] = \ln[\lim\limits_{x\to\infty} f(x)]$, obtemos

$$\lim_{x\to\infty} f(x) = \lim_{x\to\infty} x^{\frac{1}{x}} = e^0 = 1.$$

**Exemplo 7.63** *Calcule o limite da seguinte função*

$$\lim_{x\to 0} x^x.$$

Este limite é da forma $0^0$. Tomando logaritmo da função $f(x) = x^x$, obtemos $\ln f(x) = x\ln x$ que é uma indeterminação da forma $0.\infty$, que pode ser transformada numa indeterminação da forma $\dfrac{\infty}{\infty}$, se escrevermos a função na forma $\dfrac{\ln x}{1/x}$. Pela segunda regra de L´Hôpitale-Bernoulli, obtemos

$$\lim_{x\to 0}[\ln f(x)] = \lim_{x\to 0}[\ln x^x] = \lim_{x\to 0}\frac{\ln x}{1/x} = \lim_{x\to 0}\frac{\frac{1}{x}}{-1/x^2} = 0.$$

Usando o fato que $\lim\limits_{x\to 0}[\ln f(x)] = \ln[\lim\limits_{x\to 0} f(x)] = 0$, obtemos

$$\lim_{x\to 0} x^x = e^0 = 1.$$

**Exemplo 7.64** *Calcule o limite da seguinte função*

$$\lim_{x\to 0}\left(\frac{1}{x}\right)^{\operatorname{tg} x}.$$

Transformando a função e usando a segunda regra de L'Hôpitale-Bernoulli, obtemos

$$\begin{aligned}
\lim_{x\to 0}\left(\frac{1}{x}\right)^{\operatorname{tg} x} &= \lim_{x\to 0} e^{\ln(\frac{1}{x})^{\operatorname{tg} x}} = \lim_{x\to 0} e^{\operatorname{tg} x \ln \frac{1}{x}} = \\
&= e^{-\lim\limits_{x\to 0}(\operatorname{tg} x \ln x)} = e^{-\lim\limits_{x\to 0}\left(\frac{\ln x}{\operatorname{cotg} x}\right)} = \\
&= e^{\lim\limits_{x\to 0}\frac{-\frac{1}{x}}{-\frac{1}{\operatorname{sen}^2 x}}} = \\
&= e^{\lim\limits_{x\to 0}\frac{\operatorname{sen} x}{x}\operatorname{sen} x} = e^{\lim\limits_{x\to 0}\frac{\operatorname{sen} x}{x}\lim\limits_{x\to 0}\operatorname{sen} x} = \\
&= e^0 = 1.
\end{aligned}$$

## 7.14 Mais Aplicações da Derivada

Apesar de já ter visto alguns exemplos de aplicação da derivada, lembremos que o domínio de aplicação da derivada para resolver problemas de matemática elementar é muito vasto. Por exemplo, podemos usar a derivada para mostrar e provar igualdades algébricas, cálculo de somas, resolução de equações, desigualdades e sistemas, análise de funções, etc. Na base destas aplicações estão os teoremas básicos que já foram vistos e de outros teoremas que enunciaremos agora.

**Teorema 7.13** (**Rolle**[6]) *Se a função $f$ é contínua no intervalo $[a,b]$ e diferenciável no intervalo $(a,b)$ e $f(a)=f(b)$, então existe ao menos um ponto $c\in(a,b)$ tal que $f'(c)=0$.*

**Prova:** A função $f$ sendo contínua no compacto $[a,b]$ atinge seu máximo e mínimo nos pontos deste intervalo. Suponhamos que sejam $m$ e $M$ seu mínimo valor e seu máximo valor respectivamente. Se $m=M$, então a função $f(x)=constante$, e portanto, sua derivada é zero em todos os pontos de $(a,b)$.

Por outro lado, seja $m\neq M$, então $m<M$. Como $f(a)=f(b)$, então algum dos números, $m$

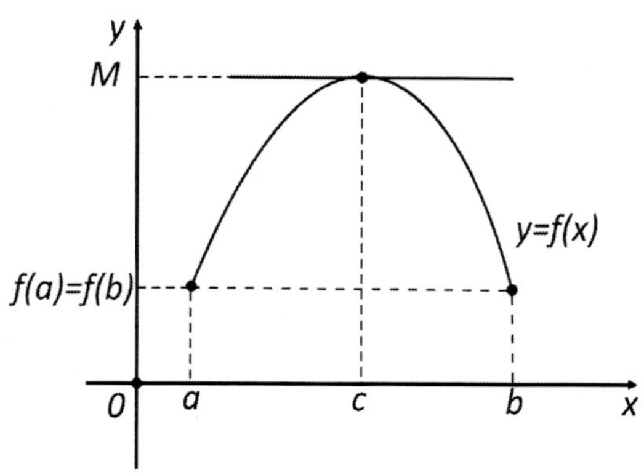


ou $M$ é diferente de $f(a)$ e $f(b)$. Suponhamos que $f(a)=f(b)\neq M$. Como o máximo valor é atingido no interior do intervalo $(a,b)$, então pelo Teorema de Fermat existe $x_o\in(a,b)$ tal que

Figura 7.33: Michel Rolle

$f'(x_o) = 0$. ■

**Observação 7.2** *Se a função $y = f(x)$ não é diferenciável no interior do intervalo, então a conclusão do Teorema de Rolle pode ser falsa.*

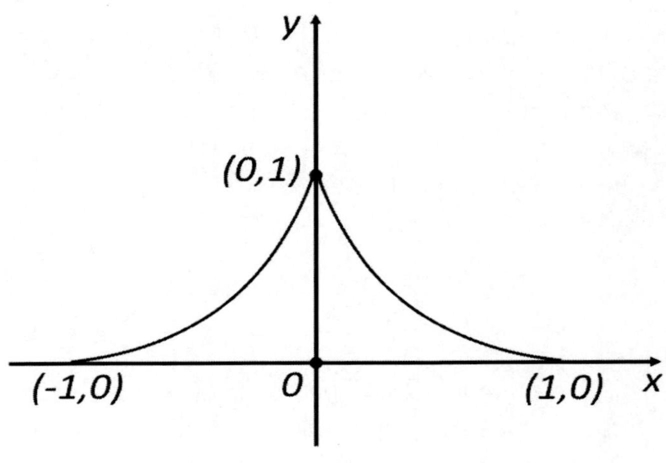


Figura 7.34: Gráfico da função $f(x) = 1 - \sqrt[5]{x^4}$

Por exemplo, a função

$$f(x) = 1 - \sqrt[5]{x^4}$$

é contínua no intervalo $[-1, 1]$ e $f(-1) = f(1) = 0$, mas a derivada

$$f'(x) = \frac{4}{5\sqrt[5]{x}}$$

é diferente de zero no intervalo $(-1, 1)$. Isto acontece porque a derivada $f'(x)$ não existe (é $+\infty$) quando $x = 0$.

**Teorema 7.14** (**Lagrange**[7]**-Teorema do Valor Médio(TVM)**)) *Se a função $f(x)$ é contínua no intervalo $[a, b]$ e diferenciável no intervalo $(a, b)$, então existe ao menos um ponto $x_o \in (a, b)$ tal que*

$$f(b) - f(a) = f'(x_o)(b - a).$$

Figura 7.35: Joseph Louis Lagrange

**Prova:** Consideremos a seguinte função contínua em $[a, b]$ e diferenciável em $(a, b)$

$$F(x) = f(a) + \frac{f(b) - f(a)}{b - a}(x - a), \quad \forall x \in [a, b].$$

Observamos que $F(a) = f(a)$ e $F(b) = f(b)$. Derivando $F(x)$, obtemos

$$F'(x) = \frac{f(b) - f(a)}{b - a}.$$

Consideremos a função $G(x) = f(x) - F(x)$, isto é,

$$G(x) = f(x) - f(a) - \frac{f(b) - f(a)}{b - a}(x - a), \quad \forall x \in [a, b].$$

Como

$$\begin{aligned} G(a) &= f(a) - f(a) - 0 = 0 \\ G(b) &= f(b) - f(a) - f(b) + f(a) = 0, \end{aligned}$$

a função $G(x)$ satisfaz as condições do Teorema de Rolle, portanto, existe $x_o \in (a, b)$ tal que $G'(x_o) = 0$, isto é,

$$G'(x_o) = f'(x_o) - \frac{f(b) - f(a)}{b - a} = 0,$$

donde

$$f'(x_o) = \frac{f(b) - f(a)}{b - a},$$

e o teorema está provado. ∎

A interpretação geométrica do Teorema de Lagrange consiste no seguinte:
o valor da derivada $f'(c)$ é igual ao valor da tangente do ângulo(CAB), isto é,

$$f'(c) = \frac{f(b) - f(a)}{b - a} = \frac{\overline{CB}}{\overline{AC}} = \text{tg}(CAB).$$

Vejamos agora algumas aplicações prometidas.

[6]Michel Rolle (1652-1719), matemático francês

[7]Joseph Louis Lagrange (1736-1813), grande matemático francês

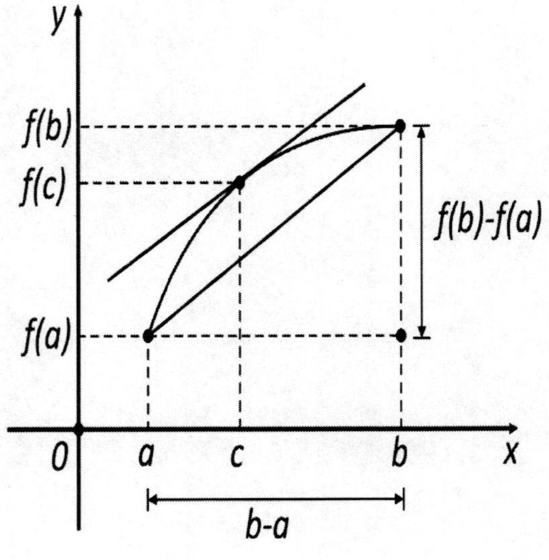


**Exemplo 7.65** *Se a derivada* $f'(x) = 0, \quad \forall x \in (a, b)$, *então a função* $f(x)$ *é constante neste intervalo.*

De fato, tomemos um número arbitrário $x$ do intervalo $(a, b)$, isto é, $a < x < b$. Aplicando o Teorema de Lagrange para o intervalo $(a, x)$, temos

$$f(x) - f(a) = f'(x_o)(x - a), \qquad x_o \in (a, x),$$

como $f'(x_o) = 0$, segue que

$$f(x) = f(a) = constante.$$

**Exemplo 7.66** *Para cada valor de* $m$ *encontre o número de raízes da equação*

$$2x^3 - x^2 - 3x - m = 0. \tag{7.10}$$

Consideremos a função $f(x) = 2x^3 - x^2 - 3x$. Observamos que a função apresenta três raízes: $x = 0, x = -1$ e $x = 3/2$. Agora, encontremos os intervalos de crescimento e decrescimento da função $f(x) = 2x^3 - x^2 - 3x$. Como $f'(x) = 6x^2 - 2x - 3 = (x - \frac{1-\sqrt{19}}{6})(x - \frac{1+\sqrt{19}}{6})$, então pelo método de intervalos, temos

$$\begin{aligned} f'(x) &< 0, \text{ quando } \tfrac{1-\sqrt{19}}{6} < x < \tfrac{1+\sqrt{19}}{6}), \\ f'(x) &= 0, \text{ quando } x = \tfrac{1-\sqrt{19}}{6} \text{ e } x = \tfrac{1+\sqrt{19}}{6}, \\ f'(x) &> 0, \text{ quando } x < \tfrac{1-\sqrt{19}}{6}, \text{ e } x > \tfrac{1+\sqrt{19}}{6}). \end{aligned}$$

Como $f''(x) = 12x - 2$, então $f''(\frac{1-\sqrt{19}}{6}) < 0$ e $f''(\frac{1+\sqrt{19}}{6}) > 0$. Desta forma, a função contínua $f(x)$ possui no ponto $x = \frac{1-\sqrt{19}}{6}$ máximo local, e no ponto $x = \frac{1+\sqrt{19}}{6}$ um mínimo local. E também $f(\frac{1-\sqrt{19}}{6}) = 1,052, \quad f(\frac{1+\sqrt{19}}{6}) = -2,0522$. Além disso, a função $f(x)$ decresce no intervalo $[\frac{1-\sqrt{19}}{6}, \frac{1+\sqrt{19}}{6}]$ e cresce nos intervalos $(-\infty, \frac{1-\sqrt{19}}{6}]$ e $[\frac{1+\sqrt{19}}{6}, +\infty)$. Observamos que

$$\lim_{x\to+\infty} f(x) = +\infty, \quad \lim_{x\to-\infty} f(x) = -\infty$$

Já vimos no capítulo 6, que a equação cúbica (7.10), com certeza possui uma raiz real, mas pode ter três raízes reais. Para analisar a natureza das raízes precisamos confrontar os gráficos da função $f(x) = 2x^3 - x^2 - 3x$ com os gráficos da reta $y = m$, quando $m \in \mathbb{R}$. Assim,

1. Quando $m > 1,052$ a equação possui uma raiz;

2. Quando $m = 0$ a equação possui três raízes ($x = 0, x = -1$ e $x = 3/2$);

3. Quando $-2.0522 < m < 0$ a equação possui três raízes diferentes;

4. Quando $m = -2.0522$ a equação possui três raízes, entre as quais duas coincidem;

5. Quando $m < -2.0522$ a equação possui uma raiz.

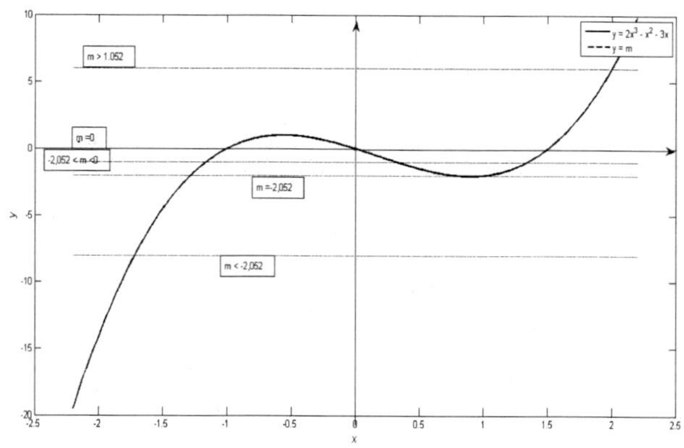


**Exemplo 7.67** *Demonstre a desigualdade*

$$\ln^2 n > \ln(n-1)\ln(n+1), \qquad n > 2.$$

Levando em conta que $\ln n, \ln(n-1)$ e $\ln(n+1)$ estão definidas para $n > 2$, basta provar que,

$$\frac{\ln n}{\ln(n-1)} > \frac{\ln(n+1)}{\ln n}.$$

Agora, consideremos a seguinte função

$$f(x) = \frac{\ln x}{\ln(x-1)} \qquad x \in (2, +\infty),$$

e encontremos sua derivada.

$$f'(x) = \frac{\frac{\ln(x-1)}{x} - \frac{\ln x}{x-1}}{\ln^2(x-1)} = \frac{x\ln\frac{x-1}{x} - \ln(x-1)}{x(x-1)\ln^2(x-1)}.$$

Como $x\ln\frac{x-1}{x} - \ln(x-1) = (x-1)\ln(x-1) - x\ln x < 0$, concluimos que

$$f'(x) < 0 \text{ para todo } x > 2.$$

Segue então que a função $f(x)$ decresce no intervalo $(2, +\infty)$, e portanto, $f(x) > f(x+1)$, $x > 2$, isto é,

$$\frac{\ln n}{\ln(n-1)} > \frac{\ln(n+1)}{\ln n}.$$

**Exemplo 7.68** *Demonstre que*

$$15\operatorname{tg}6^\circ\operatorname{tg}12^\circ < 8\operatorname{tg}9^\circ\operatorname{tg}15^\circ.$$

Consideremos a seguinte função

$$f(x) = \frac{\operatorname{tg}x}{x}, \quad 0 < x < \pi/4.$$

Derivando a função $f(x)$, obtemos,

$$f'(x) = \frac{x - \operatorname{sen}x\cos x}{x^2\cos^2 x}, \quad 0 < x < \frac{\pi}{4},$$

como

$$x - \operatorname{sen}x\cos x = \frac{1}{2}(2x - \operatorname{sen}2x) > 0, \quad 0 < x < \frac{\pi}{4},$$

segue que a função $f(x)$ cresce no intervalo $(0, \pi/4)$.
Sabe-se que $6^\circ = \frac{6\pi}{180}$, $9^\circ = \frac{9\pi}{180}$, $12^\circ = \frac{12\pi}{180}$ e $15^\circ = \frac{15\pi}{180}$, e que todos eles pertencem ao intervalo $(0, \pi/4)$.

Desta forma,

$$\frac{\operatorname{tg}\frac{6\pi}{180}}{\frac{6\pi}{180}} < \frac{\operatorname{tg}\frac{9\pi}{180}}{\frac{9\pi}{180}},$$

e

$$\frac{\operatorname{tg}\frac{12\pi}{180}}{\frac{12\pi}{180}} < \frac{\operatorname{tg}\frac{15\pi}{180}}{\frac{15\pi}{180}}.$$

Multiplicando estas duas desigualdades, obtemos

$$\frac{\operatorname{tg}\frac{6\pi}{180}}{\frac{6\pi}{180}}.\frac{\operatorname{tg}\frac{12\pi}{180}}{\frac{12\pi}{180}} < \frac{\operatorname{tg}\frac{9\pi}{180}}{\frac{9\pi}{180}}.\frac{\operatorname{tg}\frac{15\pi}{180}}{\frac{15\pi}{180}}, \quad \text{ou seja,} \quad 15\operatorname{tg}6^\circ\operatorname{tg}12^\circ < 8\operatorname{tg}9^\circ\operatorname{tg}15^\circ.$$

**Exemplo 7.69** *Qual desses números é maior*

$$(\operatorname{sen}45^\circ)^{\operatorname{sen}37^\circ} \quad \textit{ou} \quad (\operatorname{sen}37^\circ)^{\operatorname{sen}45^\circ}$$

Consideremos a função

$$f(x) = \frac{\ln x}{x}, \quad x > 0.$$

Calculando a derivada de $f$, obtemos

$$f'(x) = \frac{1 - \ln x}{x^2},$$

donde

1. $f'(x) > 0$ quando $1 - \ln x > 0$, ou seja, $0 < x < e$,

2. $f'(x) = 0$ quando $1 - \ln x = 0$, ou seja, $x = e$,

3. $f'(x) < 0,$ quando $1 - \ln x < 0$, ou seja, $x > e$.

Desta forma, a função $f(x)$ cresce no intervalo $(0, e]$ e decresce no intervalo $[e, +\infty)$. Portanto, se $0 < x < y < e$, temos

$$\frac{\ln x}{x} < \frac{\ln y}{y},$$

isto é,

$$y \ln x < x \ln \iff x^y < y^x \quad \text{quando} \quad 0 < x < y < e.$$

Analogamente, se $e \leq x < y$, temos

$$\frac{\ln x}{x} > \frac{\ln y}{y},$$

isto é,

$$x^y > y^x \quad \text{quando} \quad e \leq x < y.$$

Voltando ao nosso exemplo concreto, e considerando que $45° = \pi/4, 37° = \frac{37\pi}{180}$, temos

$$\operatorname{sen} 37° = \frac{3}{5} < \operatorname{sen} 45° = \operatorname{sen} \pi/4 = \frac{\sqrt{2}}{2}, \text{ segue}$$

$$(\operatorname{sen} 37°)^{\operatorname{sen} 45°} < (\operatorname{sen} 45°)^{\operatorname{sen} 37°}. \quad \blacksquare$$

Obviamente se considerarmos números maiores que o número neperiano $e$, podemos obter algumas outras desigualdades interesantes, como por exemplo;

$$150^{151} > 151^{150}, \quad e^{2\pi} > (2\pi)^e, \quad (\ln 9)^{15} > 15^{\ln 9}.$$

**Exemplo 7.70** *Mostre que* $\ln x \leq x - 1, \ x > 0$

Consideremos a função $f(x) = \ln x - x, \ x > 0$. Tomemos a derivada, $f'(x) = \dfrac{1}{x} - 1$. A derivada se anula quando $x = 1$. É fácil ver:

$$\begin{aligned} f'(x) &> 0, \quad x \in (0,1) \\ f'(x) &< 0, \quad x \in (1, \infty), \end{aligned}$$

ou seja $f$ cresce no intervalo $(0, 1)$ e decresce no intervalo $(1, \infty)$. Assim

$$\begin{aligned} f(1) = -1 \geq f(x) = \ln x - x, \quad x \in (0,1) \\ f(1) = -1 \geq f(x) = \ln x - x, \quad x \in (1,\infty). \end{aligned}$$

Segue daqui, $-1 \geq \ln x - x$, ou seja, $x - 1 \geq \ln x$, para todo $x > 0$.

**Exemplo 7.71** *Mostre que* $\dfrac{1}{2} < \ln 2 < 1$

Consideremos a função $f(x) = \ln(x - 1), \ x > 1$. Obviamente esta função é contínua e diferenciável no intervalo $(1, \infty)$. Podemos usar o Teorema do Valor Médio(Lagrange), no intervalo $(\frac{3}{2}, 2)$. Assim,

$$\frac{f(2) - f(\frac{3}{2})}{2 - \frac{3}{2}} = f'(\xi), \quad \xi \in (\frac{3}{2}, 2),$$

isto é,

$$\frac{\ln(2-1) - \ln(\frac{1}{2})}{\frac{1}{2}} = \frac{1}{\xi - 1},$$

ou seja, $2\ln 2 = \dfrac{1}{\xi - 1}$.

Como $\frac{3}{2} < \xi < 2$, segue, $1 < \dfrac{1}{\xi - 1} < 2$. Donde

$$1 < 2\ln 2 < 2, \text{ isto é, } \frac{1}{2} < \ln 2 < 1.$$

**Exemplo 7.72** *Demonstre que*

$$\frac{1}{97} < \ln\frac{97}{96} < \frac{1}{96}.$$

Consideremos a função $f(x) = \ln x$ no intervalo $[96, 97]$. De novo, como no exemplo anterior, a função $f$ é contínua e diferenciável no intervalo $(96, 97)$, por isso, podemos usar o Teorema do Valor Médio ou Teorema de Lagrange,

$$\begin{aligned}
\frac{f(97) - f(96)}{97 - 96} &= f'(\xi) \\
\frac{\ln 97 - \ln 96}{97 - 96} &= \frac{1}{\xi} \\
\ln 97 - \ln 96 &= \frac{1}{\xi}.
\end{aligned}$$

Como $96 < \xi < 97$, segue que $\dfrac{1}{97} < \dfrac{1}{\xi} < \dfrac{1}{96}$ então

$$\frac{1}{97} < \ln 97 - \ln 96 = \frac{1}{\xi} < \frac{1}{96},$$

ou seja

$$\frac{1}{97} < \ln\frac{97}{96} < \frac{1}{96}.$$

## 7.15 Exercícios do Capítulo 7

1. Encontre as derivadas das funções:

   (a) $y = 3x^2 + \sqrt{3x}$;

   (b) $y = \dfrac{\ln x}{x^2+1}$;

   (c) $y = \dfrac{1}{x^3} \operatorname{arcsen} x$;

   (d) $y = \dfrac{\operatorname{tg} x - \operatorname{cotg} x}{\operatorname{tg} x + \operatorname{cotg} x}$;

   (e) $y = x^x$;

   (f) $y = (\cos x)^{\operatorname{sen} x}$;

   (g) $y = \log_{x^2} 4 + \log_{-x} 2$;

   (h) $y = \sqrt{\dfrac{1+x}{1-x}}$;

   (i) $y = \dfrac{\operatorname{tg} x - 1}{\sec x}$;

   (j) $y = \ln \sqrt{\dfrac{1+x}{1-x}}$.

2. Seja
$$f(x) = \begin{cases} x^2, & x \leq x_o \\ ax+b, & x > x_o. \end{cases}$$
Encontre os coeficientes $a$ e $b$ de tal forma que a função $f$ seja contínua e diferenciável no ponto $x = x_o$.

3. Use a igualdade
$$\operatorname{sen} x + \operatorname{sen} 2x + \ldots + \operatorname{sen} nx = \frac{\operatorname{sen} \frac{n+1}{2} x \operatorname{sen} \frac{nx}{2}}{\operatorname{sen} \frac{x}{2}},$$
para deduzir uma fórmula para a soma
$$\cos x + \cos 2x + \ldots + \cos nx = \frac{\operatorname{sen} \frac{2n+1}{2} x}{\operatorname{sen} \frac{x}{2}} - \frac{1}{2}.$$

4. Encontre as equações das retas tangentes ao gráfico das funções, nos pontos dados:

   (a) $y = x^3 + 1, \quad x_o = 1$;

   (b) $y = \sqrt{x+2} + 3, \quad x_o = 2$;

(c) $y = x^2 \ln x, \quad x_o = 1;$

(d) $y = 3\,\mathrm{sen}^2(2x + \pi/4), \quad x_o = \pi/8.$

5. Encontre o ângulo que forma os gráficos das funções; $y = f(x)$ e $y = g(x)$ nos pontos de suas interseções:

(a) $f(x) = x^2 + 3x - 1, \quad g(x) = x^2 + 2;$

(b) $f(x) = \mathrm{sen}\, x, \quad g(x) = \cos x;$

(c) $f(x) = \sqrt{x}, \quad g(x) = x^2.$

6. Mostre que $n^n > e^{n-1}(n-1)!, \quad n \geq 2, \ n \in \mathbb{N}.$

7. Encontre os valores máximos e mínimos das funções no intervalo dado:

(a) $y = \dfrac{2+x}{x^2+3}, \quad x \in [-4, 0];$

(b) $y = \dfrac{4}{3}x^3 - 4x, \quad x \in [-4, 0];$

(c) $y = \cos 2x + x, \quad x \in [0, \pi];$

(d) $y = \mathrm{sen}\, 2x - x, \quad x \in [-\pi/2, \pi/2];$

(e) $y = \mathrm{arctg}\, \dfrac{1-x}{1+x}, \quad x \in [0, 1].$

8. Encontre os intervalos de crescimento e decrescimento das funções:

(a) $y = \sqrt{2x^2 - x + 2};$

(b) $y = x^x;$

(c) $y = \dfrac{\sqrt[3]{x}}{x+2};$

(d) $y = 2^{1/x};$

(e) $y = \dfrac{1}{5}x^5 + \dfrac{1}{3}x^3;$

(f) $f(x) = \dfrac{x^2}{x^2-1};$

(g) $f(x) = \dfrac{\ln^2 x}{\sqrt{x}};$

(h) $f(x) = 2x + \mathrm{sen}\, 2x.$

9. Calcule os seguintes limites

   (a) $\lim\limits_{x\to 1} \dfrac{x-1}{x^n-1}$;

   (b) $\lim\limits_{x\to 0} \dfrac{\operatorname{tg} x - x}{x - \operatorname{sen} x}$;

   (c) $\lim\limits_{x\to +\infty} \dfrac{e^x + e^{-x}}{e^x - e^{-x}}$;

   (d) $\lim\limits_{x\to 0} \dfrac{\ln \operatorname{sen} 4x}{\ln \operatorname{sen} x}$;

   (e) $\lim\limits_{x\to 1} x^{\frac{1}{1-x}}$;

   (f) $\lim\limits_{x\to 0} (\operatorname{cotg} x)^{\frac{1}{\ln x}}$;

   (g) $\lim\limits_{x\to +\infty} \sqrt[t]{t^2}$;

   (h) $\lim\limits_{x\to 1} (\operatorname{tg} \dfrac{\pi x}{4})^{\operatorname{tg} \frac{\pi x}{2}}$.

10. Verifique o Teorema de Rolle para as funções:

   (a) $y = x^2 - 3x + 2, \quad x \in [1, 2]$;

   (b) $y = \cos^2 x, \quad x \in [\pi/2, 3\pi/2]$.

11. Use a fórmula do Teorema do Valor Médio (Lagrange) para mostrar as seguintes desigualdades:

   (a) $e^x \geq 1 + x$;

   (b) $\ln(1 + x) < x, \quad$ para $x > 0$.

12. Demonstre que se $0 < x < y < \pi/2$, então

$$\frac{\operatorname{sen} x}{x} > \frac{\operatorname{sen} y}{y}.$$

13. Demonstre que se $0 < x < y < \pi/2$, então

$$\frac{\operatorname{tg} x}{x} < \frac{\operatorname{tg} y}{y}.$$

14. Demonstre que:

   (a) $|\alpha \operatorname{sen} \alpha - \beta \operatorname{sen} \beta| \leq 2|\alpha - \beta|$, se $0 \leq \alpha \leq 1;\ 0 \leq \beta \leq 1$;

   (b) $\dfrac{\beta - \alpha}{\cos^2 \alpha} < \operatorname{tg} \beta - \operatorname{tg} \alpha < \dfrac{\beta - \alpha}{\cos^2 \beta}$, se $0 < \alpha < \beta < \pi/2$.

## 7.16 Respostas

1. Encontre as derivadas das funções:

(a) $y' = (3x^2 + \sqrt{3x})' = 6x + \dfrac{3}{2\sqrt{3x}}$.

(b) $y' = (\dfrac{\ln x}{x^2+4})' = \dfrac{4+x^2-2x^2}{x(4+x^2)^2.}$

(c) $y' = (\dfrac{1}{x^3}\operatorname{arcsen} x)' = \dfrac{x^3 - 3x^2\sqrt{1-x^2}\operatorname{arcsen} x}{\sqrt{1-x^2}x^6}$.

(d) $y' = 2\operatorname{sen} 2x$.

(e) $x^x(1+\ln x)$.

(f) $y' = ((\cos x)^{\operatorname{sen} x})' = (\cos x)^{\operatorname{sen} x}(\cos x \ln\cos x - \tan x \operatorname{sen} x)$.

(g) Escrevendo $y = \log_{x^2} 4 + \log_{-x} 2$ na forma $y = \dfrac{\ln 4}{\ln x^2} + \dfrac{\ln 2}{\ln(-x)}$, obtemos $y' = \dfrac{-4\ln 2}{x(\ln x^2)^2} - \dfrac{\ln 2}{x\ln^2(-x)}$.

(h) $y' = \dfrac{1}{(1-x)^2}\sqrt{\dfrac{1-x}{1+x}}$.

(i) $y' = \sec x - (\tan x - 1)\operatorname{sen} x$.

(j) $y' = \sqrt{\dfrac{1-x}{1+x}}\left(\sqrt{\dfrac{1+x}{1-x}}\right)' = \dfrac{1}{1-x^2}$.

2. Seja

$$f(x) = \begin{cases} x^2, & x \leq x_o \\ ax+b, & x > x_o. \end{cases}$$

Para que $f(x)$ seja contínua no ponto $x_o$ devemos ter $x_o^2 = ax_o + b$ e para que $f(x)$ seja diferenciável em $x_o$, temos $2x_o = a$, donde obtemos $b = -x_o^2$.

3. Seja $S$ a soma dos cossenos: $S = \cos x + \cos 2x + \ldots + \cos nx$. Como $2\cos x \operatorname{sen} y = \operatorname{sen}(x+y) - \operatorname{sen}(x-y)$, obtemos

$$\begin{aligned} 2S\operatorname{sen}\tfrac{x}{2} &= 2\cos x\operatorname{sen}\tfrac{x}{2} + 2\cos 2x\operatorname{sen}\tfrac{x}{2} + \ldots + 2\cos nx\operatorname{sen}\tfrac{x}{2} \\ &= (\operatorname{sen}\tfrac{3x}{2} - \operatorname{sen}\tfrac{x}{2}) + (\operatorname{sen}\tfrac{5x}{2} - \operatorname{sen}\tfrac{3x}{2}) + \cdots + (\operatorname{sen}\tfrac{(2n+1)x}{2} - \operatorname{sen}\tfrac{(2n-1)x}{2}) \\ &= \operatorname{sen}\tfrac{(2n+1)x}{2} - \operatorname{sen}\tfrac{x}{2}, \end{aligned}$$

donde

$$S = \frac{\operatorname{sen}\frac{(2n+1)x}{2} - \operatorname{sen}\frac{x}{2}}{2\operatorname{sen}\frac{x}{2}} = \frac{\operatorname{sen}\frac{(2n+1)x}{2}}{\operatorname{sen}\frac{x}{2}} - \frac{1}{2}.$$

4. As equações das retas tangentes ao gráfico das funções, nos pontos dados são:

(a) $y = 3x - 1$.

(b) $y = \frac{1}{4}x + \frac{1}{2}$.

(c) $y = x - 1$;

(d) $y = 3$.

5. Os ângulos que formam os gráficos das funções; $y = f(x)$ e $y = g(x)$ nos pontos de suas interseções são:

   (a) As funções $f(x) = x^2 + 3x - 1$ e $g(x) = x^2 + 2$ interceptam-se no ponto $(1, 3)$. Escrevendo $k_1 = f'(1) = 5$ e $k_2 = g'(1) = 2$, temos $\tan\varphi = |\frac{5-2}{1+5\times 2}| = \frac{3}{11}$, por isso $\varphi = \operatorname{arctg}\frac{3}{11}$.

   (b) As duas curvas se interceptam nos pontos $(\pi/4, \sqrt{2}/2)$ e $(3\pi/4, -\sqrt{2}/2)$, onde $f'(\pi/4) = \sqrt{2}/2$ e $g'(\pi/4) = -\sqrt{2}/2$. Portanto, $\tan\varphi = |\frac{\sqrt{2}}{1-\frac{1}{2}}| = 2\sqrt{2}$, por isso $\varphi = \operatorname{arctg}(2\sqrt{2})$.

   (c) É fácil ver que no ponto $(0, 0)$ as tangentes as curvas formam um ângulo reto. Portanto, no ponto $(1, 1)$ o ângulo formado é $\varphi = \arctan\frac{3}{4}$.

6. Mostre que $n^n > e^{n-1}(n-1)!$, $\quad n \geq 2,\ n \in \mathbb{N}$.
Basta considerar a desigualdade

$$\frac{\ln 2}{2} + \frac{\ln 2 + \ln 3}{2} + \ldots + \frac{\ln(n-1) + \ln n}{2} < \int_1^n \ln x dx = n\ln n - (n-1).$$

Segue daqui

$$\begin{aligned} \ln 2 + \ln 3 + \ldots + \ln(n-1) + \frac{\ln n}{2} &< n\ln n - (n-1) \\ \ln 2.3.4.\ldots.n &< \ln n^n.\sqrt{n} - (n-1) \\ \ln\tfrac{2.3.4.\ldots.n}{n^n\sqrt{n}} &< -(n-1) \\ \frac{2.3.4.\ldots.n}{n^n\sqrt{n}} &< e^{-n+1}. \end{aligned}$$

Donde

$$n^n > \frac{n!}{\sqrt{n}}e^{n-1} > (n-1)!e^{n-1}.$$

7. (a) $y_{\min}(1) = -2/19$ e $y_{\max}(0) = 2/3$.

   (b) $y_{\min}(-4) = -8/3$ e $y_{\max}(-1) = 8/3$.

   (c) $y_{\min}(\pi/12) = \frac{6\sqrt{3}+\pi}{12}$ e $y_{\max}(\pi) = 1 + \pi$.

(d) $y_{\min}(\pi/2) = -\dfrac{\pi}{2}$ e $y_{\max}(-\pi/2) = \dfrac{\pi}{2}$.

(e) $y_{\min}(1) = 0$ e $y_{\max}(0) = \pi/4$.

8. Os intervalos de crescimento e decrescimento das funções:

(a) Cresce no inervalo $(-\infty, 1/4]$ e decresce no intervalo $[1/4, +\infty)$.

(b) Cresce no intervalo $[1/e, \infty)$ e decresce no intervalo $(0, 1/e]$.

(c) Decresce nos intervalos $(-\infty, -2)$ e $[1, \infty)$. Cresce no inervalo $(-2, 1]$.

(d) decresce nos inervalos $(-\infty, 0)$ e $(0, \infty)$.

(e) Cresce em $(-\infty, -1]$ e $[1, \infty)$ e decresce no intervalo $[-1, 1]$.

(f) Decresce nos intevalos $(-\infty, -1), (-1, 1)$ e $(1, \infty)$.

(g) Decresce nos intervalos $(0, 1]$ e $[e^4, \infty)$ e cresce no intervalo $[1, e^4]$.

(h) Cresce em $(-\infty, +\infty)$.

9. Usemos a regra de L'Hôspital

(a) $\lim\limits_{x\to 1} \dfrac{x-1}{x^n-1} = \lim\limits_{x\to 1} \dfrac{1}{nx^{n-1}} = \dfrac{1}{n}$.

(b) $\lim\limits_{x\to 0} \dfrac{\operatorname{tg} x - x}{x - \operatorname{sen} x} = \lim\limits_{x\to 0} \dfrac{1/\cos^2 x - 1}{1 - \cos x} = \lim\limits_{x\to 0} \dfrac{2\cos x \operatorname{sen} x}{\cos^4 x \operatorname{sen} x} = 2.$

(c) 1

(d) $\lim\limits_{x\to 0} \dfrac{\ln \operatorname{sen} 4x}{\ln \operatorname{sen} x} = \lim\limits_{x\to 0} \dfrac{\operatorname{sen} x 4 \cos 4x}{\operatorname{sen} 4x \cos x} = 1.$

(e) Seja $y = x^{\frac{1}{1-x}}$. Então $\lim\limits_{x\to 1} \ln y = \lim\limits_{x\to 1} \dfrac{1}{1-x} \ln x = \lim\limits_{x\to 1} \dfrac{-1}{x} = -1$, ou seja

$$\ln \lim_{x\to 1} y = -1, \qquad \lim_{x\to 1} x^{\frac{1}{1-x}} = e^{-1}.$$

(f) $e^{-1}$.

(g) $\ln \lim\limits_{t\to+\infty} \sqrt[t]{t^2} = \lim\limits_{t\to+\infty} \dfrac{2}{t} \ln t = \lim\limits_{t\to+\infty} \dfrac{2}{t} = 0$. Segue então $\lim\limits_{t\to+\infty} \sqrt[t]{t^2} = e^0 = 1$.

(h) $\lim\limits_{x\to 1} (\tan \dfrac{\pi x}{4})^{\tan \frac{\pi x}{2}} = 1$.

10. (a) Como $y(1) = y(2) = 0$, e $y'(\xi) = 2\xi - 3$, segue que para $\xi = 3/2 \in (1, 2)$, $f'(\xi) = 0$.

    (b) Como $y(-\pi/2) = y(3\pi/2) = 0$, e $y'(\xi) = -\operatorname{sen} 2\xi$, então $f'(\xi) = 0$ para $\xi \in (\pi/2, 3\pi/2)$.

11. (a) Considere $f(x) = e^x$. Seja $x \geq 0$, então $e^x = e^{\xi}(x - 0) \geq x$, donde $e^x \geq 1 + x$. Seja $x < 0$, então $\dfrac{1 - e^x}{-x} = f'(\xi) = e^{\xi} \leq 1$, segue que $1 + x \leq e^x$.

    (b) Considere $f(x) = \ln(1 + x)$, então $\dfrac{\ln(1 + x) - \ln 1}{x} = \dfrac{1}{1 + \xi} < 1$. Donde segue que $\ln(1 + x) < x$.

12. Considere $f(x) = \operatorname{sen} x$, então $\dfrac{\operatorname{sen} x - 0}{x} = f'(\xi) = \cos \xi$ e $\dfrac{\operatorname{sen} y - 0}{y} = f'(\tau) = \cos \tau$. Como $\tau > \xi$ temos $\cos \xi > \cos \tau$, donde $\dfrac{\operatorname{sen} x}{x} > \dfrac{\operatorname{sen} y}{y}$.

13. Considere $f(x) = \operatorname{tg} x$, então $\dfrac{\operatorname{tg} x - 0}{x} = f'(\xi) = \dfrac{1}{\cos^2 \xi}$ e $\dfrac{\operatorname{tg} y - 0}{y} = f'(\tau) = \dfrac{1}{\cos^2 \tau}$. Como $\tau > \xi$ temos $\cos^2 \xi > \cos^2 \tau$, isto é, $\dfrac{1}{\cos^2 \xi} < \dfrac{1}{\cos^2 \tau}$, donde $\dfrac{\operatorname{tg} x}{x} < \dfrac{\operatorname{tg} y}{y}$.

14. (a) Considere a função $f(x) = x \operatorname{sen} x$.

    (b) Considere a função $y = \operatorname{tg} x$. Pelo TVM, temos $\dfrac{\operatorname{tg} \beta - \operatorname{tg} \alpha}{\beta - \alpha} = \dfrac{1}{\cos^2 \xi}$. Como $\alpha < \xi < \beta$, segue $\cos \alpha > \cos \xi > \cos \beta$, donde segue $\dfrac{1}{\cos \beta} > \dfrac{1}{\cos \xi} > \dfrac{1}{\cos \alpha}$, ou seja $\dfrac{1}{\cos^2 \beta} > \dfrac{1}{\cos^2 \xi} > \dfrac{1}{\cos^2 \alpha}$. Portanto

$$\frac{1}{\cos^2 \alpha} < \frac{\operatorname{tg} \beta - \operatorname{tg} \alpha}{\beta - \alpha} < \frac{1}{\cos^2 \beta}.$$

# Referências Bibliográficas


[1] Aldo Bezerra Maciel e Osmundo Alves Lima, *Introdução à Análise Real*, EDUEP, Campina Grande, 2005.

[2] R. Creighton Buck, *Advanced Calculus*, McGraw-Hill Kogakusha,Tokyo, 1978.

[3] B. Demidovitch, *Problemas e Exercícios de Análise Matemática*, MIR- Moscou, 1977.

[4] Desmond J. Higham and Nicholas J. Higham, *MATLAB Guide*, SIAM, London, 2000.

[5] Grigorii M. Fixtengoltz, *Curso de Cálculo Diferencial e Integral, Vol I (em russo)*, Nauka(ciência), Moscow, 1969.

[6] A. N. Kolmogorov and S. V. Fomin, *Elementos de la Teoria de Funciones y del Analisis Funcional*, MIR-NAUKA, Moscow, 1972.

[7] Krapp,Lothar Sebastian. *Constructions of the real numbers- a set theoretical approach.* Oxford, United Kingdom, 2014.

[8] L. D. Kudriatzev, *Análise Matemática, vol I(em russo)*, High School, Moscow, 1973.

[9] E. Lages Lima, *Um Curso de Análise Matemática, Vol I, II*, Instituto de Matemática Pura e Aplicada-IMPA-CNPq, 1976.

[10] Louis Brand, *Advanced Calculus*, JOHN WILEY & SONS, INC., New York, 1965.

[11] S.M. Nikolsky, *Curso de Análise Matemática, Vol I*, MIR, Moscou 1975.

[12] A. Ostrowski, *Lições de Cálculo Diferencial e Integral, Vol II e II*, FUNDAÇÃO CALOUSTE GULBENKIAN, LISBOA,1960.

[13] N. Piskunov, *Cálculo Diferencial e Integral, Vol I, II*, MIR, Moscou 1972.

[14] W. Rudin, *Real Analysis*, Wesley, New York 1975.

[15] Kudriatzev, L. D.: *Análise Matemática*, tomo 1, editorial MIR, Moscou, 1973

[16] SILVA, Bruno Pereira da. *Construção dos Números Reais por Sequências de Cauchy e Cortes de Dedekind.* Dissertação (Mestrado) - João Pessoa, 2018.

Impressão e acabamento
Gráfica da Editora Ciência Moderna Ltda.
Tel: (21) 2201 - 6662